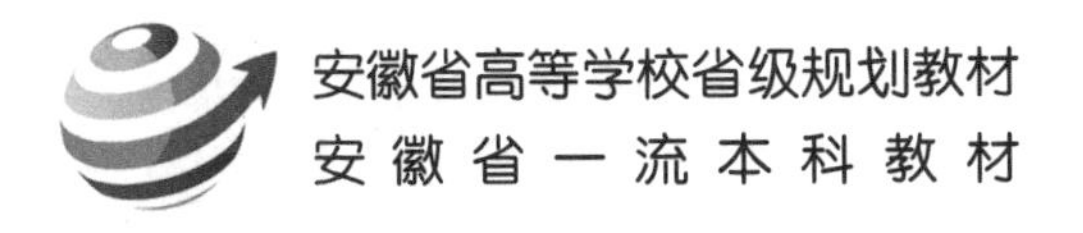

UI 设计

汪海波　景剑雄　郭会娟　**编著**

东南大学出版社
SOUTHEAST UNIVERSITY PRESS
·南京·

内容简介

智能信息时代，交互技术、交互通道、交互载体等都发生了根本性变化，用户界面 UI 设计已不再是传统的界面美工范畴，而既要解决面向用户的认知和体验问题，又要重视信息架构和信息流的展现问题。本书由浅入深，总分结合，全面系统地阐述了 UI 设计的新发展及其与相关学科的新交叉，介绍了 UI 设计的基本流程、基本规范和一般设计制作方法，重点讲解了设计中的用户研究方法、信息架构和信息流模块化设计、信息交互原型制作和理论，帮助读者快速、有效、系统地建构交互类 UI 界面设计的理论和方法。

本书共 7 章，第 1,2 章介绍 UI 设计的相关理论，包括认知心理学、人因工程学、设计美学、社会学和人类学等，在理论溯源的基础上梳理图形界面的起源与发展以及 UI 设计流程与方法。第 3 章介绍 UI 设计的调研方法，包括以调研用户基础信息为目的的问卷法、访谈法等，以采集用户行为信息为目的的用户画像法、故事版、卡片分类法等，以分析用户需求信息为目的的人物角色法、用户体验地图等。第 4～6 章介绍用户需求与信息架构、功能之间的过渡与衔接，界面信息要素的构成及交互设计步骤。第 7 章介绍 UI 设计的软件操作方法及案例，包括原型设计的步骤与过程、不同类型软件的操作细则以及不同视觉类型的界面设计案例。

本书可作为高等院校视觉传达、数字媒体艺术、交互设计等设计类专业的教学用书，也可作为数字媒体技术、信息管理与信息系统、软件工程等计算机信息类专业和各类培训机构相关专业的教材以及数字艺术爱好者的参考用书。

图书在版编目(CIP)数据

UI 设计/汪海波，景剑雄，郭会娟编著. —南京：东南大学出版社，2019.8 (2024.2重印)
ISBN 978-7-5641-8489-6

Ⅰ. ①U… Ⅱ. ①汪… ②景… ③郭… Ⅲ. ①人机界面—程序设计 Ⅳ. ①TP311.1

中国版本图书馆 CIP 数据核字(2019)第 156569 号

UI 设计

编　　著：汪海波　景剑雄　郭会娟
出版发行：东南大学出版社
出 版 人：江建中
社　　址：南京市四牌楼 2 号(邮编：210096)
网　　址：http://www.seupress.com
责任编辑：姜晓乐(joy_supe@126.com)
经　　销：全国各地新华书店
印　　刷：苏州市古得堡数码印刷有限公司
开　　本：787 mm×1092 mm　1/16
印　　张：14.75　　彩插 12 面
字　　数：380 千字
版　　次：2019 年 8 月第 1 版
印　　次：2024 年 2 月第 4 次印刷
书　　号：ISBN 978-7-5641-8489-6
定　　价：48.00 元

前　言

数字技术、网络技术、智能技术推动了社会信息化的进程，传统的造物和硬件的设计开始转向信息和数字应用软件的设计，用户界面UI设计是非物质信息社会设计学的一个新的核心命题。传统的UI设计关注界面的样式、风格和美观度，多为数字应用软件开发后期的界面视觉美化，这种以"技术"为中心的UI设计范式一般很难提升应用软件的可用性和体验度。本教材基于"用户"为中心的思想，从设计学、心理学、计算机科学、社会学等学科交叉的视角，系统讲授UI设计的新发展、新范式、新流程、新方法。

本教材以面向用户的UI设计方法为主线，突出用户特征、用户需求、用户认知、用户体验、用户调研等多个内容维度，重点培养学生的用户思维，提升用户研究能力，掌握用户体验设计方法。教材共分7章，第1、2章主要讲述了UI的设计历史、发展现状、发展趋势、应用领域和设计规范等。第3章至第7章基于UI设计流程，全面系统地讲授了"用户研究——功能架构——信息表现——交互原型——视觉设计"完整的UI设计实务操作规范。第3章介绍了细分用户人群、提取用户特征信息的重要性，详细讲授了用户基础信息、行为信息和需求信息的焦点小组、角色分析、故事版等专用采集方法；第4章从宏观信息架构的角度阐述用户界面功能模块化定义及其信息整合的结构模型；第5章从微观信息表现形式的角度介绍了用户界面的导航与标签，表格与图表等常用信息展现方式的设计原则；第6章讲述交互原型设计方法，并结合实例介绍常用原型制作软件的操作；第7章主要讲述图形用户界面视觉设计的元素与风格，从色彩、文字、图形、图像等方面给出界面视觉设计的规范与要求。教材每一章节均结合相关的UI设计经典作品、企业实际案例或笔者课堂教学过程中的师生创作等开展案例教学，使理论知识在案例中实现可视化，也使读者在实践中有例可循，帮助读者快速构建UI设计的知识架构和设计实务能力。

本教材由安徽工业大学汪海波、景剑雄和郭会娟编著，参加撰写工作的还有王选、丁明珠、胡雪茜、杨慧珍、高贵皖、陈宇、张银颖、孙多稳、胡芮瑞、李莎睿等。教材中也收录了许慧慧、蒋丽娟、王子豪、王茹、吴雪瑶、曾丽琪、陈文荣、林佳敏、张奇文、钟朝秀、李吉冬、彭晓璐、王丽、李华文、王茹、戴金玲、张洁、张燕、曹宇等同学的作品。

经过不断积累和完善，本教材编写工作终于顺利完成。在此，要感谢安徽省高等学校省级规划教材和安徽省一流本科教材两个项目的资助。也要感谢出版社老师的精心指导和辛勤付出。UI设计的内容十分广泛，限于编者的水平及教材的篇幅，书中不足之处在所难免，敬请读者指正。

作者

2019年6月

书中部分插图的
彩色版可扫码获得

目　录

第 1 章　概　　述

1.1　界面与用户界面

1.1.1　界面

界面(interface)又称接口，最早源于古希腊，意思是两张脸以面对面的方式进行交流。《现代汉语词典》中的解释是“物体与物体之间的接触面”。界面的意义很多，从计算机应用层面上来讲，有以下三种含义：

① 网络接口，指一个终端与网络之间或两个网络之间的互联点，例如 USB 接口、网口等。

② 硬件接口，指电脑等的硬件之间通信时的数据传输标准。

③ 用户界面，又称用户接口，介于用户与硬件之间，目的是使用户能够方便、有效地操作硬件，它包含人机交互和图形用户界面两部分。

界面按媒介属性分为硬件界面和软件界面。硬件界面是产品工作时与用户直接接触的所有硬件部分，如键盘、鼠标、控制器等。软件界面是指人与计算机进行信息交流的界面，如手机和计算机屏幕等。很多情况下，硬件界面与软件界面是并存的。

界面也可以按照用途划分为计算机的图形用户界面和工业界的人机界面（Human Machine Interface，HMI），如图 1-1。图形用户界面一般介于用户与计算机之间，目的是使用户能够通过操作系统方便、高效地去操作电脑以达成双向交互。工业界的人机界面可以简单地区分为 input(输入)和 output(输出)两种。前者指由人对机械或设备进行操作，如指令下达或保养维护等，而后者是指由机械或设备发出来的通知，如警告、操作提示等。目前市场上所见的人机界面多指拥有人性化的软件操作接口的硬件(如触屏)。

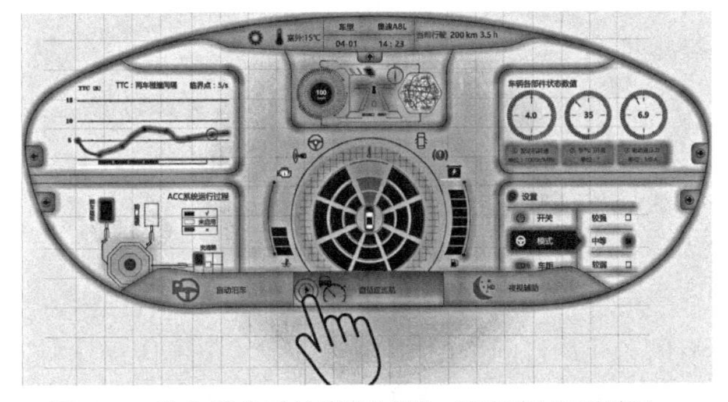

图 1-1　汽车操作系统界面(制作:胡芮瑞)(见彩插)

1.1.2　用户界面

用户界面(User Interface)即 UI，又称为人机界面，是系统和用户之间进行交互的媒介，用以实现信息的表现形式和人类可接受形式之间的转换。通过用户界面，可以实现计算机硬件、软件和人之间的联系和交流，其中包含三个基本要素，分别是用户感官、系统所产生的输入/输出及其交互方式，如图 1-2 所示。

设计用户界面时，要充分发挥用户和机器各自的特点。将用户承担的工作量尽量减少甚至达到最少，而机器承担的工作量尽量增大。在最大限度利用机器的同时，充分发挥人的积极因素。人和机器结合应保证人的主导地位，设计师应提高系统的可用性和用户友好性。

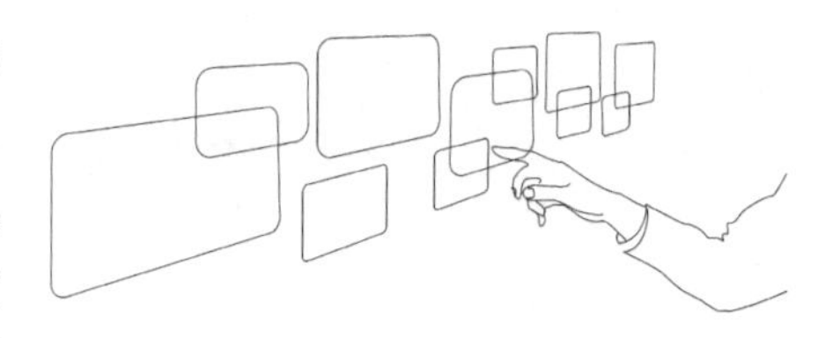

图 1-2 用户界面的定义

1.1.3 用户界面发展历程

自 1946 年第一台计算机诞生以来，计算机的运算速度和存储容量在不断提高，同时用户界面作为人机交互的重要方式，也在不断改进和发展。

早期人们操作计算机时，采用手工操作的方式。先把程序纸带（或卡片）装在计算机上，然后通过输入机把程序和数据送入计算机内，接着启动程序运行，再根据面板上的指示灯来观察二进制数据和指令。

20 世纪 50 年代中后期，计算机采用了作业控制语言（JCL）及控制台打字机等技术，这使其可以同时处理多个计算任务，也提高了计算机的使用效率。

1963 年，美国麻省理工学院成功地开发出第一个分时系统 CTSS，该系统是最早使用文本编辑程序的系统，它连接了多个分时终端。从此，以命令行形式对话的多用户分时终端成为 20 世纪 70 年代乃至 80 年代用户界面的主流。

20 世纪 80 年代初，美国 Xerox 公司首先使用了 Smalltalk-80 程序设计开发环境，从此将用户界面推向了图形用户界面的新阶段，随之而来的用户界面和智能界面管理系统的研究也推动了用户界面的快速发展。

20 世纪 90 年代，Steve Mann（可穿戴计算之父）提出了许多用户界面策略，如自然用户界面（NUI）。自然用户界面只需要用户使用最自然的方式（例如语音、面部表情、动作手势、移动身体、旋转头部等）和计算机进行交流，从而摆脱键盘、鼠标。常见的 NUI 交互形式如苹果手机的 Siri 以及微软出品的 Xbox Kinect 等。

用户界面之所以重要，是因为它影响着终端用户的使用和计算机的推广应用，甚至还会影响人们的工作与生活。当前，信息技术发展迅猛，虚拟现实、科学计算可视化及多媒体技术等对用户界面提出了更高的要求。未来用户界面的发展方向主要有以下几个方面：

① 多感官的虚拟现实：虚拟现实（Virtual Reality，VR）技术简称虚拟技术，如图 1-3 所示，是利用电脑模拟三维空间的虚拟世界，让用户仿佛身临其境，可以没有限制地观察虚拟世界中的事物。在过去，人只能从系统外部去观测和处理信息；而现在，人可以沉浸到系统所创建的环境中。在过去，人只能通过键盘、鼠标与数字信息发生交互；而现在，人能够通过多种传感器与数

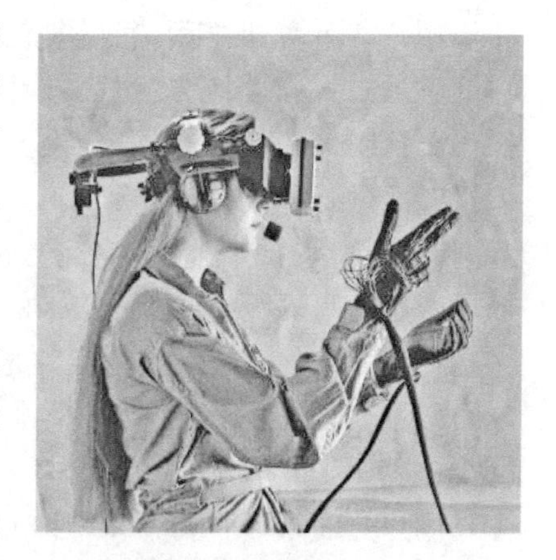

图 1-3 虚拟现实技术

字信息发生交互作用。总之,在未来的虚拟系统中,系统会尽量“满足”人的需要,而不是强制人去适应计算机系统。

② 脑机接口:脑机接口(Brain-computer Interface, BCI),如图 1-4 所示,是在人或动物脑与外部设备间创建的直接连接通路。目前 BCI 还处于实验阶段,比如实验人员会在全身瘫痪的病患脑中植入芯片,让病患利用脑电波来控制电脑,完成简单的操作。随着未来进一步发展,人类将可以用脑电波作为用户界面直接操作电脑等信息产品。

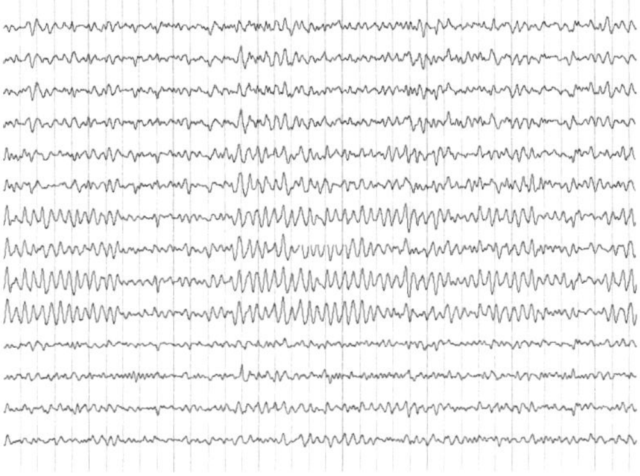

图 1-4 脑机接口

1.1.4 人机交互

人机交互(Human Computer Interaction, HCI)是随着计算机的诞生而发展起来的,是研究人与计算机之间传递、交换信息技术的一门科学。人机交互可划分为人(human)、计算机(computer)以及交互(interaction)三个要素。人机交互的目的不应仅仅是优化设计用户使用的计算机系统,而应该是优化设计能实现其目标与任务的系统。

美国计算机协会(Association of Computing Machine, ACM)把 HCI 定义为:一个关注于供人使用的交互式计算系统的设计、评估和实现,以及对相应的主要现象进行研究的学科,它与认知科学、人因工程学、心理学等学科领域有密切联系,是一门交叉性、边缘性、综合性学科。

如图 1-5 所示,数字系统和人之间存在着输入和输出设备,这里将人接触的数字系统的输入和输出设备以及这些设备上显示的内容作为“界面”。

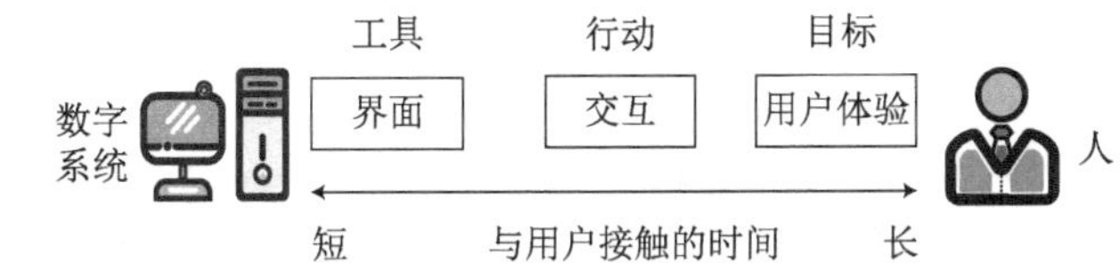

图 1-5 界面、交互、用户体验和人机交互之间的关系

“交互”即信息交换,其交换的形式有很多种,如通过外接设备键盘、鼠标显示屏幕上的信息符号、图形或者声音、动作等进行信息的传递。“用户体验”是数字系统服务用户的最终目标,随着用户与数字产品接触时间增加,用户体验的重要性愈加明显。

1.2 图形用户界面

1.2.1 图形用户界面的定义

图形用户界面(Graphical User Interface, GUI)指采用图形方式显示的用户操作界面,例如计算机画面上显示的窗口、图标、按钮等图形。与早期的计算机界面相比,GUI 在视觉上让用户更易接受,因此被广泛使用。

在个人计算机中,图形用户界面元素通过桌面隐喻来设计,以产生被称为桌面环境的模拟,其中显示器代表桌面,文档和文件夹可放置在桌面上,回收站类似于实际生活场景中的垃圾桶，用来丢弃不需要的文件。GUI 中最常见的元素组合为窗口、图标、菜单和指针，即 WIMP，用户通过这些元素与计算机进行交互。

由于空间和可用输入设备的限制，桌面的 WIMP 界面不适合用于诸如个人数字助理(PDA)和智能电话等较小的移动设备，因此一些基于触摸屏的操作系统，如 Apple 的 iOS 和 Android 系统也随之出现与发展，这称为后 WIMP 界面，也称为移动 WIMP 界面，可以使用多个手指与显示器接触进行人机交互。

1.2.2 图形用户界面发展历程

图形用户界面现在已经被大多数操作系统所采用，其美观大方、简单易用的特性深受广大用户喜爱，大大促进了计算机的普及率，同时还提高了用户的视听感受，也更注重用户的情感体验。GUI 的发展历程可以分为桌面图形用户界面和移动端图形用户界面两个部分。

1973 年，第一个可视化操作的 Alto 电脑在施乐帕洛阿尔托研究中心(Xerox PARC)被发明出来。它第一次把计算机的所有元素结合到一起，形成一个完整的图形界面操作系统。它通过键盘、鼠标、位运算显示器及图形窗口和以太网络连接，如图 1-6。1981 年，施乐公司推出了 Alto 的继承者 Star 并将其商业化，如图 1-7。

图 1-6 Xerox Alto 电脑

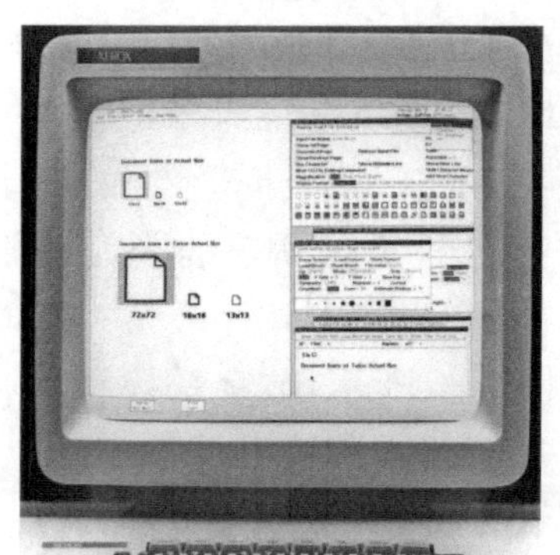

图 1-7 Xerox Star 电脑

1979 年开始，由 Jef Raskin 领导的苹果电脑公司 Lisa 以及 Macintosh 小组(其中也包含了以前在 Xerox PARC 小组中工作的成员)继续优化了图形界面操作系统，如图 1-8。发布于 1984 年的 Macintosh 电脑是第一台成功使用 GUI 的商业电脑。桌面隐喻得到贯彻：文件看起来像一张纸；目录做成文件夹的样子；此处还有一整套诸如计算器、便笺、闹钟等用户可以随意在桌面上放置的附件；用户简单地将文件和文件夹拖动到回收站就可以删除文件，同时下拉菜单也被引入进来，如图 1-9。

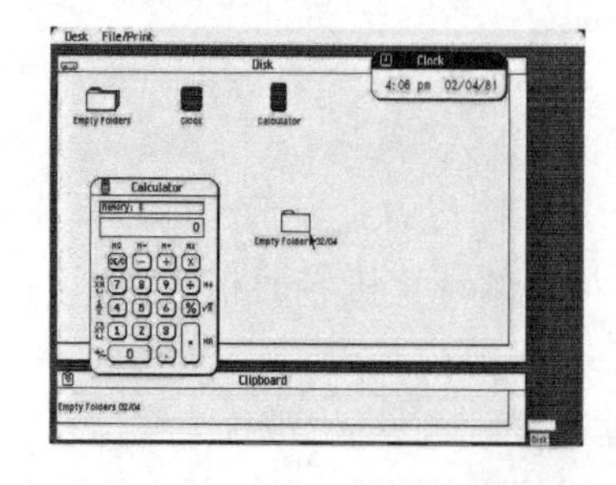

图 1-8 Apple Lisa 界面示例

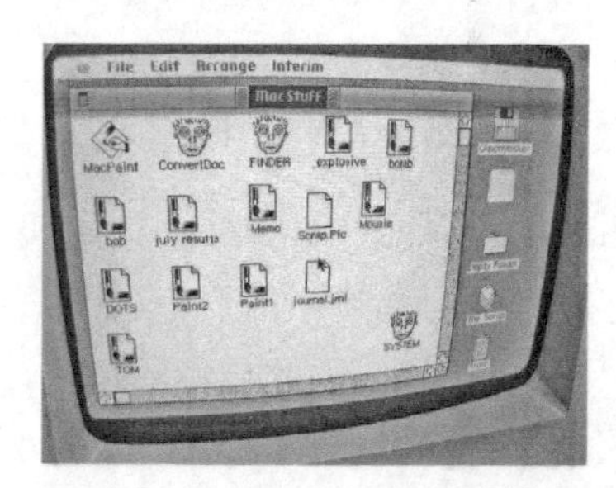

图 1-9 Apple Macintosh 界面示例

1984 年以来，Macintosh 的 GUI 一直在频繁地修订，苹果操作系统从黑白界面变成了彩色界面。同时在系统稳定性、应用程序、界面效果等方面也日益成熟。系统 7.0 版本是一次重要的升级，从 7.6 版本开始，苹果操作系统更名为 Mac OS，如图 1-10。

在 2000 年，苹果公司发布了其 Apple Aqua 界面的 Mac OS X，Aqua 界面是其经历的最大一次修订，如图 1-11。它使用 PDF 作为图形布局，借助 OpenGL 实现硬件加速。

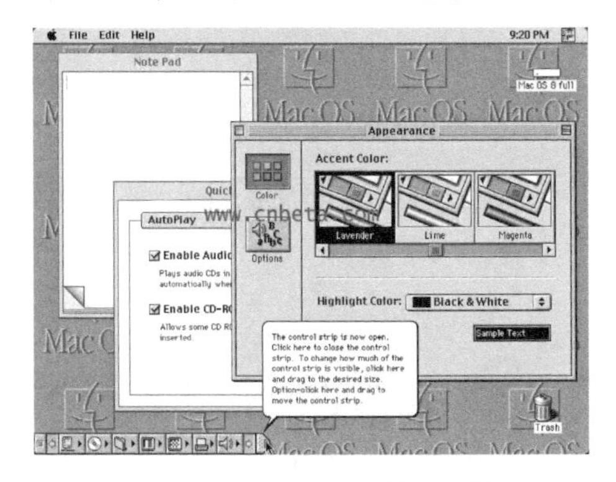

图 1-10　Mac OS 8 界面示例

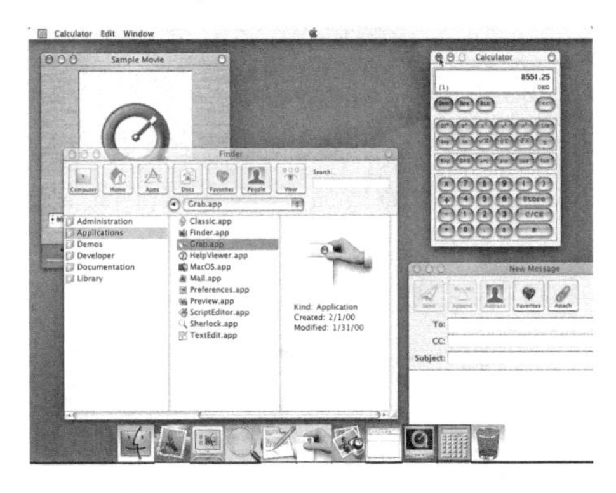

图 1-11　Apple Aqua 界面示例

微软在 MAC OS 的 GUI 基础上模仿出第一个版本的 Windows，并于 1985 年发布。Windows 1.0 是为 MS-DOS 操作系统量身定做的图形用户界面，MS-DOS 自 1981 年以来就是 IBM PC 以及兼容机的可选操作系统。Windows 2.0 随之而来，但是直到 1990 年 Windows 3.0 版本的发布，其应用才开始繁荣起来。

1985 年，被苹果公司辞退的史蒂夫·乔布斯创立了 NeXT 软件公司，NeXT 在图形界面技术上取得了进一步的突破，世界上第一个 Web 浏览器就是由 NeXT 公司设计的。NeXT 创新的面向对象的操作系统——NeXTSTEP，如图 1-12，以及它的开发环境，对日后的计算机产业有着深远的影响。

1995 年 8 月 24 日，微软发布了 Windows 95 操作系统，如图 1-13，对图形用户界面进行了重新设计，首次在每个窗口上都添加了一个小小的关闭按钮，著名的“开始按钮”也首次出现。这对微软操作系统本身和统一的图形用户界面而言，都是一个巨大的进步。

图 1-12　NeXTSTEP 系统界面示例

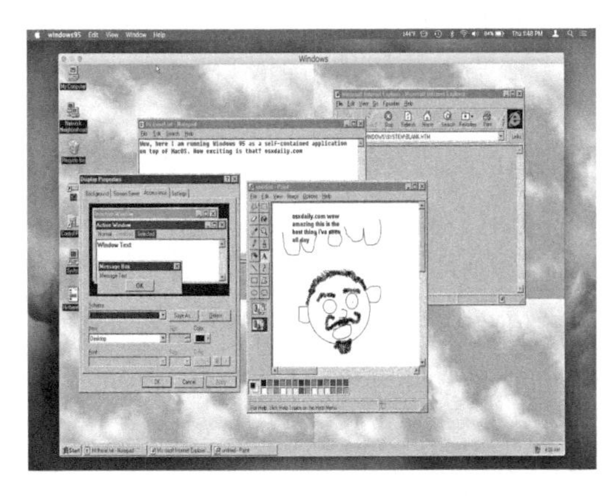

图 1-13　Windows 95 界面示例

1.2.3 移动端图形用户界面

Android 常见的非官方中文名称为安卓，如图 1-14，是一个基于 Linux 内核的开放源代码的移动端操作系统，主要用于触屏移动设备，如智能手机、平板电脑及其他便携式设备。由于 Android 系统的开放性，使其能够在其他领域推出多种各具特色的产品，如数码相机、智能电视、平板电脑、可穿戴设备等。

iOS(原名 iPhone OS，自第四个版本改名为 iOS)是苹果公司为移动设备开发的专有移动操作系统，属于类 Unix 系统，如图 1-15，支持的设备包括 iPhone、iPod touch 和 iPad。与 Android 不同的是，iOS 不支持任何非苹果公司的硬件设备。它有着漂亮的外观，不但可以顺畅地完成工作，甚至连最简单的任务，做起来也更引人入胜。

图 1-14 Android 界面示例

图 1-15 iOS 界面示例

1.2.4 图形用户界面的分类

把界面分为硬件界面和软件界面是日本人的首创，依据的是界面的不同存在方式。但人机界面中的硬件和软件界面在很多情况下是并存的。当前，在人机界面领域，以图形化用户界面、网页界面、多媒体产品界面、手持移动设备用户界面为主。

(1) 图形化用户界面

图形化用户界面又叫 WIMP，它具有 4 种特有的属性，即窗口、图标、菜单、鼠标指针，其有着操作直观简单、界面图形化的特点。

早期的图形化用户界面窗口大部分都是矩形的。但现在，随着个性化的发展，很多软件界面都做成了不规则形，如一些游戏、视频的播放器，这样在视觉上会更有冲击力，如图1-16 所示。

图 1-16 图形化用户界面示例

(2) 网页界面

网页界面非常类似图形化用户界面，它是信息呈现的一种重要形式，主要采用导航、链接等手段。无论使用哪种手段设计的网页界面，都必须通过像 IE、Netscape 这样的浏览器来浏览，所以网页界面的窗口不过是位于浏览器窗口内的窗口，菜单也是浏览器下的菜单，如图 1-17。

图 1-17　网页界面示例

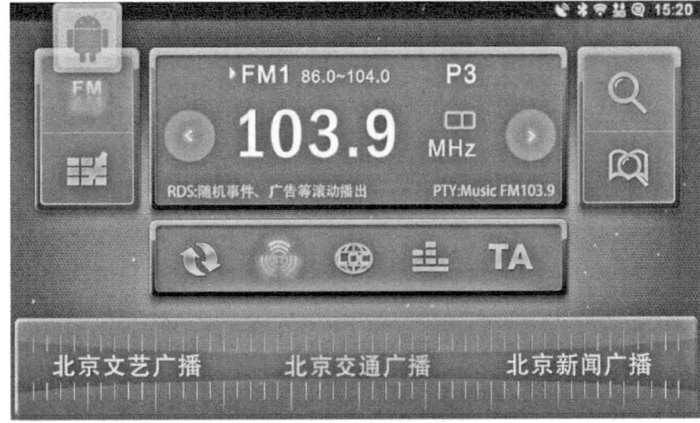

图 1-18　多媒体产品界面示例

(3) 多媒体产品界面

多媒体产品界面之所以被称为“多媒体”，主要是因为其由 3 个部分组成：声音/音频媒体、图像/视频媒体、文本媒体。

以多媒体技术和多媒体艺术相结合设计的多媒体产品界面，用一种令人振奋的方式表达信息，使得用户或观众可以与演示者或计算机本身进行交互，让信息的传达更为自然和有效，如图 1-18。

(4) 手持移动设备用户界面

手持移动设备（如手机、个人数字助理）用户界面主要分为两类：一是整体的图形界面，这类现在较为常用，即多个窗口或应用程序并存；二是图形界面子集，即在没有窗口的情况下，只能显示一个对象，类似手机操作界面，如图 1-19。

图 1-19　移动端界面（制作：李华文）

手持移动设备用户界面的设计难点在于要求更加简化用户需求，从而达到更便于输入和交互操作的效果，同时还要克服显示区域过小的困难，能够方便用户随时查阅机器内的信息，特别是通讯录、记事本等软件的设计更要有良好的易用性。此外，还要能够实现个人计算机和个人数字助理之间的信息同步。

1.3　用户界面相关学科

用户界面包含两个部分，即人机交互和图形界面设计，它是一个交叉性很强的学科，涉及人文、商业、设计、技术等多个领域（如图 1-20 所示）。一个好的用户界面设计需要充分考虑用户、机器、用户与机器之间的交互(包括界面的显示、用户的操作等)。对于用户,需要研究目标用户的心理、人与人之间的交流,这涉及认知心理学和社会学;对于机器,需要了解机器的工作原理及其组成,这涉及计算机科学;对于用户与机器间的交互,需要懂得界面的设计及用户在机器上的具体操作手法,这就需要了解美学与人体工程学的相关知识。本小节主要介绍与用户界面相关的认知心理学、人因工程学、设计美学、社会学和人类学的知识点。

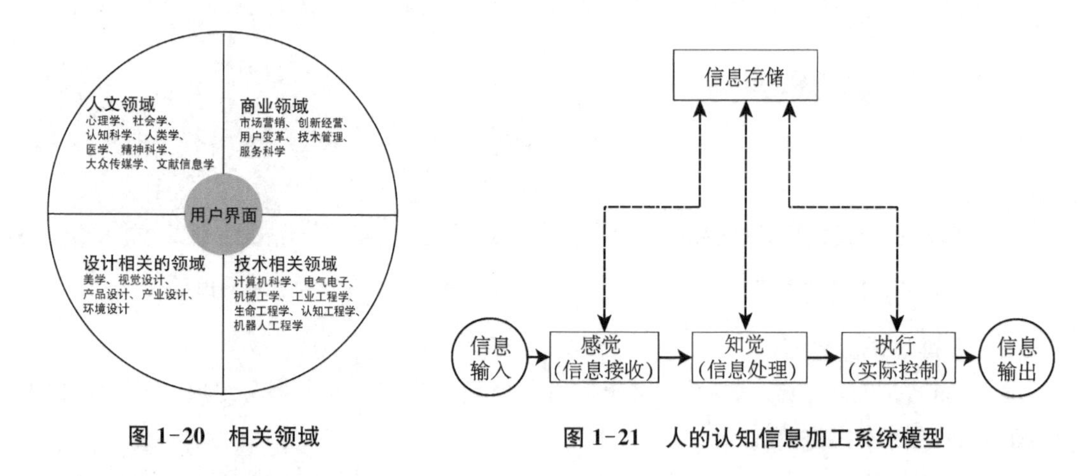

图 1-20　相关领域

图 1-21　人的认知信息加工系统模型

1.3.1　认知心理学

在人机交互中,人与机之间存在着信息的传递与反馈、运动的输出与结果的关系,为了能够使信息的传递更加快捷、精确,运动的输出高效、准确,就要研究其中的信息交互、运动交互(图 1-21),而要了解这些问题必须研究人机交互中的一些认知心理学相关问题。

认知心理学是一种心理学思潮,兴起于 20 世纪 50 年代中期,在 20 世纪 70 年代成为西方心理学的一个主要研究方向。其主要研究的是人们如何获得世界的信息、信息如何转化为知识、信息如何存储、知识又如何指导我们的行为以及它所涉及的心理过程的全部范围,即感觉、知觉、模式识别、注意、学习、记忆、思维、表象、回忆、语言、情绪和发展过程等,而且它们还贯穿于行为的各个领域。

认知信息学相当于信息加工心理学,它将人看作一个信息加工系统,而认知就是信息加工。按照这一观点,认知也可以分解成一系列的阶段,每个阶段都是对输入信息进行某些特定操作的单元,而反应则是这一系列阶段和操作的产物。

进行人机交互设计必须遵循认知心理学的原理,用理论来指导设计,一方面可以降低出错率,另一方面可以提高效率。为了提高人机交互设计的水平,增强人机之间的友好程度,必须对人的心理基础有所了解,即人是如何接收信息的,又是怎样理解、处理信息的,等等。因此,要尽量使设计适应于人的心理、生理属性,满足用户的需求,同时,设计还应适应人的工作限度,主要可以参考以下几点:

① 由具象到抽象,即首先通过界面得到具体对象,然后针对具体对象归纳出抽象的概念或原理。

② 由可视内容显示不可视内容,尽可能利用数字、动画、色彩等对象显示原理,解释抽象的概念。

③ 由模式引导创新，突出人机交互，启发用户参与，激起用户学习、创造的欲望。

④ 合理运用再认与再忆。再认即要求用户从系统给定的几个答案中选择一个正确的或最好的。再忆即要求用户输入正确的答案或关键字，这可以有效减少用户短期记忆的负担。

⑤ 考虑用户的个别差异，使用用户熟悉的语言。

1.3.2　人因工程学

人因工程学是一门基于人的生理特征和心理活动偏好，通过色彩、功能等服务于产品设计的交叉学科。

在手机界面的设计中，首先，由于手机硬件与手机界面是一个整体，因此手机硬件的设计要符合用户生理特征，协调手机大小和单、双手操作的关系。其次，为满足人的视觉需要，手机要从单纯的平面设计发展为综合的动态和声音的立体化设计。再次，要重视信息传递的简洁性，在界面设计中还要通过综合考虑人体工程学来达到界面的易操作，如把界面功能分类，让用户可以更好地提高使用效率。界面设计中应用人体工程学的具体途径有以下几个：

① 解锁屏幕的方式通常是手机界面设计中人机交互的第一个步骤。APP 的解锁方式，即解锁界面按钮也是界面设计的一个重点，所以需要设计师进行细致的设计。

② 输入界面也是一个重要的界面，常见的输入界面有九宫格、全键盘和手写 3 种，人因工程学主要考虑输入时操作的简便性。

③ 由于人的眼睛对色彩、光感的敏感度不同，且还会随着环境光的变化而变化，因此，在颜色的设计上需要考虑用户的感官系统、环境和操作之间的关系。而且不同颜色有着不同的情感倾向，不同用户也有不同的色彩偏好，因此在界面设计时要尽量避免使用过多的色彩，导致用户产生视觉疲劳。

1.3.3　设计美学

界面就像一个产品的包装，设计师应该通过组合的艺术形式让用户很快了解软件或硬件各个部分的功能，或者网页和游戏的主体与任务内容。在这里，形式主要指的是字体、图标按钮、图形符号、图片、色彩、背景音乐、动态效果、版面构成和导航构架几个方面；内容则包括主题、信息的大致内容、层级和类别；功能则指具体软件指令和交互。

界面中表现的内容是由各种信息组成的。由于人的心理结构与外在事物形式结构具有同质同构关系，因此人的审美才能与形式表现力之间产生共鸣，从而人能欣赏美。界面的审美法则主要有以下几点：

① 节奏与韵律：在移动端界面中，信息呈现出各种各样的模式，如缩略图列表、选择列表等模式，这些模式都有着不同的视觉节奏和韵律。

② 比例与尺度：比例是事物中部分与整体之间的关系，以及部分与部分之间的关系。当这种关系达到协调时，便是美的比例。而尺度则是衡量的标准，它反映了人与产品之间的关系。比如手机的屏幕大小符合黄金比例，适应人手的操作。

③ 对称与均衡：对称是指结构、形式等规律的重复。均衡是物体之间关系的稳定感和

整体感。例如在界面的键盘的设计中,键盘的左右内容不同导致其左右信息存在不对称,但是视觉效果却可以达到均衡的状态。

④ 对比与协调:对比是通过改变事物的大小、色彩、材质等来改变属性,强烈的对比效果会更加吸引眼球,而协调是指一种均衡的状态。

⑤ 变化与统一:变化指的是事物之间的差异现象,而统一指事物间的共同性质或特点。以苹果 iOS 系统为例,界面中有多种图标,它们有着不同的色彩、图形,每个图标都有不同功能,而且每个图标的位置也不同,但界面设计让这种变化与统一具备了一定的美感。

1.3.4 社会学和人类学

社会学主要涉及人机系统对社会结构影响的研究,而人类学则涉及人机系统中群体交互活动的研究。

人类学者在用户界面领域专注于用户研究方面,他们通过参与式观察(PO)、深度访谈(In-depth Interview)、卡片分类法(Card Sort)、故事板(Story Board)等方法,对使用数字产品的用户进行民族志研究,从而发现深藏在日常生活中的行为模式,并在具体的时空语境中解释这些行为,挖掘用户深层次的消费需求和用户体验的真实感受,为产品开发和交互设计提供可靠的灵感依据。

社会学家关注用户体验设计,用户体验包括用户与产品在整个生命周期内互动的整体体验。对于产品商业价值实现来说,用户体验的好与坏是产品成功与否的关键。

第 2 章　UI 设计的应用领域与流程

2.1　UI 设计的基本规范

2.1.1　界面的一致性

遵循界面的一致性是 UI 设计中最基本的规范。UI 设计想要帮助用户尽可能快地进入潜意识习惯，最关键的一点就是保证界面的高度一致性。为了方便用户识别，界面中所有元素的设计风格都要保持高度一致，同样的信息在所有屏幕和对话框中显示的位置和形式应当一样，使用户不必进行过多的学习，便可以轻松地推测出界面中的各项功能。可以说软件界面越一致，用户就越容易使用它。这里所说的一致性包括界面风格、字体设计、色彩搭配、控件布局、tab 顺序、用户交互等多个方面的一致性。

(1) 界面颜色要一致

合理的色彩搭配可以增强视觉感染力。合理地使用色彩进行信息级别的划分，有利于帮助用户将信息和操作关联起来，如图 2-1。用户对颜色的喜爱有很大不同，因此审美也不同，如果条件允许，可以让用户自定义喜爱的色彩风格。

(a)　　(b)

图 2-1　掌上校园 APP 界面设计(制作:胡雪茜)

针对不同的产品、不同的用户要使用不同的色彩搭配。例如科技类网站的界面色彩应以蓝色为主；医疗卫生类的软件应采用绿色调或白色调来表现环保、健康的理念。为了追求醒目的视觉效果，在浅色背景上使用深色文字或在深色背景上使用浅色文字，都可以获得良好的视觉体验。

(2) 界面布局要一致

在界面布局上，要遵循用户的使用习惯，设计出他们所熟知的界面布局。例如，在系统程序界面中，大家最习惯的就是 Windows 默认的布局。不同的操作界面应针对其内容特点，采取图表、文字或图形等表达方式。无论内容怎样变化，整体的布局风格应始终保持一致。例如，可将界面中特定的信息限制在同样的显示区域内；窗口同样功能的按钮都应放置在同样的位置；按钮的标题与提示的措辞要一致，这样可使用户从统一的设计中得知某些特定功能，并能够基于之前的经验来了解新功能。如图 2-2 Adobe 系列软件界面布局。

(3) 操作方法要保持一致

由于输入方式的多样性，用户需要通过不同的方式对界面进行操作，如键盘、鼠标、触摸屏、物理按键、手写板等。虽然这些操作方式各不相同，但是在操作的流程上，要保证用户在同一产品的多个页面之间或多款产品之间，有持续一致的用户体验。保证控件的操作方式与功能相一致，例如，当用户通过单击或双击某个控件来执行动作时，必须保证界面上所有的控件都有相同的反馈；控件上操作箭头朝下说明单击后有隐藏内容；一个控件只做单一功能，如灰色控件功能表示不可使用等。这样用户无论使用何种输入方式，在界面上进行操作时，都不会出现错误。

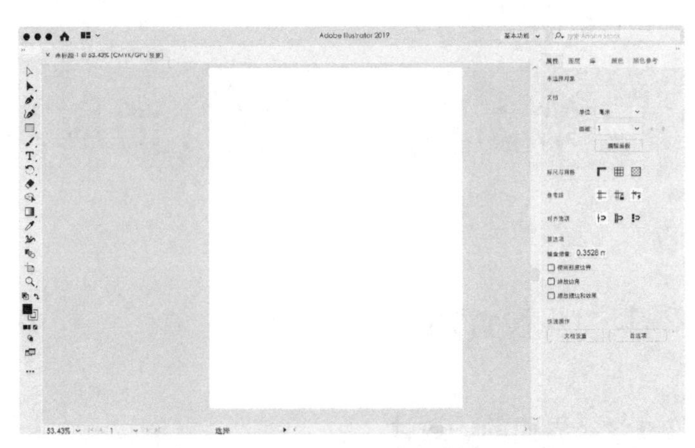

图 2-2　Adobe 系列软件界面布局

(4) 界面字体要保持一致

字体的选用要与色彩搭配遵循同样的标准。字体的选择要依操作系统的类型而定，避免一套主题内出现多种字体，如图 2-3。例如，网站中的超级链接，若不以不同颜色、不同字体或是不同外观进行显示，就会导致用户难以辨别超级链接和普通信息间的区别，从而降低使用的效率。一致的排版设计会让用户的注意力集中在操作的任务上，而不是关注不同版式间的差异。

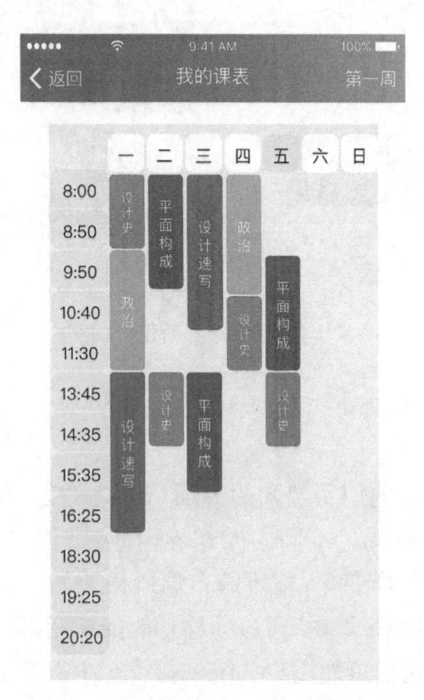

图 2-3　掌上校园课表(制作：胡雪茜)

图 2-4　掌上校园发布页面(制作：胡雪茜)

(5) 图标风格要保持一致

图标的功能在于建立起计算机内部与实际操作的桥梁，通过映像的方法，将现实世界中人们所熟知的事物、经验、行为映像到虚拟的信息世界中。如图2-4所示，给用户一个有形的、可感知的虚拟世界，使用户能够直接、快速地了解图标中所承载的内容和功能。对于图标的设计，应具备准确表述的功能，遵循常用的标准，通过模仿或模拟现实世界的真实事物让用户迅速接受，降低用户学习的时间成本。

2.1.2 界面的用户需求

情感实际上是艺术设计的归宿。美国著名心理学家马斯洛将人类的需求从初级阶段到高级阶段依次排序，分为生理需求、安全需求、社交需求、尊重需求和自我实现需求5大类。

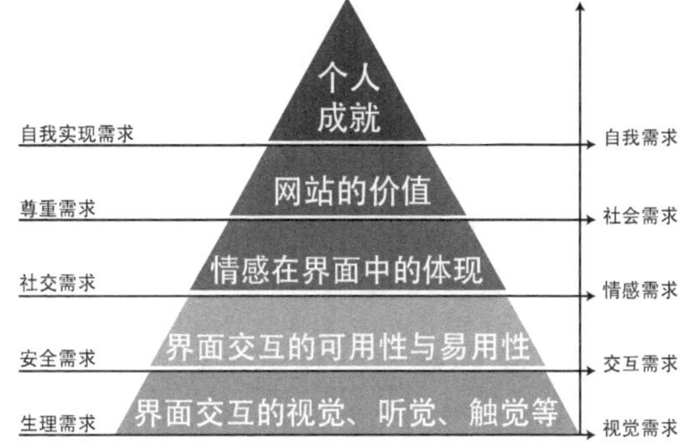

图2-5 用户需求层次框架图

图2-5是根据马斯洛需求层次理论整理出来的用户需求层次框架图。对于用户来说，满足基础的感官层次和交互层次的需求，能实现网页界面的基本操作；满足情感层次的需求能加强用户对网站的依赖；而满足用户更高层次的需求，则要对用户自身文化水平和经济实力有较高的要求。

第一个层面：生理需求，是指满足人基本的交互需要，如界面交互的视觉、听觉、触觉等。

第二个层面：安全需求，是指对界面交互的可用性和易用性方面的需求。

第三个层面：社交需求，是指满足人的情感需要，如个人乐趣、想象、暧昧、情趣、浪漫、崇拜等。

第四个层面：尊重需求，是网站的价值体现，是社会层面的需求。

第五个层面：自我需求，是用户需求的最高层次。

人们通过图像、文字、色彩、声音、交互等诸多方面的有序编排、取舍来满足各个层面的需求。比如第一个层面只通过图像、文字、色彩就可以达到，它所适合的往往是网页这种载体。第二个层面就需要在图像、文字、色彩的基础上加入一定的交互设计。除了网页，在软件界面和系统界面中体现的第三个层面则是在第二个层面的基础上加入声音等元素，并且在互动、图像和色彩的选取与处理上更加细腻。第四个层面则需要系统集成各种要素和程序的设计，它在大型软件、博弈类游戏和复杂游戏的交互使用中体现。第五个层面则是需要实现用户的自我需求，增强用户对产品的黏性、依赖性和忠诚度。

2.2 UI设计的应用领域

2.2.1 网站界面设计

网页设计(Web UI Design, WUI)，如图2-6所示，是企业对外宣传的一种形式，企业对网站进行策划和设计，然后对页面设计进行美化，最后向用户传递其想要表达的信息。一个优秀的网页设计，可以提升企业的品牌形象。

网页设计一般包括功能型网页设计、形象型网页设计和信息型网页设计三种类型。设计的目的不同，其网页策划与设计方案也随之不同。

网页设计的工作是通过使用合理的颜色、字体、图片、声音等元素对界面进行美化，在功能限定的情况下，带给用户更佳的视听感受。常见的网页设计工具有 Ps、FL、DW、CDR、AI，等等。

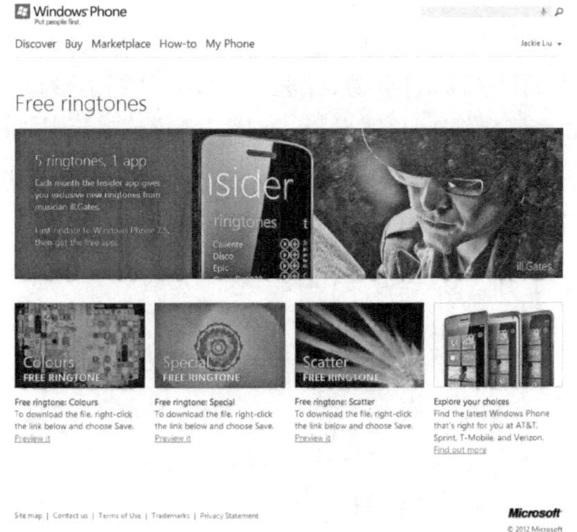

图 2-6　网站展示页

2.2.2　软件界面设计

软件界面设计不局限于界面展示的载体，个人电脑、手机、Pad 等都需要软件界面设计。软件界面是用户与软件进行交互的部分。优秀的软件界面有简便易用、重点突出、容错率高等特点，如图 2-7。

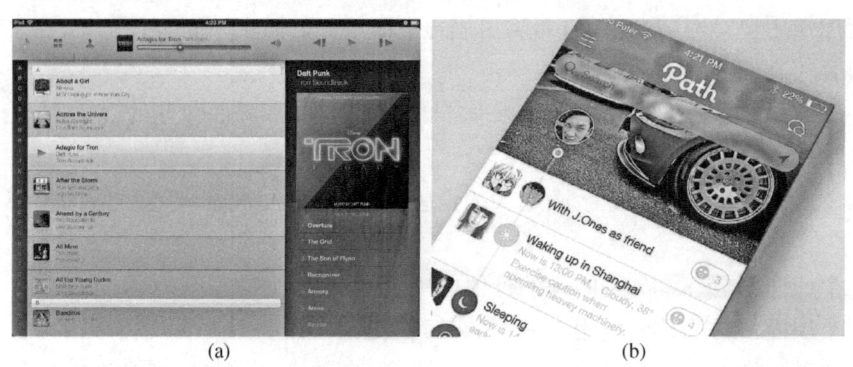

(a)　(b)

图 2-7　软件界面示例

2.2.3　游戏界面设计

游戏界面设计，简称 CGID，如图 2-8，是指对以计算机为运行平台的游戏进行策划、设计的活动，包括对游戏中的按钮、动画、文字等元素的设计。

2.2.4　车载人机界面

车载人机界面，简称 HMI，如图 2-9，指的是驾驶员和车辆之间的交互界面，是人机之间的信息媒介。合理的车载人机界面的设计可以帮助用户迅速、准确地获取行车信息，提高操作和驾驶效率。其研究和设计的重点是：如何让界面的信息更

图 2-8　游戏界面设计示例

加易于读取和理解、如何让界面的操作更简单、便捷。

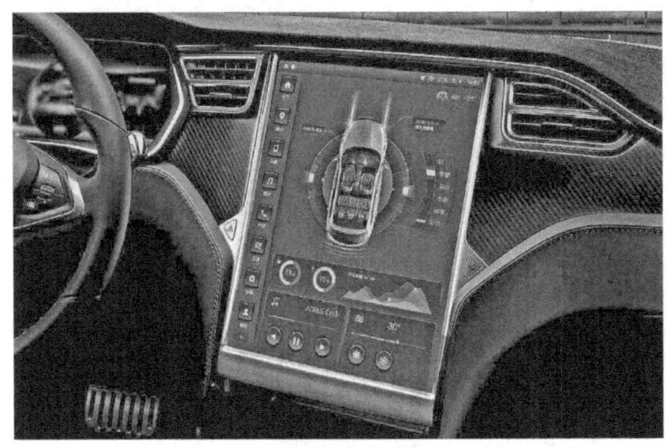

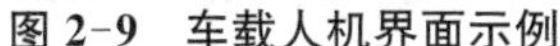

图 2-9 车载人机界面示例

图 2-10 智能机器人示例

2.2.5 智能机器人界面

智能机器人界面，如图 2-10，有着多种内部和外部信息传感器，如视觉、听觉、触觉、嗅觉传感器。除具有传感器外，它还有效应器，作为作用于周围环境的手段。一般智能机器人至少具备三个要素：感觉要素、反应要素和思考要素。

智能机器人根据智能程度分为工业机器人、初级智能机器人、智能农业机器人、家庭智能机器人、高级智能机器人。作为交互设计师，需要设计良好的人机界面，使人与机器人方便、自然地进行交流。

2.3 UI设计常用软件

2.3.1 视觉设计软件

Photoshop 是一款强大的图片处理软件，它不只是用于修照片，设计师还能用它完成 UI 设计。图标的设计是用矢量绘图软件来完成的，这样图标被放大时才不会失真，没有虚边，所以设计师可能还要用到 AI。因此，UI 设计行业中，常用的主要软件为 Ps 和 AI，其图标如图 2-11 所示。

(a) (b)

图 2-11 软件标识

另外，专注 UI 设计的新时代产品还有 Sketch。Sketch 是一个非常友好的软件，它可以让设计师尽可能减少复杂的软件操作，让设计师专注于响应式的设计而不是图片的美化，关注于交互和动画而不是材质。但是由于该软件仅限苹果系统使用，因此，其市场占有率仍处于缓慢增长中。

2.3.2 思维导图软件

MindManager 和 XMind 都是思维导图软件，具体使用哪个软件并不重要，可根据个人习惯选择。思维导图想必读者在进行策划分析和头脑风暴时都用过。在UI设计中，也经常用到思维导图。一些UI设计培训中特开设该课程，就是用来整理产品需求思路、产品架构、产品的交互逻辑等。总之，在做视觉设计之前，它是设计师整理思绪的好帮手，如图2-12所示。

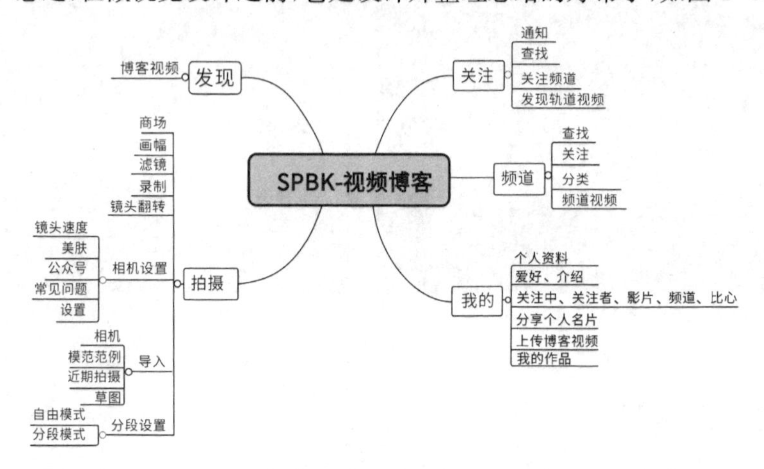

图2-12　思维导图示例(制作:王茹)

2.3.3　快速原型设计工具

Axure RP是一个专业的快速原型设计工具，如图2-13，它由美国Axure Software Solution公司研发，其能够快速创建软件和Web网站的线框图、流程图以及原型图。作为专业的原型设计工具，它有着快速、高效设计的特点。

图2-13　Axure界面示例

2.3.4　动效设计软件

Adobe After Effects，简称“AE”，是Adobe公司推出的一款图形、视频处理软件，如图2-14，属于后期制作软件。在UI设计中，AE可以使产品(APP、网页、软件、智能硬件端等)

将原本静态的图片通过动态效果表达出来。

图 2-14 AE 界面示例

AE 软件可以帮助用户高效且精确地创建更多、更佳的视觉效果，可以制作出不同的效果和动画，让设计的电影、视频等作品更加令人耳目一新。

2.4 UI 设计基本流程

完整的 UI 设计流程包括需求阶段、功能设计、交互设计、视觉设计 4 部分，如图 2-15 所示。下面将展示一款主打美图和绘制的女性终端美图社交软件 APP——GIRLS 的设计流程。

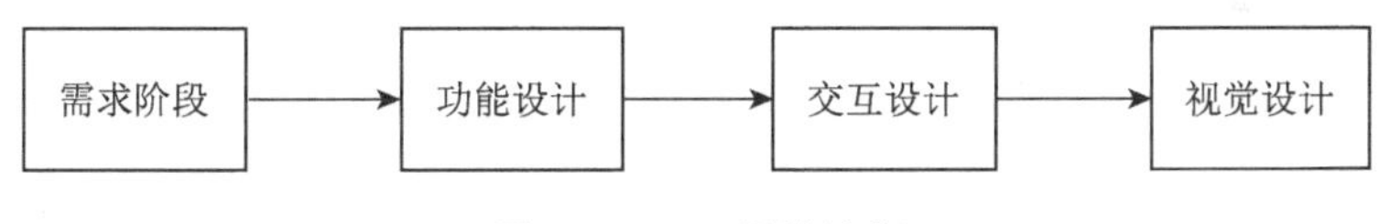

图 2-15 UI 设计流程

2.4.1 需求阶段

工业产品、软件产品都离不开 3W 分析，即对使用者(who)、使用环境(where)和使用方式(way)的分析。所以在开始设计之前，设计师应该先对用户进行分析，比如用户的年龄、爱好、教育程度以及使用场景、交互方式等。上面任何一个元素的改变都会使结果有相应的改变。

同时，在需求阶段设计师还需要对同类产品进行分析和研究。研究同类产品，可以知道产品存在的价值和问题，取其精华，去其糟粕，以便做出更好的产品。

2.4.2 功能设计

功能设计也叫作概念设计，它可以说是界面的骨架。功能设计需要研究用户需求和任务分析，并设计出产品的整体架构。在界面的设计中，可以选用思维导图的方式展示整体的产品功能，如图 2-16 显示的是 GIRLS 软件的思维导图设计。

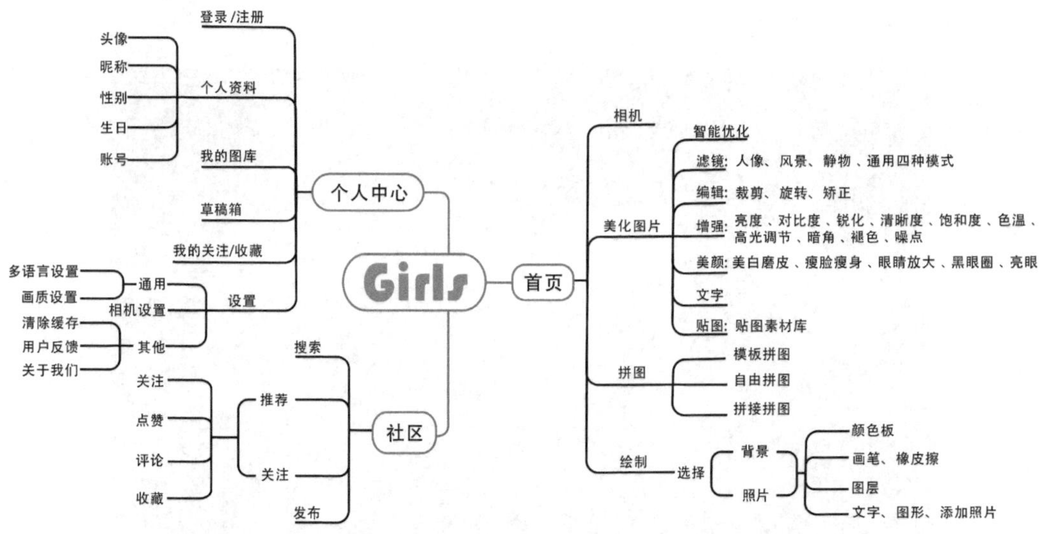

图 2-16　GIRLS 软件的思维导图(制作:李华文)(见彩插)

2.4.3　交互设计

交互设计由 IDEO 的创始人比尔·莫格里奇在 1984 年提出,初期叫 Softface,后来改名为"Interaction Design",也就是今天所说的交互设计,即对产品与用户之间的交互机制进行设计,让用户能够更加简单和轻松地去使用产品,感受其价值。交互设计定义了两个或多个互动的个体之间交流的内容和结构,使之互相配合,共同达成某种目的。交互设计努力创造人与产品之间的关系,其设计的目标可以从"可用性"和"用户体验"两方面去分析,最重要的是关注用户的需求。

如今的交互设计并不仅仅是对文字和图片进行美化设计,而是要负责界面中的所有元素,即用户在界面中可能会点击或输入的所有信息元素。如图 2-17 显示了 GIRLS 软件的低保真原型设计示例。

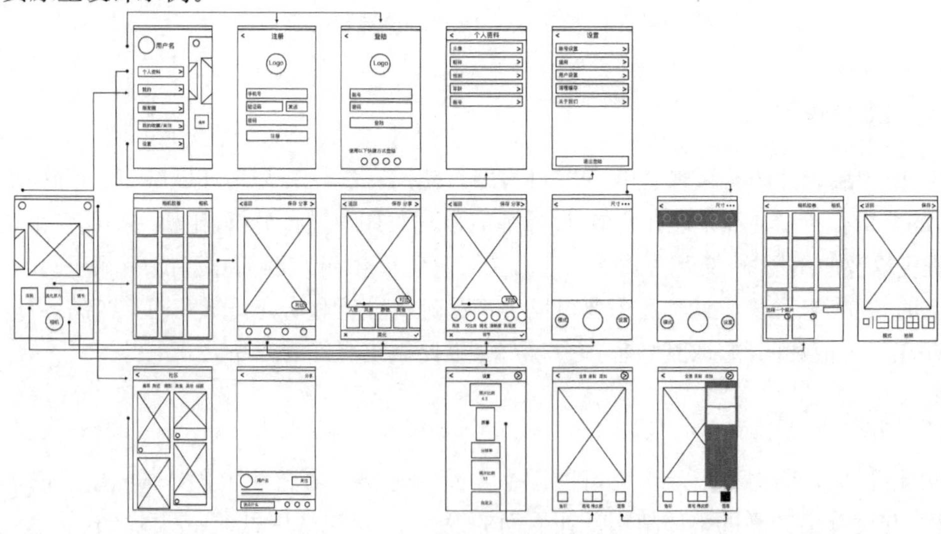

图 2-17　GIRLS 软件的低保真原型(制作:李华文)(见彩插)

相对于其他设计专业来说，交互设计更侧重以解决问题为导向，同时兼顾视觉审美和功能体验。

2.4.4　视觉设计

在功能设计的基础之上，要对界面进行视觉设计，即视觉元素的美化，包括色彩、字体搭配等的设计，如图 2-18 为 GIRLS 软件的高保真原型示例。视觉设计要遵循以下几个原则：

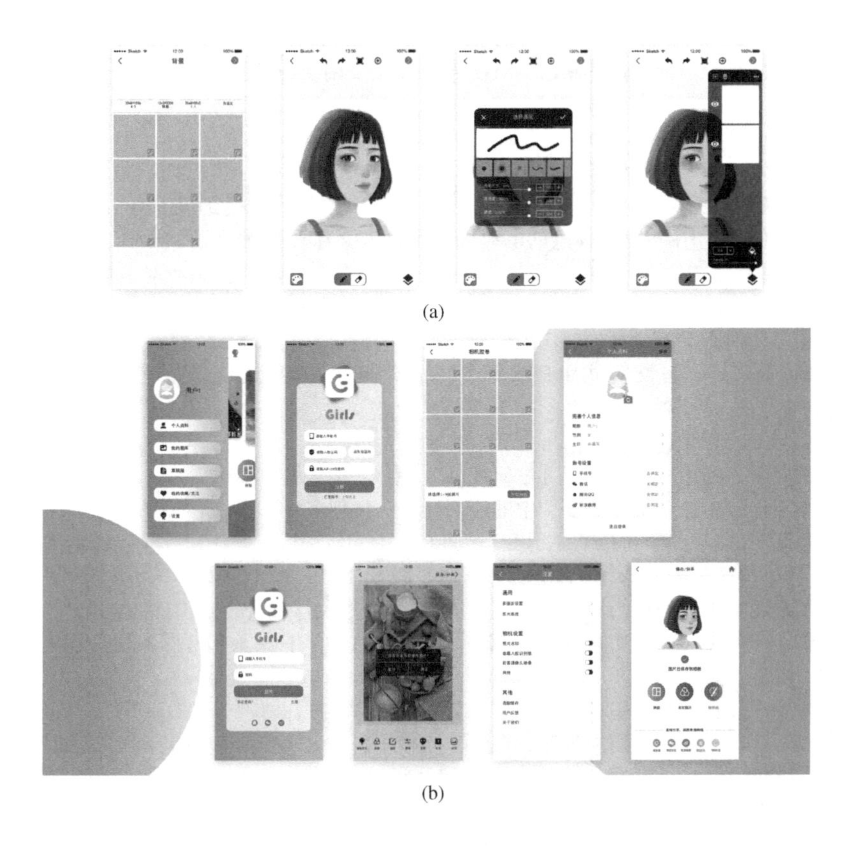

(a)

(b)

图 2-18　GIRLS 软件的视觉设计(制作:李华文)(见彩插)

① 界面简单明了，并且允许用户根据自己的喜好去定制界面。

② 减少用户的记忆负担，让计算机辅助用户去记忆，例如界面中的账号、密码、浏览网站等，当用户进入界面时，机器可以直接提供用户先前使用的信息记录。

③ 依赖认知而非记忆，如打印图标的记忆、下拉菜单列表中的选择。

④ 提供高效的视觉线索，如图形符号的视觉刺激等。

⑤ 界面中要提供默认、撤销以及恢复的功能，帮助用户更好地使用界面。

⑥ 提供界面的快捷方式。

⑦ 尽量使用用户都熟知的图标，比如设计电话、照片的图标时，应尊重用户的使用习惯。

⑧ 保证视觉上的清晰度，包括图片、文字、功能布局和隐喻的清晰，不要让用户感到模棱两可，甚至要去猜界面是如何使用的。

⑨ 整体界面保持一致性，比如图标的风格，导航栏的排放位置，类似功能要使用风格相

同的图形。

⑩ 不宜使用过多的色彩。整体色彩不超过 5 种，同时要尽量少用近似的颜色去表示近似的意思。

参考文献

[1] 吴磊. 产品用户界面认知与传达研究[D]. 武汉：武汉理工大学，2006.
[2] 普建涛，陈文广，王衡，等. 多通道用户界面关键技术和未来发展趋势研究[J]. 计算机研究与发展，2001(06)：684-690.
[3] 李慧康. 基于传感设备的人体健康数据可视化研究[D]. 南京：东南大学，2016.
[4] 方志刚，胡国兴，吴晓波. 基于非语音声音的听觉用户界面研究[J]. 浙江大学学报(工学版)，2003(06)：56-60.
[5] 李栋. 基于人机工程学的机械系统人机界面舒适性研究[D]. 西安：西安建筑科技大学，2007.
[6] 吕阳. 基于视觉思维的用户界面信息可视化设计研究[D]. 上海：华东理工大学，2015.
[7] 胡晓庆，李怀仙. 基于用户交互体验的电动汽车仪表盘交互界面设计[J]. 淮海工学院学报(自然科学版)，2018，27(03)：14-18.
[8] 张顺. 基于运动的感知用户界面模型及其应用[D]. 杭州：浙江大学，2009.
[9] 钟明. 交互设计中基于用户目标的任务分析方法及流程研究[D]. 长沙：湖南大学，2009.
[10] 朱军，张高，华庆一，等. 交互式用户界面的形式化描述与性质验证[J]. 软件学报，1999，10(11)：1163-1168.
[11] 高峰. 界面与人的行为关系研究[D]. 长沙：湖南大学，2005.
[12] 白文江. 面向服务的用户界面建模方法研究[D]. 重庆：重庆大学，2010.
[13] 刘昊. 人体工程技术在手机界面设计中的应用[J]. 现代装饰(理论)，2016(07)：110.
[14] 张雪铭，赵晓明. 设计美学在移动应用 UI 界面设计中的体现[J]. 设计，2018(07)：40-41.
[15] 王雁，刘苏. 手持产品的人体工学设计[J]. 人类工效学，2011，17(02)：52-55.
[16] 王建民. 图形用户界面设计的原则与发展趋势探讨[J]. 艺术探索，2007(02)：114，119.
[17] 黄洪，林辉，王奔. 一种图形用户界面的 XML 描述方法与工具开发[J]. 计算机应用与软件，2011，28(10)：198-202.
[18] 赵鲁宁. 增强现实技术与界面设计的发展研究[J]. 艺术科技，2017，30(03)：49.
[19] 付永刚. 桌面环境下的三维用户界面和三维交互技术研究[D]. 北京：中国科学院软件研究所，2005.
[20] 刘再行. UI 交互设计流程的探索与教学实践[J]. 装饰，2015(01)：136-137.
[21] 刘永翔. 基于产品可用性的人机界面交互设计研究[J]. 包装工程，2008(04)：81-83.
[22] 汪海波，薛澄岐，黄剑伟，等. 基于认知负荷的人机交互数字界面设计和评价[J]. 电子机械工程，2013，29(05)：57-60.
[23] 魏玮，宫晓东. 基于用户体验的人机界面发展趋势[J]. 北京航空航天大学学报，2011，37(07)：868-871.
[24] 刘颖. 人机交互界面的可用性评估及方法[J]. 人类工效学，2002(02)：35-38.
[25] 周莉莉. 人机交互界面的艺术表现研究[D]. 合肥：合肥工业大学，2009.
[26] 呼健. 人机交互界面设计与评估技术的研究和应用[D]. 济南：山东大学，2005.
[27] 张婷. 人机交互界面设计在产品可用性中的应用研究[J]. 包装工程，2014，35(20)：63-66.
[28] 杨明朗，王红. 人机交互界面设计中的感性分析[J]. 包装工程，2007(11)：11-13.
[29] 吴瑜. 人机交互设计界面问题研究[D]. 武汉：武汉理工大学，2004.
[30] 高小红，裴忠诚. 人机界面的发展历程[J]. 水利电力机械，2006(02)：64-66，70.
[31] 程中兴. 人机界面的认识论研究[D]. 上海：东华大学，2005.
[32] 张卫国. 人机界面及规范化人机界面设计方法[J]. 计算机工程，1990(04)：58-65.
[33] 杨静. 人机界面与用户模型的研究及应用[D]. 天津：河北工业大学，2002.
[34] 李天科. 以人为本的人机界面设计思想[J]. 计算机工程与设计，2005(05)：1228-1229.
[35] 李世国，顾振宇. 交互设计[M]. 北京：中国水利水电出版社，2012.

第3章 用户研究

3.1 用户研究概述

3.1.1 用户研究

用户研究是对用户和使用者的目标、需求和能力进行系统性的研究，以期设计、构建和改善工具，使用户和使用者的工作和生活受益。罗特伯·舒马赫(Robert Schumacher)进一步解释，用户研究的定义基于 4 个重要因素：

① 用户研究必定是系统性的研究，随意观察得来的信息往往具有偶然性和短暂性；用户研究同时必定是深思熟虑和精心规划的，需要研究者有一定的领域知识。

② 用户研究的本质是研究使用者的目标、需求和能力等，使用者有目标，会寻找方法完成他们的目标。有些目标是易知的，有些是微妙的和不易观察、获取的。目标中又会有一些子目标，需分级逐步完成。

③ 用户研究的目的是设计、构建和改善工具，区别于纯粹的自然科学研究。

④ 必须确保用户研究是回归用户的研究。用户研究的初衷是为了深入了解个体化市场，寻找一种新的用户调研方式。这种方法最先被欧美跨国公司所采用，希望通过这种方法挖掘用户的潜在需求，服务于新领域的研究。用户研究的方法主张设计师参与到用户的生活中，观察他们的生活，或者是把自己当成用户，从用户的角度看待所研究的产品，寻找不易察觉的潜在需求。

进入 20 世纪 90 年代以来，与用户关系密切的互联网行业蓬勃发展，在以计算机、网络为特征的信息技术飞速发展的时代，利用数字化特点产生的技术已应用于我们生活中的各个角落，数字技术产品已成为时代的主流产品。互联网产品的界面是人与网络世界交互的主要通道，成为用户与产品之间信息输入、输出的交流媒介。以用户为中心的界面设计能够让产品更合理，让产品有用、易用，对用户友好，更符合用户需求。而用户研究是以用户为中心的设计流程中的第一步，并贯穿于整个产品周期，不同的产品阶段采取不同的用户研究方法进行具体研究。利用适当的研究方法对用户基本信息、任务操作习惯、认知方式进行研究，确定用户目标需求并作为产品设计的导向，使所需设计的产品更符合用户的体验需求和期待。

3.1.2 UI 设计中的用户研究

UI 即用户界面，UI 设计指的是对软件的人机交互、操作逻辑及界面美观的整体设计。一个优秀的 UI 设计不但能给用户带来舒适的视觉享受，同时也能拉近用户与产品间的距离，提高办事效率。软件界面是为了促进使用者和外界环境的交互而存在的。它并不是单纯的美术绘画，而是需要定位使用者、使用环境、使用方式且为最终用户而设计，是科学性的艺术设计。判断一个界面是否合格的标准既不是依据某个项目开发组领导的意见，也不是依据项目成员投票的结果，而是取决于最终用户的感受。因此，界面设计要“以用户为中心”，它是一个不断为目标用户创造满意视觉互动效果的设计过程。

由图 3-1 可以看到，在过去的近 40 年，设计服务的对象“人”的内涵在不断地改变。很多年前，人们称呼他们为顾客或消费者（例如，设计和生产过程末端的产品接收者）。在二十世纪八九十年代期间，人们改变思维，把他们当作用户，以用户为中心的设计流程得到了广泛的接受。作为用户，人依旧是设计物的接收者，但是他们在与产品的互动中扮演了更加积极的角色。这种以用户为中心的设计方法目前依旧非常流行。

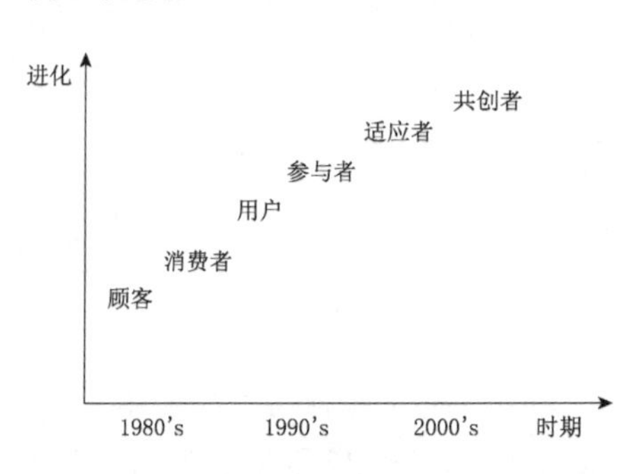

图 3-1　以人为中心的设计进化图

在 UI 设计领域，用户不仅是设计物的接收者，更是设计和生产过程中积极的参与者。我们看到他们有能力使产品更好地满足其自身的需要，他们的角色从参与 UI 产品或服务的设计及生产的过程，慢慢转向与设计师一起成为 UI 设计的共创者。

在早期的数字产品 UI 设计中，交互设计和界面设计是由程序员与视觉设计师共同完成的。通常程序员设计的交互逻辑、流程，却往往与用户思维大相径庭；信息的可视化和界面布局是由视觉设计师负责的，但为了追求界面的美观，却忘了考虑界面元素布局是否符合用户习惯。这样的设计只是对信息元素本身进行了设计，聚合了设计对象和设计者之间的联系，只是停留在设计层面，最终强加给了用户。这样的 UI 产品很难被用户接受，在同类产品竞争中容易遭受淘汰。用户导向的设计方法，是将设计的重心从信息元素转移到给予用户更多考虑和关注上，包括用户的情感、使用体验、目标、价值实现等方面，是以用户为中心思想的直接体现，如图 3-2 所示。UI 设计不同于传统设计，用户使用产品的行为和

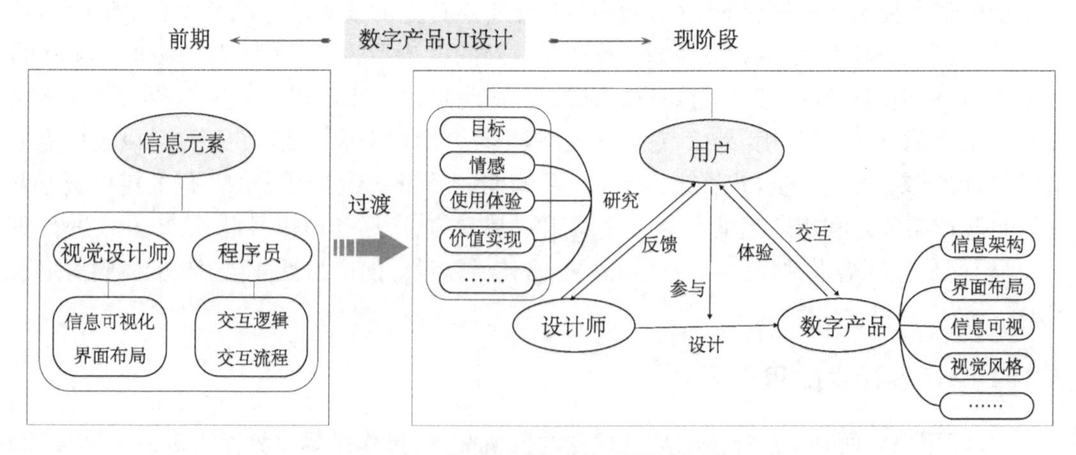

图 3-2　数字产品 UI 设计发展特征

形式都是设计的关键要素。用户导向的设计方法为设计师提供了一种独特的设计思路与框架，借助这种方法可以设计产品即产品的使用行为，而所设计的产品使用行为是用户最为核心的需求和意愿。

在新的设计时代，用户不再仅仅是参与者而是共创者，设计服务于共创者而并非参与者，深入的用户研究能够带来使用户满意的设计，如图 3-3。在 UI 设计中，一方面，设计师通过分析来确定目标用户范围，近距离地深入用户研究，能够最直接地掌握目标用户信息、需求以及期望值，从而打开 UI 设计师与用户直接交流的大门，让设计师融入用户的世界，了解用户的想法；另一方面，用户能够了解设计师的设计理念和目标。用户研究能够让用户参与到设计的过程中，与设计师交流、反馈，更加了解设计、理解设计，消除设计师与用户之间因环境、教育、职业等背景因素所产生的隔阂。

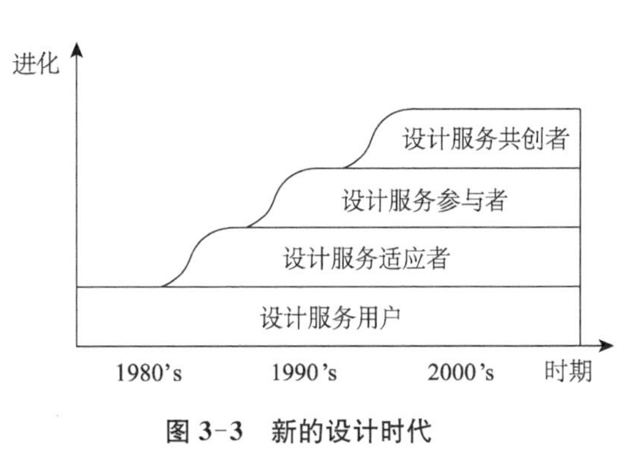

图 3-3 新的设计时代

3.1.3 UI 设计中用户研究的目标

用户研究旨在明确产品的目标用户人群、细化产品基本概念、提升用户情感体验，对用户的操作、知觉、认知心理等特征进行研究，将用户的实际需求转变为产品设计时的导向，使得产品与用户变得更加亲近。对于数字产品来说，用户研究的主要侧重点在于明确用户的需求要点，通过对这些需求要点的梳理和归纳，帮助设计师确定数字产品的设计方向，这个阶段属于用户研究的前期。数字产品投入市场后，此时的用户研究主要用来发现数字产品在实际应用中所遇到的问题和难题，帮助设计师优化产品功能，并进一步加深用户对产品的情感和体验。

数字产品 UI 设计中，用户研究贯穿于设计的每个阶段，尽管每一阶段研究要达到的目标不同，但不同目标之间联系密切。在用户调研阶段，能够确定目标用户，通过对用户信息数据的采集与分析，可以导出用户需求；在设计定位分析阶段，其目标在于使数字产品 UI 设计概念模型与用户心智模型相匹配，逐渐将目标对象由用户过渡到产品；在架构设计阶段，以产品可用性为目标，使得产品符合用户需求；在测试与评估阶段，基于评价指标，测试用户体验，旨在提高用户满意度；在设计迭代阶段，综合考虑用户体验反馈和产品市场发展趋势等因素，致力于提升用户的情感和文化归属及产品的用户黏度，如图 3-4 所示。

(1) 确定目标用户

明确目标用户是前提目标。用户研究中最为基础也是最根本的目的就是挖掘用户数据，细化用户群体。用户作为 UI 产品的最终使用者，是决定该 UI 产品成功与否的重要决定因素，因此对用户数据进行采集，成为 UI 设计的重中之重。在这个阶段，主要是明确 UI 产品的目标用户群体，为后期的产品设计做相应的设计指导。

该层面的用户研究内容为：

① 用户特征的研究，包括用户的年龄、性别、文化背景、知识程度等特征的明确，可以为

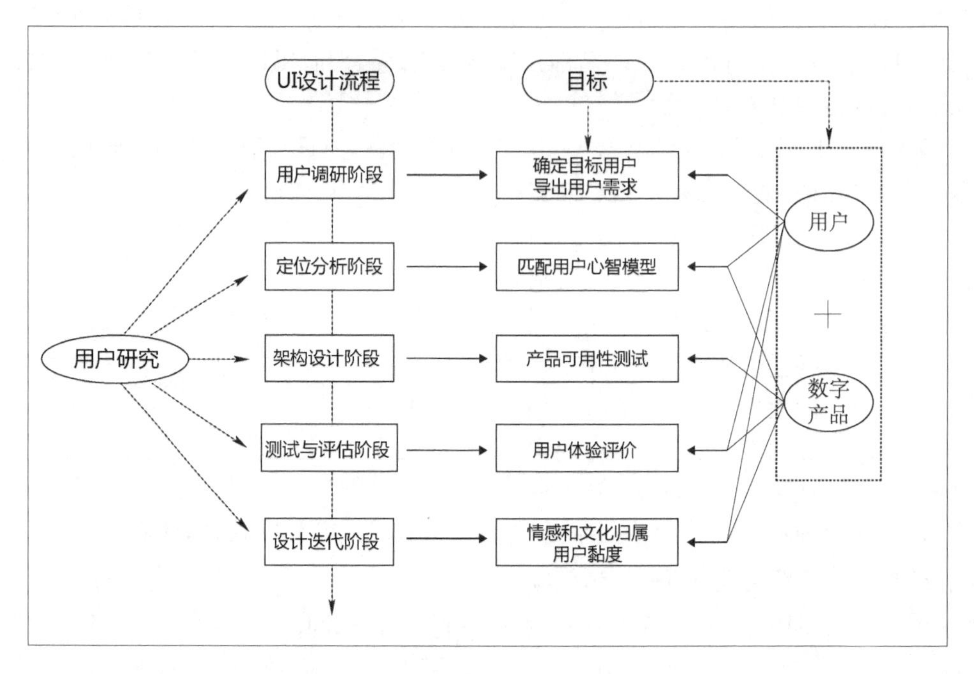

图 3-4　UI 设计中的用户研究目标

UI 产品的设计规定一个大致的范围和方向；

② 用户的行为信息，给予 UI 产品设计开发、更新换代等操作行为方面的指导反馈；

③ 用户的需求就是用户对 UI 产品功能的期望和评价，用户的需求和产品的功能应该是相互和谐的供求关系。

产品的功能是为了满足用户需求而设计的，反之用户需求指导产品功能的设置。在明确用户的范围之后，该用户群体的喜好就成为 UI 设计的具体指标，用户的偏好直接影响 UI 产品的界面风格。用户的使用动机和行为是用户使用该数字界面的最原始需求，这种需求可能是暂时性的，也可能是持久的，UI 设计要帮助用户解决这些根本性的需求。使用环境是用户与数字界面发生交互时的具体场景，其可能会影响信息的接收质量。

(2) 导出需求与确定设计定位

基于用户需求确定设计定位是指导设计方向的关键。导出需求是建立在用户特征和需求数据分析之上的，所谓需求，是在某个场景下，用户想要满足某个期望的诉求。需求伴随着场景而存在，即便用户可能从来不用某一款或某类产品，也并不代表他一定不存在类似的需求，可能只是因为他没有遇到类似的场景。不同用户群体在同一场景下的需求存在着差异性，产品经理需要描绘核心用户的群体特征，调校产品方向，尽量满足核心用户的体验要求。在需求分析过程中，还要注意甄别表象需求和伪需求。前者存在的原因是，用户表达的需求往往是在自身认知和经验上做出的理解和描述，是主观的第一反应，其背后的本质需求需要产品经理汇集足够多的表象描述后，通过自己的观察和分析挖掘得到；后者则缺乏真实的使用场景，属于拍脑袋的行为，可以通过场景分析和判断加以识别。

在进行设计定位时，产品经理和设计师往往会忙于梳理功能和业务逻辑，而忽视了产品的使用对象、使用场景以及产品的功能特色定位，其结果往往导致下一层级的设计师很难做出明确的决策。产品定位的实质是关于产品的目标、范围、特征等方面约束条件的定位，主要概括为两个方面：产品定义和用户需求。其中产品主要功能、特色和目标用户的确定是设计定位中最核心的内容，是产品设计最主要的依据和方向，如图3-5所示。

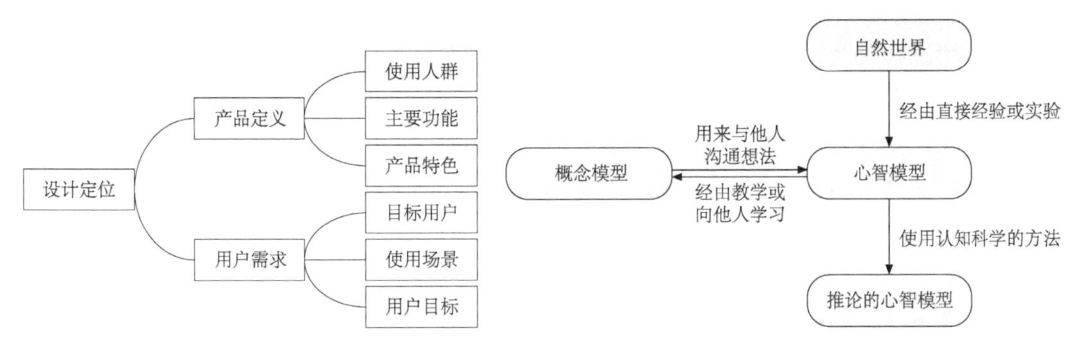

图3-5　设计定位思路图

图3-6　心智模型的形成

(3) 匹配用户心智模型

匹配用户心智模型是提升用户对设计的理解程度的重要部分。所谓心智模型是一种内化外在现实事物的心理模型表征，也是一种隐藏在人们内心深处的思维方式和观念，又通过认识事物的方法及习惯再次向外界表现。在UI设计中，用户的心智模型指的是用户在日常生活中根据自己的经验和习惯形成很多对事物的惯性认识，设计师的心智模型带有更多专业性的知识，可能需要用户更多的认知能力。而数字产品的UI往往是由设计师根据用户研究人员的数据，并结合自己的过往经历和经验进行设计，使之成为用户与产品信息传递的主要载体。设计师尽力地去迎合用户所设计的产品，介于设计师和用户的心智模型之间，这种分离产生了数字世界里的第三种模型，即设计者的表现模型(Represented Model)。因此，当表现模型离心智模型越近，呈现的形态就越容易让人接受和理解，反之离心智模型越远，越接近计算机工作原理，人越不容易理解，如图3-6所示。对设计师来说，可以通过匹配用户的心智模型来改善体验。因此，用户可以轻松地将已有经验从一种产品或体验转移到另一种上，无须额外了解新系统的工作原理。当设计师与用户的心智模型一致时，良好的用户体验就能得以实现。

(4) 可用性与用户体验满意度

设计评价的主要依据即为产品的可用性及用户的体验满意度。可用性指的是产品的可使用程度，产品设计要最大限度地满足用户的需求，并能使用户轻松地使用。UI产品的可用性是指从用户的角度去感受产品的易用性、易学性以及操作的舒适满意度等，其主要体现在用户和UI产品的相互关系中。在UI设计中，可用性属于一个基本并且重要的属性，是用于评价产品是否良好的重要指标。具体可以通过5个方面来测评UI产品的可用性是否良好：

① 是否易于学习，在面对繁杂多变的数字界面时，用户是否可以在短时间内掌握界面的基本信息和操作；

② 是否易于记忆，数字界面的设计是否符合目标用户群体的思维和交互习惯；

③ 是否高效，用户是否能在界面操作中快速、高效地满足自己的需求或完成任务；

④ 容错率的高低，用户操作出错时是否能够给予一定的提醒并帮助其改正错误，避免毁灭性的错误；

⑤ 满意程度的高低，在使用产品时数字界面是否能给用户带来轻松、愉悦的体验。

UI 设计的用户体验目标是以用户为导向，将“以用户为中心”的设计理念作为核心，关注用户的情感和感受。可用性是指用户在特定使用情境下，使用产品达到用户需求目标的有效性、效率和主观满意度。用户体验是建立在可用性和以用户为中心的基础之上的，是对可用性的补充，是用户在操作一件产品或者服务时，产品带给用户的理性价值和感受体验的表达。用户体验设计侧重对用户体验的研究，在产品设计从开发到发布的过程中，对用户参与所体现的体验数据进行评估，对评估数据的分析进行迭代式设计直至达到可用性目标。

结合数字产品的特点，可将 UI 设计中的用户体验分为 3 个层次：

① 感官体验，其诉诸视觉、听觉、触觉、味觉和嗅觉的体验，如用户界面的时尚感、炫酷感、清新感、怀旧感、视觉冲击力等。

② 行为体验，是影响身体体验、生活方式，并且能够与用户互动的体验，用户通过 UI 操作，达到易用、快捷，获取信息直观、准确等目标。可用，系统或产品可供用户获取和使用的属性；高效，系统或产品能使用户快速完成任务的属性；易用，系统或产品对用户来说操作简单的属性。

③ 情感体验，是用户内心的感觉和情感创造，自我价值的实现和身份的象征，是个性化的需求，是理想的成就。

3.2 用户概述

产品设计的根本目的是为了满足用户的需求。以用户为中心的设计，在满足用户的基本需求之余还能给用户带来一定的惊喜和好感，可以在众多产品中脱颖而出，赢得用户的喜爱和青睐。那么在 UI 设计中，设计师应该如何去发掘用户需求、探究用户特征、激发用户体验呢？进行深入的用户研究，已成为当下设计师关注的重要环节。

随着互联网发展日渐成熟，我们进入了信息化时代，各大商业媒体、网站论坛、咨询服务、即时通信等信息服务蜂拥而来。在这些信息大潮中，如何去辨别哪些内容是我们需要的，哪些交互方式对我们来说最方便，哪些视觉元素最适合我们这群用户……UI 设计用户研究的目的在于迎合用户，即深层次地研究目标用户群体，包括用户的基本信息、认知思维、操作行为、情感体验、需求信息等。设计师根据用户研究得出的数据进行 UI 设计，满足目标用户的需求与期望，提升用户满意度。

3.2.1 UI 设计中的用户

UI 设计中的用户，指的是接受某一产品或信息服务的客体，广泛地来说是享受产品或信息服务的所有客观事物。数字界面中的用户，指的是使用该界面完成信息查询、接收信息服务、体验信息情感的客观个体或群体，与数字界面进行信息交流的所有人都可以称之为用户。在这里用户可能是单个的个体，可能是使用同一服务的群体，可能是同一时间段内需求集合的人群，也可能是某个专业方向的技术人员，等等。例如，学校教务系统网页用户为在校学生、在职老师、访客以及网站维护人员，如图 3-7 所示。

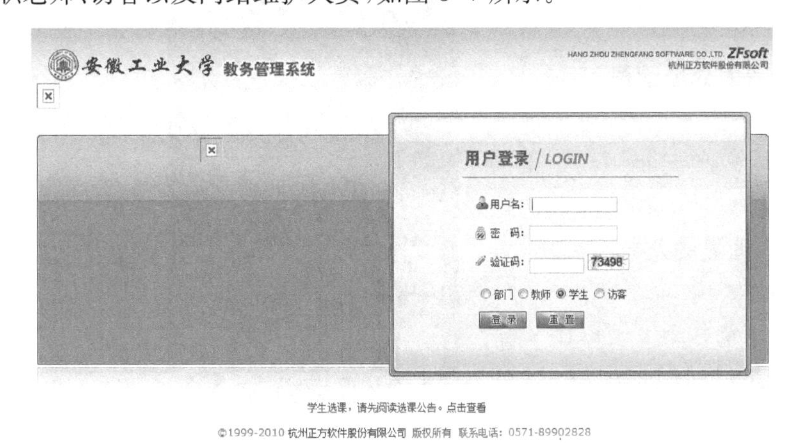

图 3-7 学校教务系统界面示例

3.2.2 细分用户人群

在以用户为中心的设计思想下，用户满意度的高低是决定产品设计成功与否的关键。首先要确定用户特征描述，明确产品的目标用户，了解目标用户与一般人群不同的用户特征，如年龄层次、文化程度、生活背景等。接下来，就是用户需求收集和分析。设计师需要了解目标用户的使用需求和期望效果，包括使用功能和须达到的指标。整个过程必须牢记以用户为中心的设计理念。用户需求的数据和信息可以来源于用户访谈或者问卷调查等多种渠道。用户之间是存在差异性的，其差异性来源于性别、年龄、职业、习惯等诸多影响因素。用户划分是需求分析的一个基础。由此，到底定位于哪一类用户是需要我们通过用户分类来分析的。分类依据也存在多样性，不同的依据会划分出不同的用户群体，但合理的用户分类能够让我们清楚地认识到：追求哪些人，满足哪些人，影响哪些人。

(1) 以性别为分类依据

按照性别可将用户分为男性用户和女性用户。性别的不同会导致用户在界面色彩、功能需求、审美倾向等方面的差异。在心理学层面，通过男女生理、心理比较分析发现，当神经系统受到外部刺激时，女性产生的反应比男性更加强烈，因此女性的性格更加细腻、感性。

- 男性用户

男性用户相对理性。男性更关注产品的功能性，通常是因为认识到某种需求之后才会选定产品，有明确的目的性。男性审美偏好会受到自身对其功能需求和情感需求等因素的影响，与女性的情感特征相反。

- 女性用户

女性用户相对感性，对色彩和形态有着更高的美学追求。女性的性格特征使她们在选择的过程中更加关注产品的视觉表现、细节以及情感表达。相对于男性，她们的选择标准具有模糊性，容易受外界环境的影响。

如图 3-8 所示，分别是华为手机本地主题中的“流光”和“粉雅”，界面风格都呈扁平化，但是通过整体画面的颜色、图标的肌理，还有背景的图案不同来看，左边的“流光”更显得男性化，右边的“粉雅”则突显出女性的特质。

(2) 以年龄为分类依据

按照年龄来区分用户，可分成儿童用户、成人用户和老年用户。不同年龄阶段的用户，对于数字界面的认知、判断能力有明显的差异。

(a) (b)

图 3-8 不同手机主题风格示例

- 儿童用户

联合国《儿童权利公约》中规定 0～18 周岁为儿童，但是实际上，人们公认儿童的年龄段为 0～12 周岁。这一阶段的儿童处于认知和学习的萌芽期，对外界新鲜事物充满着好奇心，想要去探索，同时喜欢模仿，但是注意力难以维持。一般而言，儿童群体以年龄为依据，细分为婴儿、幼儿、学龄儿童等几个阶段。婴儿期：从出生到 12 个月末的这一年龄阶段；幼儿期：1 到 3 周岁末的这一年龄阶段；学龄前期：儿童从 3 周岁到 6～7 周岁这一年龄阶段；学龄期：儿童从 6～7 周岁到 15 周岁这一年龄阶段，教育心理学中又把这一时期开始的 6～7 周岁至 12～13 周岁称为学龄初期，相当于小学时期，学龄期的后期阶段是从 12～13周岁到 15 周岁，相当于初中时期。

- 成人用户

成年用户的年龄阶段为 18～59 周岁。相对于儿童用户和老年用户，成年用户具有成熟的心智、健全的身体机能以及正常水平的认知能力，在面对数字界面时，学习和认知的时间和速度都优于其他两类。

- 老年用户

老年用户的年龄阶段为 60 周岁及以上。老年用户群有其自身的独特性，随着年龄的增长，他们逐步从儿童阶段过渡到成年阶段，再至老年阶段。他们具有丰富的认知经验，但由于身体机能的下降、神经系统的衰退，老年用户感觉器官的信息接收能力和神经系统的反应能力都逐渐减退，包括视力、听力的下降及操作反应的迟缓等。

如图 3-9 所示，为 3 款针对不同年龄段用户的读书软件界面。针对儿童用户，界面风格可爱，采用卡通动物视觉元素、鲜艳的色彩、图形化字体等设计，充分吸引儿童的好奇心与注意力，其内容主要是儿歌，符合儿童处于初级认知阶段的知识水平；针对成年用户，界面采用扁平化风格，信息内容丰富、分类明确，满足不同类型用户的阅读需求；针对老年用户，界面风格相对简洁，界面信息内容浅显易懂，操作逻辑简短易学，字体相对偏大，信息内容符合大多数用户偏好。

(3) 以使用和购买关系为分类依据

当用户购买产品时属于消费者，但并非是最终的使用者，因此用户充当不同角色时，会

(a) 儿童用户

(b) 成年用户

(c) 老年用户

图 3-9 不同年龄阶段的读书软件界面示例

影响对产品的最终评价。按照使用和购买的不同关系来看，可将用户分成直接用户和间接用户。

● 直接用户

直接用户指的是用户是产品的直接使用者，他们是与产品长期保持联系和交流的人，在使用数字产品的过程中，用户行为与产品有关的特征紧密相关，包括对产品的认识、需求，使用产品所需的基本技能，及其使用产品的时间、频率等。

● 间接用户

间接用户指的是用户具备产品消费者的特征，是与该数字产品首次接触的人群，决定是否购买该数字产品，但并非其直接使用者。此类用户更多以主观意愿判断该产品的功能是否满足自身的期望、是否适合直接用户，或者根据直接用户的反馈意见确定是否购买该产品。

如图 3-10 所示，是一款儿童智能电子手表，具有快速定位、即时通信、日期时间等功能。该产品的间接用户是儿童的父母，即产品购买决策者，他们在选购儿童智能电子手表的时候主要考虑的是手表的功能是否齐全、材料是否安全、佩戴是否方便等问题，但产品的直接用户是儿童，他们更多的是对电子手表充满好奇，在乎颜色是否喜欢、图案是否有趣等方面的设计。

图 3-10 儿童手表

(4) 以使用群体数量为分类依据

● 大众用户

用户作为普通大众群体，具有作为人的共性特征。用户在使用任何产品时都会在不同的方面反映出这些特征。人的行为不仅受到视觉和听觉等感知能力、分析能力、解决问题能力、记忆力和对刺激的反应能力等的影响，同时也受到心理和性格取向、物理和文化环境、教育程度及阅历等因素的制约。

- 小众用户

用户作为特殊小众群体，在每个用户群体中，既有受过高等教育的学者，也有文化层次较低的人；既有专业用户，也有一般用户。只有充分了解用户各方面的特征，才能针对性地满足用户的需求。作为一个设计师，除了需要掌握目标用户的性别、年龄、教育背景等基础信息之外，还需要了解他们与其他人群不同的特征。

如图 3-11 所示，淘宝 APP 作为一个开放性的网购平台，它的用户群体特征广泛，但其具有一个共通点是利用淘宝 APP 购买自己心仪的产品。由此，它的用户更关注 APP 中的产品信息类别和内容，利用 APP 能够快速、准确地找到目标商品即可。

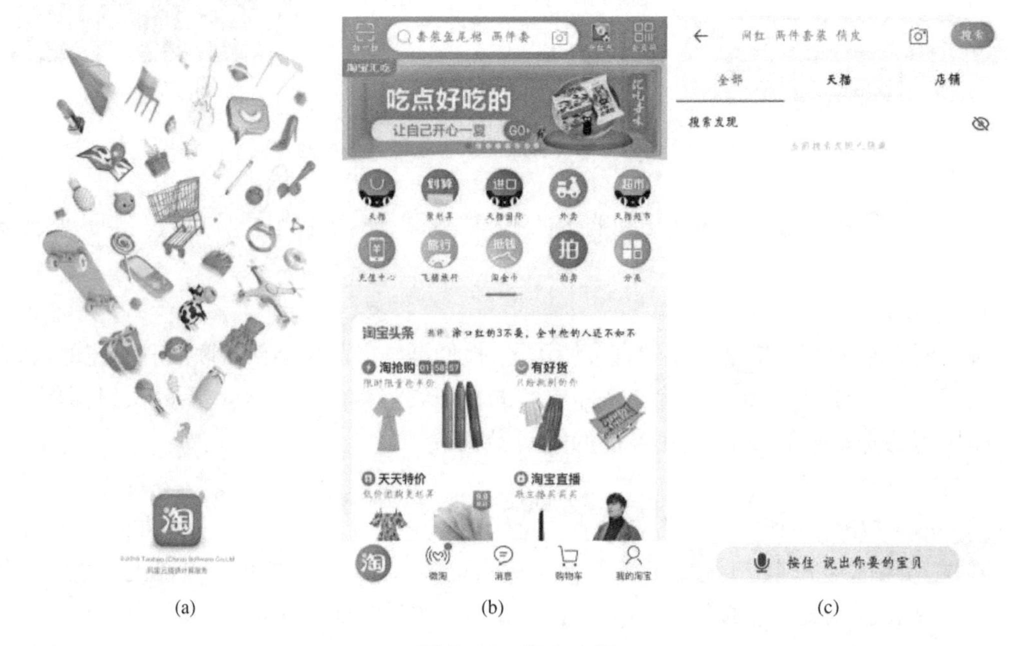

(a) (b) (c)

图 3-11 淘宝 APP

如图 3-12 所示，是一款时髦家具指南 APP——造作。该款 APP 主要信息内容是拥有全球顶尖的红点设计师设计的家具，每一件都又美又实用，它的目标用户人群属于高端收入人群，对生活家居的选择具有一定的追求，具有高层次的审美观念和生活品位。

(5) 以用户对信息的使用情况为分类依据

按照用户对信息的使用情况，可分为活跃用户、流失用户以及回归用户。

- 活跃用户

活跃用户是 APP 或网站的高频使用用户，他们忠诚度高。活跃用户是内容消费的主要参与者，通过与其他用户的互动，也活跃了其他用户。通常可以通过活跃用户分析产品真正掌握的用户量，因为只有真正的活跃用户才能为产品创造价值。通过分析活跃用户可以洞悉产品当前真实的运营现状，活跃用户的判定需要人为地根据实际情况设定一些条件，达到设定的条件即为活跃用户。

图 3-12　造作 APP

● 流失用户

活跃用户可以为产品带来活力并创造持久的价值，而一旦用户活跃度下降，这类用户很可能就渐渐流失。我们认为当用户长久地不登录 APP 或者网站时即为流失用户，即一段时间内未访问或未登陆的用户。这里也需要根据产品性质设定一个准则，满足准则的用户即为流失用户。不同产品对于流失用户的定义是不一样的，比如对于微博而言，超过一个月未登陆可能就属于流失用户了，而对于电商网站而言，3 个月或半年未购买才被认定为流失用户。

● 回归用户

回归用户是指该用户人群由于长久的不登录 APP 或者网站，且已经被定义为流失用户之后，又再次登录访问 APP 或网站。此类人群已经熟悉 APP 和网站的主要功能及操作，其流失并再次使用的动机和原因值得设计师进行探究，可用于分析产品挽回用户的能力。

如图 3-13 所示，分别为手机 QQ 软件的两位用户在线登录数据。左图为 QQ 活跃用户，在线登录时间已达 1 789 天，已点亮 QQ 达人图标；右图用户上一次登录时间为 6 月 19 日，已经连续 30 天没有登录手机 QQ(假设今天为 7 月 19 号)，QQ 达人图标呈现灰暗状态，直至 7 月 19 日再次登录访问，该用户由流失用户转变为回归用户。

(6) 以用户的能力和水平为分类依据

● 普通用户

普通用户即一般用户，是指近期登录过 APP 或网站，在操作使用过程中，更多的是接收信息内容，这一群体基本只消费内容，不与他人互动，贡献内容较少甚至不贡献内容的用户。

● 专业用户

专业用户是指有某一个专业领域的职业背景，在该行业获得很高的声望，可称为专家的用户，比如医生、健身教练、知名作者等。专业用户对于普通用户而言，其影响力大且可信度

图 3-13 手机 QQ 用户连续登录数据

高，具有说服力。专业用户在行业内也有自己的追随者，引入专业用户也能为 APP 带来一定量的新用户。

如图 3-14 所示，“暖心理”是一款提供线上心理咨询服务的 APP。它的用户群分为普通用户和专业心理咨询师或心理学教授等专家用户。普通用户主要通过 APP 浏览关于心理健康相关的推送信息，其中心理疾病患者可咨询专家相关问题，专家用户通过互联网平台提供心理理疗等其他服务。

图 3-14 “暖心理”咨询 APP

用户分类的目的就是想要知道自己的 APP 产品在市场上究竟有何优势，哪些人群在用，对于这样的人群其实还可以再进行分类，比如根据在线时间、地点、年龄等进行再分类。对用户的分类，可以有很多不同的方法，如表 3-1 所示。比如，根据用户的个性，可以将用户分为外向型用户和内向型用户，外向型用户注重外部的变化，内向型用户喜欢熟悉不变的环境。根据性格特征，又可以分为感知型用户和直觉型用户，感知型用户喜欢熟悉的技巧，善于精细工作，直觉型用户喜欢解决新问题；或者分为理解型用户和理智型用户，理解型用户喜欢不断了解新鲜信息，但是苦于做决定，理智型用户喜欢规划一切事物。

由于人们的知识水平、视听能力、智力、记忆能力、可学习性、动机、受训练程度以及易遗忘、易出错等特性不同，用户之间的差别也很大，这使得对用户的分类、分析，以及考虑以上人文因素后的系统设计变得更加复杂化。用户分类的目的就是细分目标用户人群，提取关键影响因素，减少或剔除其他因素对目标用户设计的影响。

表 3-1 用户的不同分类标准

分类标准	类别
性别	男性用户；女性用户
年龄	儿童；成人；老年
产品直接使用者	直接用户；间接用户
使用群体数量	共性用户；个性用户
信息需求的表达	正式用户；潜在用户
对信息的使用情况	目前用户；过去用户；未来用户
用户的能力和水平	初级用户；中级用户；高级用户
用户对产品的熟悉程度	迷茫型用户；问题型用户；搜寻型用户；评估型用户；决策型用户
个性	外向型，内向型
性格特征	感知型和直觉型；理解型和理智型
……	……

3.2.3 用户特征信息

数字产品 UI 设计中，设计师应以用户为中心、设计以理解用户为重点，通过用户研究获取目标用户特征信息。目标用户特征信息主要分为三个部分：目标用户基础信息，能够让设计师清楚地了解用户基础背景信息；用户行为信息，能够让设计师明确用户群体面对不同交互任务的典型行为特征，进而印证用户基础信息与行为信息的一致性；用户需求信息，设计师能够多方面、深层次地了解用户实际需求，从而为设计做出正确的决策，如图 3-15 所示。

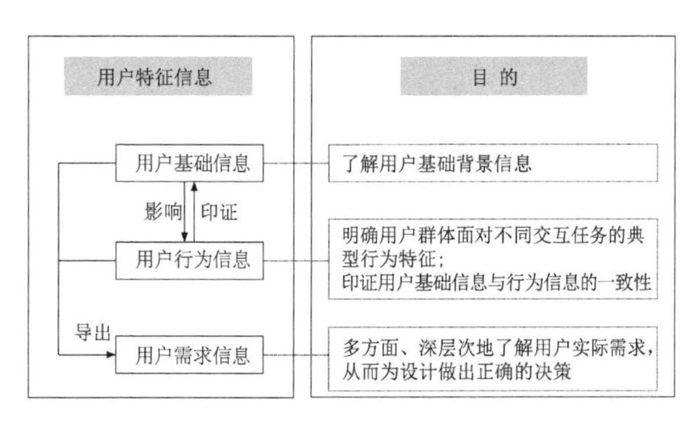

图 3-15 用户特征信息组成

(1) 用户基础信息

用户基础信息指人口特质、知识水平、认知能力、信息素养、情感表征等方面的信息。

人口特质涵盖的因素较多，用户的

性别、年龄、受教育程度、行业性质、收入等一切社会属性都属于人口特质。

知识水平即为用户已有的知识存储量。知识水平影响用户对新信息的选择、吸收和对信息服务的使用质量等各类信息行为。

认知能力是指用户通过对信息进行分析、运算、联想、归类、推理等方式，将新知识理解并消化，从而转化成人们自身知识库存的一种能力。认知包括知识认知和经验认知。举个例子，网络用户的知识认知包括其记忆能力、表达能力、空间能力以及逻辑推理能力等，其经验认知即为网络使用经验。这些认知可以帮助用户明确自身行为的目标，获取有用的信息，提高用户使用网络的效率。

信息素养是指用户具有强烈的信息意识，明确自身所需的目标信息，并且能够正确、有效地收集符合自身需求的信息资源。

情感表征涵盖用户的兴趣、意志、态度、情感等因素，在用户基础信息行为中具有非理性和偶然性的表现。

不同类型 APP 产品的目标用户群体不同，这里以网易云音乐、华为运动健康、京东购物和蜜柚 APP 为例，向读者阐述不同的 APP 对目标用户群体基础信息的关注程度不同，如表 3-2 所示。表中用“√”的数量来划分各种 APP 对用户目标信息关注的重视程度，“√”表示需要进行研究，“√√”表示需要注重该方面的研究，“√√√”表示需要作为很重要的关注点来深入研究，后文中与此相同。

表 3-2　不同类型 APP 的用户基础信息

类别	描述	网易云音乐 APP	华为运动健康 APP	京东购物 APP	蜜柚 APP
人口特质	性别	√√	√	√	√√√
	年龄	√√	√√	√	√√
	受教育程度	√	√	√	√
	行业性质	√	√	√	√
	收入	√	√	√√	√
知识结构与知识水平	已有的知识存储量	√	√	√	√√
	已有知识的结构内容	√	√	√	√√
认知能力	对新消息的处理能力	√	√	√	√
	转化新知识为自身知识库的能力	√	√	√	√
信息素养和信息能力	明白自身的信息需求	√	√√	√	√√
	选择正确的信息资源	√	√	√	√√
	有效地整理、评估与使用所需要的信息	√	√	√	√√
情感因素	兴趣	√√	√√	√√	√
	情绪	√√	√	√	√√
	意志	√	√√√	√	√
	态度	√	√	√	√
	情感	√√	√√	√	√√

(2) 用户行为信息

用户行为信息包括认知行为信息、操作行为信息以及用户行为习惯信息三类。

认知行为信息是指用户对界面上所呈现的符号的认知。用户接触一个新的界面时，首先会对界面上的符号进行视觉捕捉。捕捉之后再根据自身的经历、记忆和理解等对捕捉到的信息进行加工，得出初步判断的结果。结果有是、否和不确定三种可能性。

操作行为信息是指用户对界面进行一系列操作之后得到的操作反馈，比如操作流程中的难点和痛点。操作行为信息不仅受到网站功能的适用性、信息内容的易懂性影响，而且受到用户自身的素养和经验等的影响。

用户行为习惯，是指用户在一定的时间段内养成的、根深于潜意识的行为。它是自动化了的动作，也是内化了的思维和情感。UI 设计中的用户行为习惯顾名思义就是用户在操作、浏览移动页面时的行为习惯及视觉习惯等。例如用户在夜间操作数字界面时，偏好采用夜间模式，以便于在黑暗环境中避免白光刺眼。

用户行为信息是对 APP 的设计开发、更新换代的操作行为方面的指导反馈，同样以上述的几大 APP 为例，在认知行为信息（符号捕捉、符号判断、符号匹配、其他）、操作行为信息（操作过程中的易学、易操作，网站功能的有用性、适用性，信息内容的易懂性、针对性，操作方式的合理性、有效性，用户自身的技能水平、信息素养以及以往的经验）以及用户行为习惯信息（行为习惯、视觉习惯）三个方面，对用户展开研究，如表 3-3 所示。

表 3-3 不同类型 APP 的用户行为信息

类别	类别	网易云音乐 APP	华为运动健康 APP	京东购物 APP	蜜柚 APP
认知行为信息	符号捕捉	√	√	√	√
	符号判断	√	√	√	√
	符号匹配	√	√	√	√
	其他	√	√	√	√
操作行为信息	操作过程中的易学易操作	√	√	√	√
	网站功能的有用性、适用性	√	√	√	√
	信息内容的易懂性、针对性	√	√	√	√
	操作方式的合理性、有效性	√	√	√	√
	用户自身的技能水平、信息素养以及以往的经验	√	√	√	√√
用户行为习惯信息	行为习惯	√	√	√√	√
	视觉习惯	√	√	√√	√

(3) 用户需求信息

根据马斯洛需求层次理论,用户需求信息包括生理需求信息、安全需求信息、社交需求信息、尊重需求信息、自我实现需求信息。

生理需求:人的需求中最基本、最强烈、最明显的就是对生存的需求。人们需要氧气、食物、饮水、住所、睡眠等。在UI设计中的生理需求主要指的是系统的可用性,当用户初次接触到某个商品系统时,首先关注的并不是系统的外形、视觉界面或品牌,而是它的可用性。在这个阶段用户考察的是系统所提供的功能应用是否可以在实践当中解决某种需求的能力,系统可用性的完善与否也是决定其能否继续发展下去的根本原因。

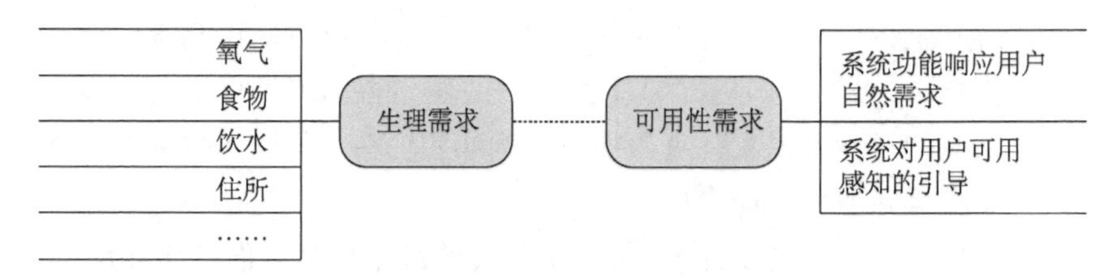

图 3-16 生理需求与可用性需求的对等模型

安全需求:如果生理需求相对充分地获得了满足,接着就会出现一种新的需求,即安全需求。安全需求的直接含义是避免危险和生活有保障。在系统的应用设计中,用户的安全需求一方面体现在感知产品系统所提供的环境安全方面;另一方面在广义上,用户的安全需求也体现在系统设计的易用性方面,即一个体验感良好的系统应该让用户一看就知道如何去使用。

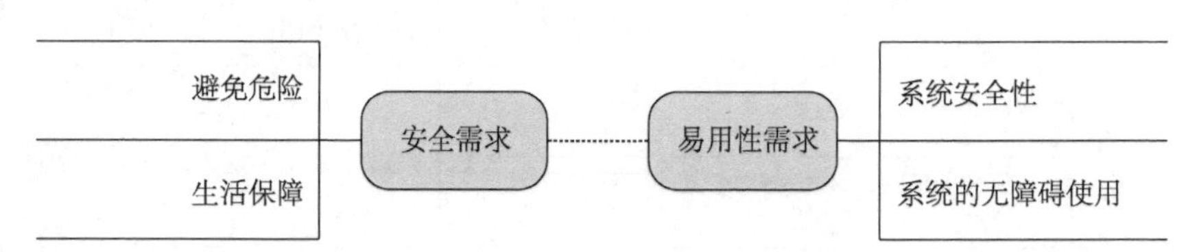

图 3-17 安全需求与易用性需求的对等模型

社交需求:处于这一需求阶层的人,把友爱看得非常可贵,希望能拥有幸福美满的家庭,渴望得到一定社会与团体的认同、接受,并与同事建立良好、和谐的人际关系。在UI设计中的社交需求指对系统友好度的需求。系统友好度也可以理解为系统界面友好度和系统环境友好度两个方面。系统界面友好度是指用户与系统间的人机交流,如同人在社会交流中接纳他人或者被他人接纳一样。另一个是系统环境友好度,主要体现在系统中用户与用户间的交流。

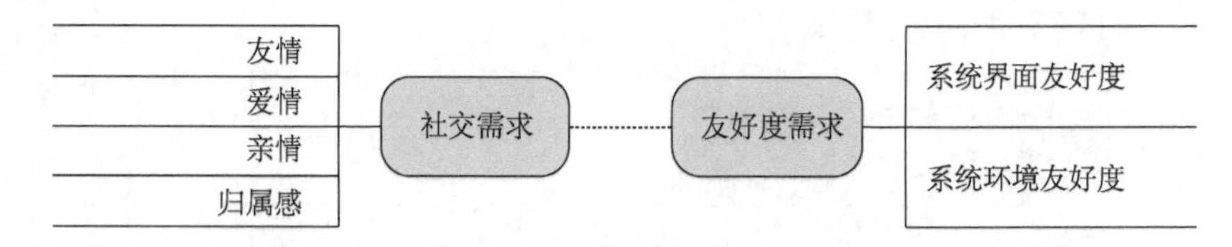

图 3-18 社交需求与友好度需求的对等模型

尊重需求：尊重的需求包括自尊、自重和来自他人的敬重。如希望自己能够胜任所担负的工作并能有所成就和建树；希望得到他人和社会的高度评价，获得一定的名誉和成绩等。在UI设计中的尊重需求体现为对系统的视觉性需求。系统的视觉性需求是系统通过对自我形象的包装提升，来迎合用户的视觉审美需要，满足用户的尊重需求，并让用户由此感受到层次尊贵的心理体验(如图3-19所示)。系统的设计应该满足用户的视觉性需求，通过由此产生的用户尊重感吸引并留住用户。在图形视觉体验上，视觉设计要遵循一定的目标用户标准。

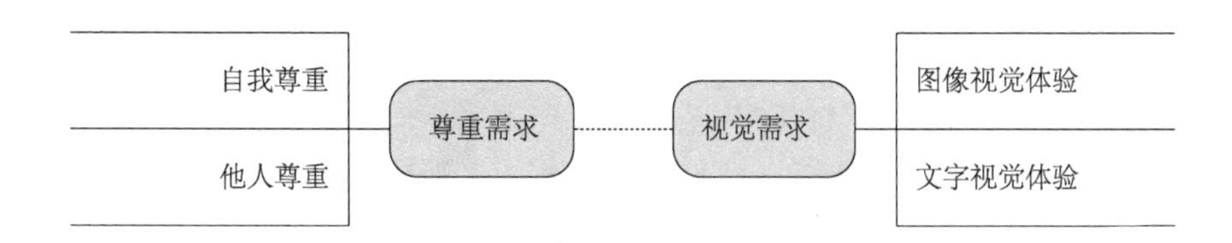

图3-19 尊重需求与视觉需求的对等模型

自我实现的需求：当上述所有需要都获得满足后，需求的发展就会进入到最高阶层——自我实现的需求。系统的品牌度需求即系统用户及系统本身双方面的自我实现(如图3-20所示)。对于系统中的用户，他们也有自我的个体品牌即其自身价值的实现，表现为用户通过系统分享自己的信息建议进而渴望自身的品位、观点得到其他用户的认同。对于系统品牌的自我实现在于将品牌的内涵融入设计中，让用户能够得到深切体会，在细节上征服用户，最终会决定用户对系统的认同和接受程度，从而形成对品牌的忠诚度。

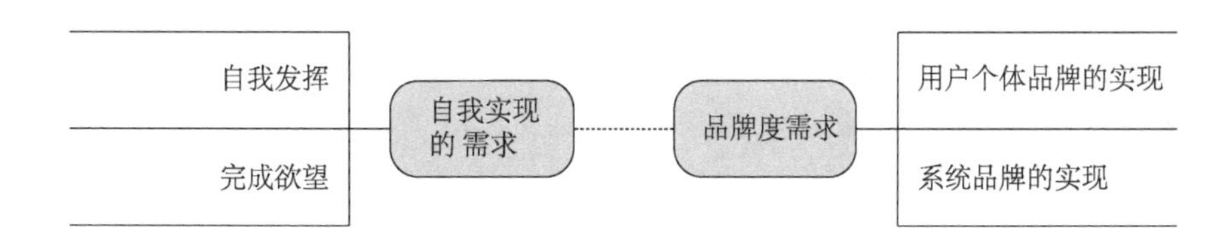

图3-20 自我实现需求与品牌度需求的对等模型

用户的需求分为不同的层次，每个层次间呈递进关系，但在APP产品的定位过程中，根据定位和用户目标的不同，会对用户需求中的某一层次特别注重。以上述几大APP为例，归纳总结得出表3-4。例如蜜柚APP作为女性生理健康应用，对于用户的生理需求信息、安全需求信息和尊重需求信息就需要去重点关注。

表3-4 不同类型APP的用户需求信息

用户需求层次	网易云音乐APP	华为运动健康APP	京东APP	蜜柚APP
生理需求信息	√	√	√	√√
安全需求信息	√	√	√√	√√
社交需求信息	√√	√	√√	√
尊重需求信息	√√	√√	√√	√√
自我实现需求信息	√√	√√	√	√

3.3 用户研究的途径与方法

UI设计属于应用交互设计中比较早的一个行业,目前行业内也积累了相当多的经验,并且形成了相对固定的设计流程,从确定市场目标到用户需求,再将其转化成以用户思维主导的一系列任务,最后至任务的完成。用户研究的顺序是背景资料分析、设计调查问卷、观察访谈具体的被访者或者团体、整合用户的数据、角色和场景,层层深入。用户研究的一般流程是:大范围地进行资料调查,找出现实存在的需求或者痛点,找出所要研究的对象的用户群体,分析目标群体以得到数据;数据整合形成模拟情境进而研究产品。过程中可将用户研究分成以下几个步骤:确定目标用户、基础信息采集、调研数据分析、研究数据呈现、用户需求导出。用户任务和用户测评是一个迭代的过程,在测试过程中若发现问题可以通过这个迭代的过程进行修复,逐渐完善产品功能,提高用户体验。

图 3-21 用户研究流程图

3.3.1 确定用户及目标

用户研究是一种理解用户,并把他们的需求、目标与企业的目标相互匹配的研究方法。用户研究的主要目的是为了找出产品开发的目标用户群,进而明确和细化产品的定位和功能,帮助企业完成开发过程。此阶段多采用市场调研的方式来进行研究,以明确用户需要的产品特征和产品的目标用户分析。具体来说就是,通过市场调查的方式,寻找合适的目标用户,了解他们的特征和喜好;然后调研用户需求并对比同类产品,确定所研究内容。调研的重要指标就是找出用户的需求和使用过程中的痛点。

以网易云音乐 APP 为例(图 3-22),其目标定位于“专注于发现与分享音乐产品,依托专业音乐人、DJ、好友推荐及社交功能,为用户打造全新的音乐生活”。以歌单作为产品架构,将歌曲榜单编辑权交给用户,给用户提供更多发现音乐的方式。其同类竞品包括以下 APP 产品:QQ 音乐,以粉丝为切入点,打造听、唱、看、玩的音乐生态;酷狗音乐,一款涵盖听歌、电台、直播、K 歌等功能的一体化娱乐服务平台;音悦台,以音乐视频为切入点,挖掘粉丝服务,打造娱乐服务平台,他们的目标用户以粉丝群体为主。网易云音乐的目标用户主要分两类:网易的音乐人和音乐爱好者。网易云音乐一直很重视扶持和吸引音乐人,其中以做原创音乐的独立音乐人为主,他们在平台上发布音乐,并且可以和粉丝互动。平台的音乐爱好者主要是一些年轻的、相对时尚的、对音乐有一定追求的人,他们在平台的乐评里抒发情感,寻找共鸣,发现自己同类的伙伴和更多音乐。基于准确的目标人群定位,目前网易云音乐用户需求满意度、效率性能、系统活性都相对较高。

Keep(图 3-23)是一款运动类 APP,其目标用户为利用零碎时间来运动、18~40 岁、有健身意欲、缺乏健身知识和运动激励的人群以及基于健身的社交追求者。用户能够随时随地利用APP上的课程来学习运动知识或做运动；可以定制适合自己的训练计划，准时记录运动数据，指导自己的运动情况；也可以在社区上看到别人运动后的成果，并进行评论、点赞以激励自己；还可以发表自己的成果，别人同样可以对其点赞和评论，交流各自的运动健身心得。

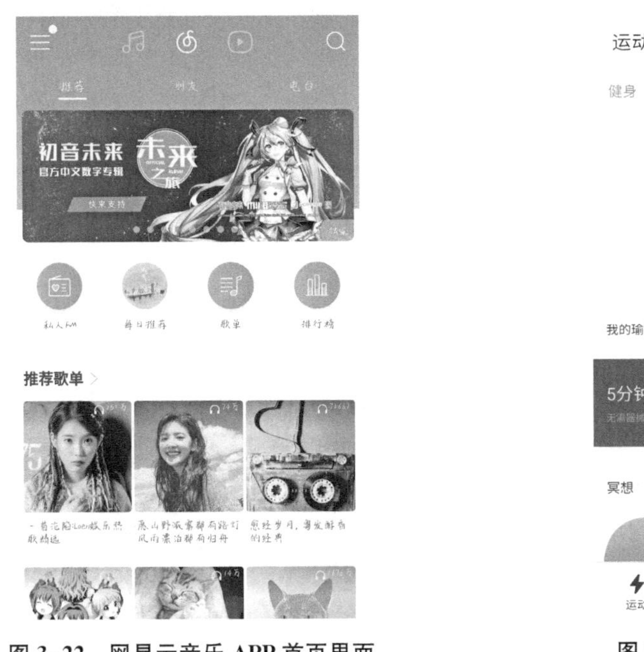

图3-22 网易云音乐APP首页界面

图3-23 Keep APP首页界面

3.3.2 用户基础信息调研

(1) 个人访谈法

概念

个人访谈法是定性研究的方法之一，采用面对面交谈的方式，了解目标受访者的行为和心理，深入挖掘受访者的信息。访谈法的形式多种多样，可以根据研究问题的性质、目的或者对象的不同进行分类，比如依据访谈进度的标准化程度，可以将其分为结构型和非结构型访谈。访谈法真正受人们欢迎的原因在于其能够简单并且叙述性地收集到多种研究资料。

优缺点

优点：①用户研究人员亲自陈述研究内容，具体而准确；②用户研究人员能够及时发现问题，并发现短期不容易察觉的情况；③引导用户主动陈述自己的需求和主观想法，有助于用户研究人员更加贴切地理解用户。

缺点：①访谈法需要工作人员接受过专门的训练并具有专门的技巧；②访谈法需要投入大量的时间、精力和成本，仅适用于精确的用户人群；③收集的信息主观性较强，有时往往已经扭曲和失真。

步骤

① 明确访谈研究的目的和主题

访谈者会在预先设定的主题范围内与用户互动，不断追问用户，逐步产生该主题下的新知识。在明确研究目的的同时，还要明确研究主题。访谈者要尽快熟悉研究主题的相关知识或对应的产品，因为用户一般都对该主题或者产品有一定的了解，如果访谈者不熟悉这些内容，就会直接影响访谈的进程和质量。

② 设计访谈提纲

访谈提纲的题目设计总体来说要由易变难，由粗变细。最开始访谈者要设计一些简单的问题，拉近与用户之间的距离，建立信任，通过这样循序渐进的过程和用户形成良好的互动。比如访谈某电商产品的用户时，可以先问一些平时的购物方式、不同购物平台的偏好、使用频率、使用场景、最近一次电商购物的经历、遇到的困难等，然后再慢慢切换到要访谈的这款电商产品的具体细节。

题目的描述要尽量通俗易懂，尽可能避免专业词汇。不同的用户对访谈主题的了解程度不同，对于不了解相关产品的用户，过多的专业术语只会使访谈变得不顺畅，消耗时间，甚至让用户不耐烦。

访谈的题目最好进行迭代式设计，随着访谈的进行，访谈者会逐渐获得研究主题的新观点，所构建的知识框架也会越来越清晰，这是典型的探索性研究的特征。

③ 招募用户

如果研究目的只是为了进行人物传记描写，那么招募一个就够了。如果研究目的是为了探索手机网购流程中男女购物决策的差异，那么就需要招募到一个较饱和的状态。除此之外，确定招募用户数量时还要考虑到项目的时间和成本。并不是招募得越多就越好，当访谈者不能从用户那里获得更多信息时，就要停止招募。

由笔者以往参与的研究项目得知，一般选择 6～8 个用户进行深度访谈就可以得到想要的信息。如果要验证这些信息，可以通过投放根据前期访谈而制订的问卷来验证观点或者结论的普遍性。像这种先访谈（定性）后问卷（定量）的形式，其一般在于先探索用户群中可能存在的特征，然后再验证这些不同特征的普遍性，即有多少群体符合这样的特征。当然，也可以先问卷（定量）后访谈（定性），这样做的目的一般在于先对用户群的特征有个大致的分类和描述，然后再聚焦到需要研究的用户群进行深入挖掘。

④ 访谈中的注意事项

要全神贯注地倾听用户的回答，不要随意打断用户或与其争执；不要给用户关于产品上的解释和建议；在倾听的过程中要对用户做出的描述进行验证；对于用户遇到的问题要及时追问。作为访谈者，要不断地去挖掘用户的需求和痛点，当用户使用产品遇到问题时，不仅要把问题记录下来，还要及时追问用户在什么情况下遇到该问题，这个问题对用户有多大程度的影响，当时是如何解决的，结果怎么样，等等。让用户讲故事，把问题放到具体情境中，这样才可以做到知其然，知其所以然。

⑤ 访谈后的分析整理

在每次访谈结束后，要及时对访谈内容进行转录并整理。这里说的转录是指将口头语言转化为书面语言。转录的目的在于方便日后回顾，文档可供后续相关人员参考。及时整理一方面可以将记忆输出最大化，另一方面避免了事后将所有访谈内容堆积在一起整理的压力。

如果需求方比较赶时间，可以先将访谈的结果简单罗列出来，然后开一次沟通会议，反馈用户的主要想法。但是访谈研究报告还是要继续整理，且不要拖太久，尽量在5～7天内完成，拖得越久，忘得越多，需求方对用户研究的印象也就越差。

案例

通过用户访谈，一方面，调查用户使用按摩椅的习惯特征和行为模式，发现用户使用按摩椅过程中的体验触点；另一方面，收集用户操作过程中常遇到的问题，挖掘用户的潜在需求。最终根据用户研究结论来指导移动智能按摩椅APP界面信息系统的构建。

根据LC7800S按摩椅产品目标用户定位，从合肥和南京两地共选择了10位访谈对象，男女比例1∶1，其中25～35岁3人，36～45岁4人，46～55岁3人。有按摩椅使用经验的专家用户7人，无使用经验的普通用户3人。访谈对象基本信息如表3-5。

表3-5 访谈对象基本信息

用户编号	性别	年龄（岁）	职业	使用经验
用户01	男	30	保险销售经理	有
用户02	男	28	建筑工程师	有
用户03	女	27	4S店销售经理	无
用户04	男	37	结构工程师	有
用户05	女	41	大学教师	有
用户06	女	43	大学教师	有
用户07	男	37	私企老板	无
用户08	女	48	大学教授	有
用户09	女	52	私企老板	有
用户10	男	50	大学教授	无

访谈提纲：根据访谈目的，将访谈分为三个部分进行。第一部分，了解用户基本特征信息，包括性别、年龄、职业、界面喜好、使用目的等；第二部分，调查用户使用体验，包括功能操作是否便捷、界面信息是否清晰、使用过程中遇到了哪些问题；第三部分，调查用户对按摩椅的服务期望，包括用户期望按摩椅具有哪些功能，提供什么样的服务。访谈以电话访谈和面谈相结合的方式进行，围绕以下几点进行展开：

- 您使用按摩椅按摩时常用哪些功能？
- 您希望移动智能按摩椅具备哪些功能？
- 您在按摩过程中不满意的地方有哪些？
- 您认为通过手机操控按摩椅可行吗？为什么？
- 您觉得什么样的手机界面风格更符合按摩椅？
- 您认为按摩椅的哪些功能或服务需要改进或完善？

访谈记录分析与总结：

①用户提到的体验触点

统计访谈中用户关注的按摩椅体验触点如表3-6所示。统计访谈中用户关注移动智能按摩椅的相关体验触点次数，得出图 3-24。

表 3-6　用户提到的体验触点

体验触点类别	体验触点
产品外在表征	造型、材质、操作界面、体量、价格、结构、能耗等
产品功能及操作逻辑	按摩操作(人- APP -按摩椅)、功能、功能结构等
产品文化理念	品牌、售后服务、耐用性、安全、帮助、反馈等

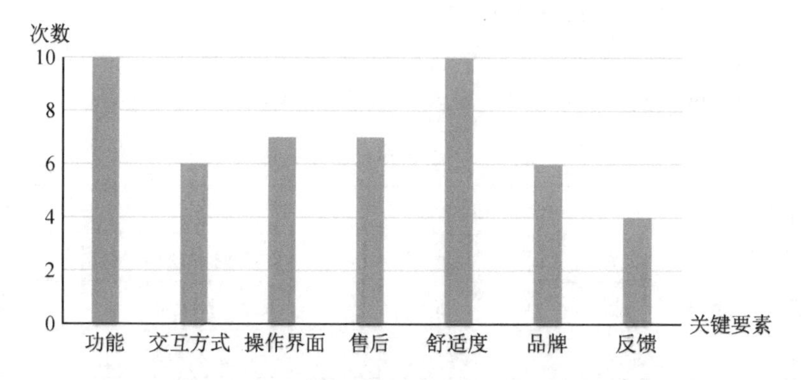

图 3-24　用户累计关注按摩椅关键要素次数

从图 3-24 可以看出，在移动智能按摩椅体验触点中，功能和舒适度被提 10 次，最受用户关注；其次，用户关注的是售后服务、操作界面、交互方式及品牌，而对体验反馈的关注度较低。

按摩椅的功能和体验舒适度直接影响产品服务的价值，因此最受用户关注；便捷有趣的交互方式、简洁明晰的操作界面、细致周到的售后服务及较大的品牌影响力都会提升按摩椅产品的附加价值，因此也较受用户关注。用户反馈受产品迭代周期的影响，且不直接作用于用户，因此受到的关注相对较少。

② 用户需求期望

通过与用户进行交流，发现了用户在使用按摩椅的过程中遇到的共性问题及用户对按摩椅产品服务体验的需求期望，并从用户体验的感觉层、操作层、情感层和文化层对其加以归类，如表 3-7。

表 3-7　用户遇到的问题及产品服务体验的需求期望

	存在的问题	需求期望
感觉体验层	1. 手控器按键太多，不易分辨； 2. 面板较小，视觉反馈效果差； 3. 按键布局复杂	1. 界面简洁易懂； 2. 大屏展示操作信息
操作体验层	1. 操作方式单一； 2. 所选功能视觉展示不清晰； 3. 故障处理不透明； 4. 按摩模式缺少变化	1. 利用手机操控按摩椅； 2. 可定制按摩模式； 3. 操作方式有趣多变
情感体验层	1. 操作界面缺乏个性； 2. 功能烦琐带来操作困惑	1. 按摩椅成为健康管理终端； 2. 功能简捷易懂，操作方便快捷
文化体验层	1. 产品缺乏品牌特色； 2. 未展现产品的品质层次	1. 感受到品牌文化； 2. 通过产品体现自身品位

(2) 问卷调查法

概念

问卷调查法是指通过制定详细周密的问卷,并发放给调查者,让其对问卷上的问题进行回答的一种方法。问卷是研究人员为某一研究目标进行调查而编制的一份问题表格,是人们参与社会调查研究活动的常用工具。人们使用这一工具对社会活动的过程进行准确定位,后期再应用社会学统计的方法进行分析,最终得到所需资料。

优缺点

优点:问卷调查是一种向被调查者了解情况、咨询意见的资料收集方法,可以在有限的时间范围内获得大量的资料,不受空间限制。具有匿名性,调查过程中,调查者和被调查者不直接见面,问卷不署名,可以减轻被调查者的心理压力,便于他们如实回答那些敏感性问题。省时、省力、省钱,不需要专人专访,不需要很多的调查人员奔赴调查地点,无须培训。

缺点:只能获得有限的书面信息。因为问卷是统一设计的,问题和答案都是固定的,对于稳定的课题可以采用问卷法,对于复杂多变的课题则应结合其他方式来进行。易受被调查者影响,如所选被调查者不能代表某种团体的意见,问卷结果将不具有足够的代表性,同时也要对被调查者的文化水平有一定的要求。问卷的回收率和有效性比较低。

注意事项

在设计调查问卷的过程中,首先要明确能获得所期望答案的问题,并对每一个问题的严谨性进行审核,保证整个问卷的内容设计没有差错。或者也可以在问卷投放之前,邀请一些用户来进行试答。

在设计问卷和分析问卷结果的过程中一定要时刻注意严谨性,任何一点差错都会影响数据结果的准确性。例如:

① 参加研究的用户是否代表所有用户群体?例如,当问卷研究是自愿参加时,应当考虑实际上是哪些人参加了研究,自愿参加者是否有某类共同的心态,即是否只是代表某一类用户而不是全体用户。

② 用户参加问卷研究的动机是否影响研究的结果?例如,在有偿研究时,过高的用户报偿会导致用户猜测研究人员所期望的结果,从而影响其问卷的答案。

③ 研究问卷的来源是否会影响研究结果?例如,某些用户对某些单位或群体有某些特定的看法。这些看法虽然看似与研究问卷内容无关,但是用户回答问卷时会受到这些观念的影响。因此公司或政府的研究问卷经常委托独立研究机构进行分发和管理,在问卷中也避免流露出其具体出处。

④ 研究问题的措辞是否会影响研究结果?例如,有些问题首先提出一个观点,然后请用户回答“同意”或“反对”。这样的问题会使所有不反对的用户倾向于回答“同意”,虽然他们也不特别赞同这种观点。问卷的选项应当平衡,即两个极端的选择数量和表达方式应当相当。

⑤ 研究问卷是否易于分析?定量问题和定性问题各有其优缺点。定量问题易于归纳分析,但有时缺乏具体原因的解释。与其相反,定性问题可以发掘出很多细节,但是不易表达宏观的结果。

步骤

① 被调查者的选取

常用抽样法，可随机抽样，也可分层抽样，视问卷的具体情况而定。通常选取的被调查者数量应多于所需的研究对象，确定选择的被调查者数量可按照公式计算：

选取的被调查者数量＝研究对象/(回收率×有效率)

② 问卷设计的前期探索工作

在设计问卷之前最好对被调查者有一个基本的了解，以便心中对他们给出的回答有一个预估。常见方式包括：查找文献、熟悉选题、深入调查地区、体验情况、走访调查对象、交流调查问题等。通过前期的准备，可以整体把握问题的种类、形式，可能的回答类型，敏感问题的可接受回答程度，概念的简单化等方面的情况。

③ 设计问卷

问卷初稿的设计通常有如下两种方法。卡片法：写卡片，用卡片分类，在类中排序，在类间排序，然后检查修正，形成初稿。框图法：思路是总体结构——部分——具体问题，可画出问卷各部分及前后顺序框图；考虑各部分前后顺序；写出每一部分问题及答案，安排好问题相互间的顺序；对所有问题进行检验、调整和补充，整理成文，形成问卷初稿。

④ 试用修改

问卷初稿试用法主要有客观检验法和主观评价法两种。客观检验法适用于大型调查。在正式调查的总体中抽取一个小样本(30～50 份)进行调查，检查分析调查的结果，从中发现问题和缺陷，并进行修改。检查和分析的内容有：回收率(＜60％的有问题)、有效回收率、对未回答问题的分析、对填答错误的分析。主观评价法适用于小型调查。将问卷初稿送给相关领域的专家、研究人员以及典型的被调查者，请他们根据自己的经验和认识，从各个不同的角度和方面直接对问卷进行评论，指出存在的问题和改进的意见。

⑤ 问卷的发放

可采用邮寄发放、当面发放、网络发放等方式。邮寄发放对被调查者的影响力最低。通常建议在信封里附上一封感谢信，并附上寄回问卷用的空白信封和邮票。当面发放问卷是最有效的发放方式。当面发放，当场填写，可以及时解释被调查者不明白之处，易于得到被调查者的配合。影响问卷调查质量的因素主要包括问卷本身的质量和样本的质量。为了解决样本偏差问题，要求样本量要足够大，具有代表性，因此要尽可能地多渠道投放问卷。另外，也要保证足够的发放时长。

⑥ 问卷的回收

问卷的回收率如果仅在 30％左右，所得资料只能做参考；在 50％以上，可以采纳建议；当回收率在 70％以上时，则可以作为研究结论的依据。因此，一般要求问卷的回收率不低于 70％。回收问卷后要确定调查问卷的总数、有效问卷的数目及其比例，还要细分回答问卷的用户类别。通常问卷会在最后让答卷人留下一些个人信息，如性别、年龄、城市等，目的是将用户和用户行为对应。这样可以让调查者尽量减少个人喜好对被调查者的影响，深入理解被调查者的行为特点。

⑦ 问卷分析

在对调查问卷进行分析之前，需要排除那些无效的答卷，比如不完整答卷、逻辑不通的答卷、不符合一般答题时长的答卷等。准确丰富的筛查手段有助于进一步提高数据的质量。问卷的统计分析通常是定性和定量相结合。问卷定性分析是一种探索性的调研方法，目的是对问题定位提供较深层的理解和认识。按照处理问题的途径，通常问答题主要是进行定性分析。有时可根据答题情况进行定量分析，以说明定性分析在总体答题中的程度。问卷的定量分析，是对问卷结果做一些简单的分析，例如百分比、平均数、频数等。通常选择题可根据各个选项数与问卷总数的比例进行定量汇总。复杂的定量分析可以用 SPSS、SAS 等工具。

案例

在用户访谈的基础上，对移动智能按摩椅的产品系统服务流程中的用户需求进行深入分析，分别从功能、交互方式、操作界面等方面调查用户在关键体验触点的具体需求。此阶段的问卷调查是为了验证根据访谈的数据得到的用户类型是否正确，对访谈研究结果加以验证和补充。

① 设计问卷内容

在访谈结果的基础上，对用户使用移动智能按摩椅的体验及服务期望进行量化调查，包括服务功能、按摩操作、界面层级、风格喜好等方面。

在了解用户使用按摩椅的行为习惯特征的基础上分析用户需求，从而明确用户服务期望。此阶段问卷调查的目的是为了验证前文定性数据分析结果，对用户访谈研究结果加以验证和补充。问卷内容包含以下三个部分：

第一部分，研究用户使用按摩椅的行为习惯，目的是了解用户常用的交互方式，发现用户对各项功能的使用频率，为后期的界面设计提供参考。

第二部分，调查用户的使用体验情况，了解用户在使用过程中发现的问题和遇到的困难，明晰用户的界面风格偏好。

第三部分，调查用户对移动智能按摩椅 APP 功能的期望，分别针对 APP 的功能模块、布局方式、信息呈现方式等需求期望来设置问题。

通过对用户使用按摩椅的行为习惯和期望的调研，设计满足用户需求的 APP 信息交互界面，以期提升用户的按摩操作体验感。

② 发放问卷

问卷主要采用网络发放的方式，在“问卷网”平台制作并发放问卷 200 份，收回有效问卷 133 份。在收回的有效问卷中，男性占 56%，女性占 44%；有按摩椅使用经验的占 31%，无使用经验的占 69%。统计结果如表 3-8 所示。

表 3-8 用户基本信息统计表

		人数	比例			人数	比例
性别	男	74	56%	使用经验	有	41	31%
	女	59	44%		无	92	69%
年龄	25～35	41	31%	学历	高中	25	19%
	36～45	48	36%		大专	32	24%
	46～55	44	33%		本科	40	30%
	—	—	—		研究生	36	27%

③ 问卷调研结果分析

通过对有使用经验的用户问卷统计发现，用户在使用按摩椅的过程中遇到了一些困难情况，如图 3-25。

a. 您在使用按摩椅的过程中，遇到哪些困难或障碍？

A. 屏幕较小，信息呈现拥挤，视觉效果差

B. 菜单层级多，记不住且操作麻烦

C. 按摩模式不可调

D. 信息互动少

E. 按钮太多，不易分辨

F. 其他

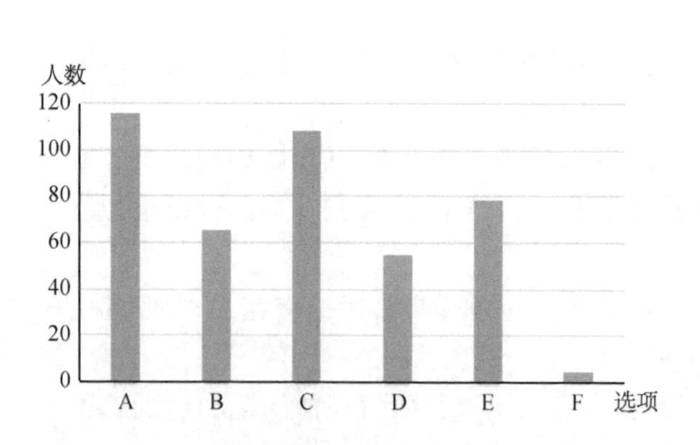

图 3-25 用户使用困难反馈信息的传递

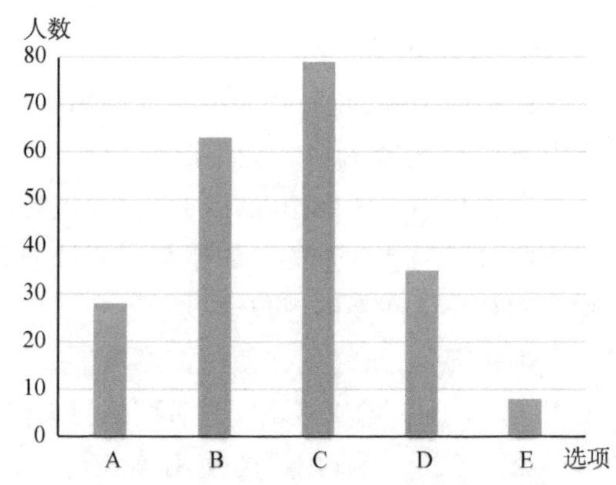

图 3-26 用户认为按摩椅 APP 功能结构存在的问题

结果分析：从图 3-25 中可以看出，造成用户使用困难的原因集中在 A～E5 类情况，其中 A 类（屏幕较小，信息呈现拥挤，视觉效果差）和 C 类（按摩模式不可调）是大多数人反馈的共性问题。此外，部分用户认为在使用过程中，菜单层级烦琐、按钮多而信息互动较少，容易造成使用困难。

b. 您认为按摩椅的功能结构存在什么问题？

A. 既定模式功能介绍少

B. 功能类型单一，趣味性少

C. 按摩模式一成不变

D. 按摩保健相关信息少

E. 其他

结果分析：从图 3-26 可以看出，按摩椅 APP 在功能结构上的突出问题表现在：按摩模式较为单一，用户希望有多种按摩模式的设定使用户可以根据自身健康需求状况更加方便地选择、调节功能；此外，按摩椅功能类型单一，缺乏趣味性，作为家庭健康管理者，用户希望可以提供更多功能选择。部分用户的调研结果显示，按摩椅的模式功能和按摩保健相关信息介绍过少，导致功能结构不合理。

c. 您喜欢什么样的界面风格？

A. 扁平/拟物
B. 图形图标/文字图标
C. 信息分层/信息平铺
D. 拟真动态/静态
E. 唯一主色/多彩撞色
F. 清新/厚重

问题分析：从图 3-27 可以看到，关于界面风格，用户更期待界面设计整体是扁平式、清新型的，更加简洁明了，视觉感受良好；信息界面分层级显示，更易于用户学习和操作控制；采用图形图标凸显出拟真动态的效果，色调选择采用唯一主色，关键信息更引人关注。

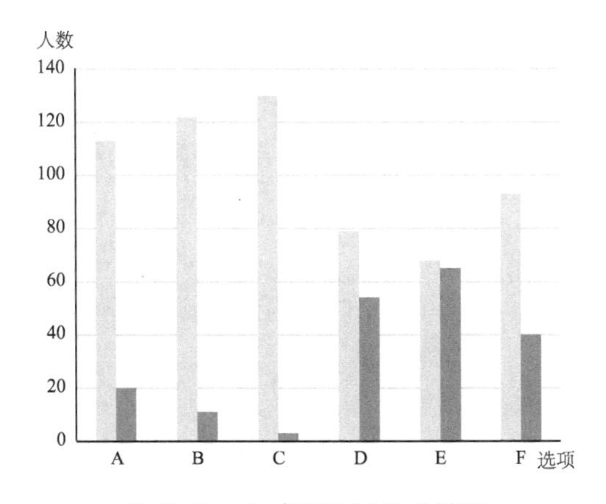

图 3-27 用户界面风格关键词

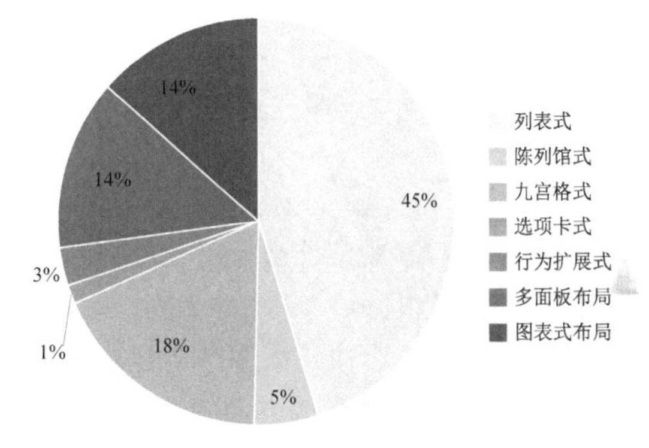

图 3-28 用户选择不同信息布局方式占比

d. 您更喜欢什么样的功能布局方式？
A. 列表式
B. 陈列馆式
C. 九宫格式
D. 选项卡式
E. 行为扩展式
F. 多面板布局
G. 图表式布局

结果分析：从图 3-28 可以看出，选择列表式功能布局的占将近一半的比例，行为扩展、多面板和九宫格的布局形式的比例相对接近，但大部分用户还是倾向于列表式的 APP 功能布局。

e. 您更喜欢以什么样的方式呈现信息？
A. 文字
B. 表格
C. 图示
D. 其他

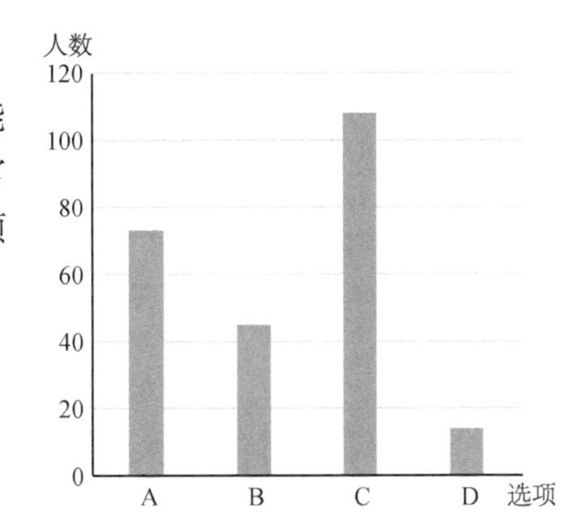

图 3-29 用户选择不同信息呈现方式占比

结果分析：从图 3-29 可以看出，用户对于文字、表格、图示等信息的呈现方式都是可以接受的，通过对比可知，大多数用户更倾向于以图示的方式呈现信息。

(3) 观察法

概念

观察法是指带有目的性的，使用眼睛、耳朵等感官去观察被研究对象，从而获取自己所需资料的一种方法。在此过程中，可以借助如照相机、录音机、显微镜等现代化的仪器手段来辅助观察。科学的观察应当是具有目的性、计划性、系统性和可重复性的。

优缺点

优点：① 观察法得到的资料具有真实性、直接性；② 观察一般发生在用户处于自然状态下；③ 观察法能够收集一些用户无法用言语表达的资料。

缺点：① 观察时间受限，某些研究资料只在一定时间才会发生；② 观察对象受限，观察只能察觉事物的表面现象，无法观察到事物的本质；③ 观察者本身受限，一方面人的感官具有生理局限性，另一方面观察结果容易受到主观影响；④ 观察法适合小范围的用户人群，不能够大面积地调查。

步骤

① 观察对象，观察什么人对于研究非常重要。在研究准备阶段，需要对被观察者有一个明确的规定范围。

② 观察的方式，决定采用结构化观察还是非结构化观察。如果是改良性设计，研究者对研究对象、产品、情景等方面的情况都比较了解，如驻场设计师，只需考虑某几个因素的不同情形可能对产品产生的影响，结构化观察会提供更集中、更量化的数据分析。如果是以创新为主的项目，或者研究者对于课题不那么熟悉，如第三方的设计咨询公司，就需要通过调研寻找设计创意的源泉，那么，非结构化的观察法则更加适合。对于设计调研来说，非结构化访谈更为常用。这时就要决定是将被观察者请到实验室里进行观察，还是在他们真实的使用产品的场所进行观察，这取决于研究的对象物和被观察者。在大多数设计调研中，研究者并不太需要参与活动，所以这个方面比较容易决定。也有一些观察不需要公开研究者的身份，比如，在地铁站观察人们上下车的行为、人群的流动等。这些项目中，是否公开研究者的身份，都不太影响观察的结果。

③ 观察取样，除了对观察者进行明确的范围限定、全面取样外，一些其他的因素也是需要预先考虑的(表 3-9)。取样的多少往往取决于研究的目标。研究的因素越多，变量越多，想要得到较为全面而客观的观察内容，就会需要增加观察参数。

表 3-9 观察参数

取样方法	特定行为
取样方式	选取特定的对象进行观察
时间取样	在特定的时间观察所发生的行为
场面取样	有意识地选择一个自然的场面
时间取样	观察一个事件的完整过程
阶段取样	选择某一阶段进行有重点的观察
追踪取样	对观察对象进行长期的、系统的观察，以了解其发展的全过程

④ 进行观察时需要注意的问题有：选好观察位置，要有较好的角度和光线以保证观察有效、全面、精确；最好多人同时进行观察，从不同角度拍摄记录；不与观察对象进行接触交流，不影响观察结果；要与观察对象建立良好的关系，以免观察者出现反感或是戒备的心理。

观察过程中，研究者要注意看、听、问、思、记等互相配合，以达到最佳效果。

观看：仔细查看一切与观察目的有关的行为和现象。

倾听：仔细听现场周围的一切声音，特别是被观察者的言论。在公开性高的观察中，可以建议观察对象大声说出自己的思考。

询问：在进行面对面的观察时，观察者可以通过询问获取更加深入的信息。例如可以问："这个问题你是怎么想的？"

思考：在现场时，不仅要观察，同时还要进行思考分析，过程中也可以灵活运用触摸、品尝、嗅闻等方式。随着观察的不断深入，观察者会形成自己对这一研究的初步看法。

记录：观察法十分强调现场记录，首先要保证记录准确，尊重客观事实，不能凭空捏造；其次记录要全面，将所观察到的一切相关信息都记录下来，不能遗漏，否则就会导致观察的结果不准确；最后，记录要有一定的顺序，要按照事物发展的前后顺序进行记录，不可颠倒先后，有序性能帮助揭示观察对象内部的联系和规律。特别要提出的是，现场记录下来的信息往往有两大类：一类是记录客观发生的现象，一类是记录观察者自己的想法。这两类信息一定要清楚地进行分类，一个有效的方法是在记录纸上画出纵向两栏，较大的一栏记录客观信息，较小的一栏记录自己的想法，相关的并列在一行里。

观察现场的记录也可以填入预设计的表格，如果是电子表单，有些项目可以是选择项，这样的表格可以极大地方便后期的整理和分析。但是无论预设计的表格有多么完整，观察法强调研究者要做现场的手写记录。通常这种情况，观察的人不止一个。如果有条件，可以像访谈法那样：一个主观察者，现场手写记录；另一个辅助观察者，输入电子表格；第 3 个人维护摄像设备并做补充提示。

⑤ 观察后的整理与分析。现场观察十分忙碌，大量的信息冲击着观察者的五感，太多的想法、创意不断涌出。一场观察下来，研究者收获颇丰。要使得自己的劳动成果有最大的价值，最好的办法就是在一个小时内找一个安静的地方进行整理。人的记忆消退得很快，研究工作烦琐，当场记录有许多都是匆匆地写个简介。这些都需要尽快整理，才能转化成有效的数据。

对观察的结果进行分析有多种分析方式，如卡片法等。研究者将由所有被观察者的行为得出的看法输入矩阵表的一侧，另一侧自动生成，然后由观察者针对一对对行为的看法进行相关性打分，再通过电脑自动计算相关矩阵，由此得到进一步的分析。

案例

① 研究的准备与实施

研究选取安徽工业大学幼儿园中的小、中、大班为调研对象进行实地调研，分析幼儿园各个年级的课程内容以及各个阶段孩子的活动行为特点（图 3-30）。

图 3-30 幼儿园日常活动

② 结果整理与分析

幼儿园各个年级的课程都是由健康、艺术、社会、科学、语言五个部分组成，但是在不同年级的班级中所占时间比重不同。其中艺术类课程在小班课程中的时间占比最大，随着年级升高逐渐减少；科学类课程在小班课程中的时间占比最小，随着年级升高逐渐增大，如图 3-31。

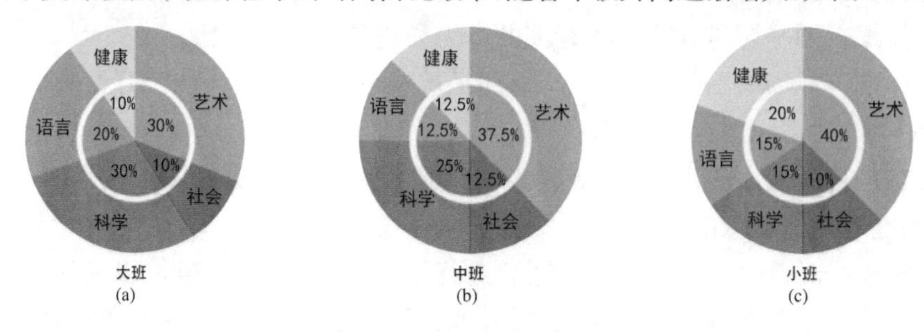

图 3-31 幼儿园课程安排

在幼儿园中，各年级孩子之间的差异在幼儿园活动中均有体现(表 3-10～表 3-12)。

表 3-10 小班活动特点

活动主要内容及特点	1. 教育活动中以生活常识居多； 2. 游戏活动以区角游戏居多，让孩子自由选择兴趣爱好； 3. 活动范围相对较小，游戏规则相对简单易懂			
孩子的表现	行为	感觉	注意	记忆
	以独自游戏为主；以自我为中心、控制力差、攻击性强、独立能力弱、不会与同伴交往合作	对图、文、声、像并茂的信息传达的新知识易感知、易理解	以无意注意为主，注意力不稳定，并伴随情感进行；对感兴趣的活动才会积极主动参与	对于具象的事物理解得更快，并且更容易记忆
老师工作重点	1. 鼓励幼儿主动与老师和小朋友交流，能表达自己的愿望和要求，引导幼儿学习体谅和关心别人； 2. 通过节日教育，引导幼儿感受和分享新年的快乐； 3. 鼓励幼儿在音乐活动中尝试创作，并大胆表现； 4. 帮助幼儿了解秋冬的一些简单常识，例如秋冬季节典型的花卉和水果，并观察植物颜色的变化			

表 3-11 中班活动特点

活动主要内容及特点	1. 教育活动中初步涉及对数量和社交礼仪的认知； 2. 游戏活动初步涉及情景游戏，注重对合作意识的培养； 3. 鼓励幼儿根据自己的兴趣和经验开展不同的游戏			
孩子的表现	行为	感觉	注意	记忆
	中班幼儿仍然存在着自我意识较强、交往能力较差等特点	通过手、口、动作、表情进行表现、表达与创造	注意力开始逐步向有意注意发展	记忆物体时采用机械记忆，效率较低；仍以具体形象为主进行记忆
老师工作重点	1. 培养幼儿主动大胆地交朋友，交往过程中要有礼貌，并且要学会关心朋友； 2. 帮助幼儿进一步感知数量的多、少、一样多，能发现并从几个物体中找出等量的物体； 3. 鼓励幼儿不畏寒冷，积极参加户外体育活动，有初步自我保护意识，除此之外，还让幼儿尝试各种让身体变暖的方法			

表 3-12 大班活动特点

<table>
<tr><td>活动主要内容及特点</td><td colspan="4">1. 教育活动中开始深入对语言、数学等方面的学习；
2. 教师不轻易干预幼儿的活动，用侧面引导、间接指导的方式鼓励幼儿独立地、创新地开展游戏并共同解决游戏时遇到的问题和困难；
3. 围绕孩子的发展目标，多层次、多侧面地提供相应的游戏材料，让幼儿在活动中保持对材料的新鲜感，实现自主探索的目的</td></tr>
<tr><td rowspan="2">孩子的表现</td><td>行为</td><td>感觉</td><td>注意</td><td>记忆</td></tr>
<tr><td>自我评价能力逐步发展；合作意识逐渐增强，规则意识逐步形成</td><td>不再胡乱地看，而是能按照一定方向或路线观察事物或接收到的信息</td><td>爱学、好问，有极强的求知欲望；能够采用各种方法使自己不分散注意力</td><td>自动地将事物进行分类，按类别记忆、有意记忆时，他们会用手势或跟读的方法帮助记忆</td></tr>
<tr><td>老师工作重点</td><td colspan="4">1. 帮助幼儿有序地翻阅图书，读懂图书的内容；
2. 鼓励幼儿初步学习冷暖和深浅颜色之间的搭配；
3. 在日常生活和游戏中，引导幼儿学习“6”以内的加减法，帮助幼儿将物体按两种或以上特征进行分类；
4. 教育幼儿在活动中要注意安全</td></tr>
</table>

(4) 焦点小组

概念

焦点小组又称小组座谈，是由一个经过训练的主持人采取半结构的形式与一个小组的被调查者交谈，主持人的主要职责就是组织讨论。小组座谈法是通过倾听一组从调研者所要研究的目标市场中选择来的被调查者来深入了解相关问题，往往可以从中得到一些意想不到的发现。

优缺点

优点：善于发现用户的愿望、动机、态度、理由。由于焦点小组充分利用了群体沟通中的特点，因此当群体成员发表意见的时候，会互相启发、发散，得出更多的内容，这种方式特别适合挖掘用户的愿望、动机、态度和理由。可以在开展过程中使用电视机、白板、问卷、图画等工具。使用白板列出用户的想法并深入探讨情况能获得直观的对比，使得开发人员和设计师们能很好地、清楚地了解用户的想法，也能够对比地理解不同类型的用户。

缺点：不能按照定量的结论来推广。焦点小组以发现探求用户的需求、态度为主，每场焦点小组的结论大多数是描述和比较用户的看法、感受，因此不能作为定量的结论推广至整个用户群的想法；群体之间存在一定程度的互相影响。在群体讨论和发言中，利用互相启发的同时，也会影响各自的表述。

步骤

① 访谈目的

向访谈者描述此次访谈的目的。

② 主持人自我介绍

一般给出自己的名字、工作内容，告诉对方如何称呼自己。

③ 被访者自我介绍

这是主持人在介绍了访谈目的和自我介绍之后请被访者简单介绍自己的过程。这个过程是初步建立合作关系的重要步骤。

④ 访谈规则描述

焦点小组的访谈形式，在起初的开场介绍中，访谈规则虽然内容不多，但尤为重要。这是一场焦点小组起头的规范，可以保证访谈顺利、有效地进行。

访谈规则包括以下几个：表达真实想法；没有对错之分；访谈过程根据制订的问题开展；当问题抛出之后一个个依次回答，当和对方有不同意见需要补充自己想法时，等对方表达完成之后再发言。

⑤ 暖场

焦点小组的暖场和个人访谈一样，从介绍语开始的时候就可以穿插进行，也可以在介绍语表达完成之后开始。暖场的主要目的是让被访者进入到整个座谈会的氛围中，要让被访者感受到焦点小组的访谈将是一次自由、轻松的交流过程。

当研究项目的主题和平时的日常生活有关系时，可以寻找一个切入的角度。比如，研究主题是手机，可以问大家每个人现在用的手机是什么牌子，可以给大家看一下吗，等等。由主持人掌握、衔接，可以较为自然、平滑地进入真正的访谈主题。焦点小组的问题分为一般性问题和针对性问题两种。一般性问题会询问用户使用产品的大概背景、习惯、方式等，针对性问题会根据具体的内容展开探索。

⑥ 问卷与反馈

在焦点小组的实施中，也常常用到问卷的形式。有些问题需要事先做成答题纸给被访谈者，当访谈进行到相关步骤和问题时候，可以让被访谈者先填写自己的答案，再和大家交流。这种方式是为了让大家在回答主持人问题的时候，不受其他人的影响，也为座谈会后的数据收集提供方便。问卷的内容可以是针对选择项让被访谈者在答题纸上打钩；也可以是当问到主观的题目时让被访谈者先写下词语、短句；当需要做排序的时候，让被访谈者在答题纸上写下自己想要的顺序。其目的是确保被访谈者的回答是在不受其他人交流干扰时记录下来的，可以准备好答题纸在访谈中做问卷。

⑦ 结束语与感谢

当焦点小组的访谈讨论完成之后，主持人开始做总结和回顾，并做出致谢，让座谈会完美结束。

⑧ 日程表

焦点小组的一般流程和时间安排，如表 3-13。

表 3-13 焦点小组的一般流程和时间安排

	活动
1～2 天	确定研究主题和目标用户
1 天	编写、筛选问题
3～7 天	招募和路选
1 天	预选候选人，初排日程
0.5 天	发送邀请给主要合格候选人，预留备选
0.5 天	访谈前通知提纲
1～2 天	编写访谈大纲，准备试前问卷、材料和使用工具
0.5 天	预演一场焦点小组
1～3 天	执行焦点小组

（续表）

	活动
1天	输入数据，保存影音材料
1～5天	执行总结会和撰写报告
具体时间视焦点小组的规模而调整，访谈执行建议每天不超过3场，最后撰写报告要1周左右的时间	

案例

采用焦点小组的方式为问卷制作提供准备材料，如图3-32所示。参加本次焦点小组的成员均为智能手表使用者的家长。围绕学龄前儿童可穿戴设备涉及的各要素(智能设备使用状况，家长对于儿童使用可穿戴设备的看法)，可穿戴设备的佩戴方式、功能、交互方式等方面展开讨论。

(a) (b)

图3-32 焦点小组调查

(5) 现场试验法

概念

现场试验法(field experiment)，又称为现场实验法、实地实验法，是社会心理学研究方法中的一种，是指在实验室之外，真实、自然的社会生活实际及情境中进行的社会心理学的研究活动。现场试验法由于具有及时性、真实性和有效性的特点，已成为社会心理学研究方法中的一个重要类型。

优缺点

优点：被试者在不知情的状态下做出了反应，该反应具有真实性；又由于控制了自变量，所以可以看出研究变量之间的因果关系。

缺点：对自变量控制程度较低，无关因素能影响的可能性较大，难以保护被试者的权利和安全。现场研究的背景难以控制和把握，易产生情境效应，且大多花费高、代价高。

总的说来，现场试验法适用于变量关系还十分模糊的研究，一般用于设计调研的初级阶段，其主要目的为：研究人们的某些态度、行为因素是如何相互作用的。

步骤

① 定量的现场试验法操作的一般步骤

- 拟定并提出研究假设。
- 选定试验对象(实验单位)，例如一群购买者、一组商店。

- 决定需要操控的试验变量及确定所要观察的异变数。
- 设法排除外在无关的变量。
- 使用适当的测量工具或人员加以测度。
- 选择适当的统计方法进行分析。

虽然定量和定性被视为两种不同的类型，但为了确保最终结果的准确性，往往会将两种类型的现场试验法叠加使用。

② 定性的现场试验法操作的一般步骤

- 准备工作。准备工作中，首先进入现场是重点，包括选择测试者进入现场的身份、方式和途径，处理好测试者与受试者的关系。其次，需要在测试之前，列好观察与访谈相结合的提纲。最后，测试之前，在测试现场预置隐藏摄像头，用以记录测试中受试者的行为和言语。
- 取样。定性的现场试验法需要在一定目标人群中采用过滤表的形式，挑选出合适的受试者。过滤表为根据试验目的、测试内容及预设结果而设计的一份类似问卷的表格。具体取样的方法是测试者让一定数量的目标人群填写过滤表，根据结果筛选出适合的受试者。
- 收集数据。这一步看似简单，但在实际的操作过程中经常会出现信息不全、信息不能肯定的情况。为了防止以上情况的发生，一般至少会安排三位调试者，一位专门负责记录，一位负责深度访谈，一位负责观察受试者。
- 数据处理、分析与解释。可以通过POEMS框架使用5个范畴的词语列表来帮助研究人员对用户交互行为录像做标签。POEMS的内容见3.3.3节(4)POEMS框架。

图 3-33　游戏机原型现场试验

如图3-33所示，为某款游戏机界面设计，利用设计师制作的界面低保真原型，让用户现场试验操作，评估原型设计的可行性，是否满足用户需求。

3.3.3　用户行为信息采集

(1) 用户画像(角色模型)

概念

用户角色模型是用来描述目标群体的真实特征的一种方法模型。我们对产品使用者的目标、行为、观点等进行研究，将这些要素抽象成一组对特定人群的描述。所以，用户角色模型不是一个人，而是一个虚构的人物，它是同一类别中需求相近的用户代表，承载了一类用户体现出的共有特征。

作用

首先，专注资源利用。设计界面时，不可能建立出一个适用于所有人的界面，必须要划定范围，针对特定的用户群体，才能设计出一个成功的界面，就如同成功的商业模式一般只针对特定的群体。同时要保证一个设计团队的优势力量和资源都要用到刀刃上。

其次，引发用户共鸣。要想设计出一个成功的产品，必须要其使用者感同身受。为了使最终用户的感受良好，需要团队拥有共同的期望和目标，追求共同的设计价值，一起创造出精良的产品。

再次，创造设计效率。设计师在开始制作前就要优先考虑目标用户的一些问题，确保有一个正确的开始，才能一直正确地研究下去。

最后，做最好的决策。不同于传统的市场细分，用户角色的关注点在于用户的目标、行为和观点。用户角色一般会包含一些基础信息、产品使用情境、用户目标和产品使用行为描述等。建议采用3～5个用户模型，模型过少显得不具有说服力，模型过多则会让人觉得产品功能繁杂。

步骤

① 生成潜在用户清单

该步骤应基于洞察、人种学研究或语义形象、用户群定义等其他方法产生的结果。

② 生成用户属性清单

生成一个与项目相关的用户属性综合清单。这些属性可能是人口属性（年龄、性别、就业）、心理属性（价值、态度、兴趣或生活方式）或行为属性（动机、智力或情感）。

③ 确定几个（3～10个）用户类型

根据用户共有属性对用户进行分组。如果尚不了解不同类型的用户有哪些共同属性，可利用不对称式聚类矩阵找出各个用户群。给各群组添加标签，使各群组代表对应的用户类型。想办法找出可控数目的用户类型（3～10个），与团队开展高效、集中的交流。

④ 围绕用户类型创建素描

为各用户类型创建一个具体的素描，即有具体特征的素描。素描应反映真实研究成果，易于与用户建立情感共鸣，并给出便于记忆的描述性名称。例如，简，城市园艺师，28岁，律师，艺术爱好者，等等。如有可能，添加本人说过的话和轶事作为补充。在典型用户的模型中通常会包含性别、年龄、工作、地域、情感、目标、行为等，构建的典型用户数量通常在3～6个，如果数量太多，需考虑目标用户是否准确，要优化目标用户，让人群更加聚焦。

⑤ 为各个素描建立虚拟视觉形象

为素描创建视觉形象，确定一个标准格式，用以组织各素描的属性、引言和轶事。所产生的记录应高度形象、表述清楚、易于阅读。应与团队成员共享成果，从而推动概念的探索进程。

案例

拾年手账，一款记录生活的APP，专为当代女学生开发。为了避免写日记时有无法分类记录的情况，拾年手账设有爱情、随笔、减肥、旅游等记录类别，记录后按类别自动生成纪念册，从而为用户提供最简洁的“日记本”。该产品设计时通过前期问卷调研进行用户分析，生成3个典型用户画像，如图3-34。

(2) 故事版

概念

故事版就是一系列插画，每张插画像一张照片一样记录某个瞬间，所有的插画连起来就可以还原一个故事。大体上讲，它就像连环画一样，里面的图片有序地排列在一起，用视觉化的方式讲述一个故事。这个方法来自电影制作行业，Walt Disney 工作室从1920年就开始使用这种方法，并且将它推广开来。故事版让他们能够在电影开始制作之前就把故事情节展现出来。

DESIGN IDEAS 01 设计思路

拾年手账

拾年手账是一款记录生活的App，专为当代女学生开发，为了避免写日记时有无法分类记录的情况，拾年手账设有爱情、随笔、减肥、旅游等记录类别，记录后按类别自动生成纪念册，从而为客户提供最简洁的“日记本”。

THE CHARACTERS 02 人物角色

姓名：王小丹
性别：女
年龄：19
教育背景：专科

简介：王小丹是出生在浙江的女孩，现就读于江苏，是一个开朗的女生，热爱生活，喜欢旅行，也喜爱记录。
痛点：在旅行中有很多值得记录的事情，但是经常是来不及记录就忘记了，要么就是写一半发现太多了就没兴趣继续写下去。
期望：期望可以直接有记录旅游的格式，有路线定位功能。这样我就可以直接记录不用排版了

姓名：何雪
性别：女
年龄：22
教育背景：研究生

简介：何雪是出生在江苏的独生女，就读于江苏，是一个喜欢浪漫的女孩，性格开朗活泼。正在和男友热恋中。
痛点：和男友的每一刻时光都是值得记录的，但是内容总是很零散，难以整理。
期望：期望手账类App可以添加自动生成纪念册的功能，可以打印，也可以在线观看，留下回忆。

姓名：张玲玲
性别：女
年龄：21
教育背景：本科

简介：张玲玲出生在广州，就读于福建省，是一个内向的女孩。喜欢文学，热爱记录。
痛点：易胖体质，虽然经常锻炼，但总不能长久地坚持下去。
期望：期望有个App可以督促我经常锻炼身体，记录食物的卡路里，既可以记录过程，又可以减肥。

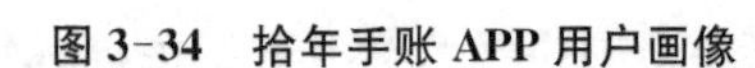

图 3-34　拾年手账 APP 用户画像

优点

可视化：一张图片可以包含上千字的信息量，理解一个想法最好的办法就是把它画出来。

容易记：比起单调地记录事实的文字，讲故事让人更容易记忆具体情节内容。

同理心：当你讲述一个可能真实发生在别人生活中的故事的时候，听众很容易对故事中和他们有相似问题的角色产生共鸣。

参与度：故事能吸引人们的注意力，我们天生的好奇心驱使我们走进这个故事里，而且当我们从故事中感受到一种快要成功的感觉时，我们也会更加愿意参与其中。

传统设计方法的一个重要补充工具就是设计故事版。大多数情况下，我们的设计总是局限于产品本身，而忽视了产品之外的使用情境。而故事版则可以弥补这一不足，并且它可以使得一些模糊的用户需求更加具象，帮助我们理解用户目标和动机，从而能够更好地进行沟通和设计。

步骤

如何设计一个故事的框架？通过运用讲故事的基本原理把故事分解，我们可以用一种更强大、更有说服力的方式展现它。每个故事都应该包含以下几个基本要素。

角色：出现在故事中的具体角色，他的行为、外表、期望还有他所做的决定都至关重要。揭示角色内心的想法对于成功描绘该角色在这个故事中的体验是必不可少的。

场景：角色所处的环境（真实世界中包含人和物的环境）。

情节：有很多设计师总是迫不及待地展开他们故事的细节，而不是首先讲述故事背景。在设计师的脑海中应该要有一个故事的总体结构，包含显而易见的开头、中间发展还有结局。故事中展开的情节应该聚焦于角色最终的目标。剧情应该有一个明确的开端，结局是设计师的设计方案解决了问题或是角色遇到了尚未解决的问题。

注意事项

为了让故事更加完善，设计师需要思考以下几点：

① 真实性：让角色、角色的目标和角色经历的事情尽量清晰。如果设计师讲的故事不能和产品产生联系，用户很可能会质疑。因此专注于真实场景中的人物，观众会与角色产生共鸣。

② 简洁：删掉任何不必要的东西。

③ 情感：在角色的经历中传达出他的情感状态是非常必要的。

案例

天猫屋，一款智能家庭电器管家APP，能够同时监测家庭中所有智能电器的工作状态，用户可通过APP进行远程操作管理，包括开启、关闭、查看设备情况等。通过角色、情节、场景设定，采用故事版的形式展示APP的功能应用，如图3-35。

图3-35 天猫屋APP情景故事图(制作：戴金玲)

(3) 卡片分类法

概念

卡片分类法(card sorting)是一种规划和设计互联网产品或者软件产品的信息构架方法。让用户将代表信息结构的元素卡片进行分类，进而进行分析研究，得出用户潜在期望。这种方法也常常被应用到用户研究的过程中，可以让我们了解到用户会以什么样的方式理解各种内容，了解他们的思维模型，用来比对网站设计者与使用者在对网站资讯分类上的认知差异，并作为调整架构的信息依据。对于从未用卡片分类法研究过的网站，进行第一次卡片分类研究的结果常常能使设计人员突破原有思维的桎梏,打开其思想源泉的闸门。

注意事项

① 卡片的数量不宜过多。过多的卡片会引起用户视觉和脑力的疲劳,使得用户无法集中精神完成研究,并且可能需要耗费更多的无效时间。建议卡片的数量设置在100张以下,试验的时间控制在40分钟以内。如果根据实际情况,需要更多的卡片数量,则考虑在试验过程中提供休息时间。

② 卡片内容应具有整体性和系统性,并且内容应与研究对象相匹配。研究者在设计卡片时会根据卡片内容决定其类别和数量,过程中增加或者删除某些卡片会影响实验的结果,因此只有保证卡片内容的整体性和系统性,才能得出有效的试验结果,并应用于研究对象的信息结构上。

③ 卡片内容的措辞应避免"排比形式"。研究者在设计卡片时,应当避免使用"暗示"或者"诱导"性的措辞。比如,某些卡片的内容可以改写为某产品的"介绍",某活动的"概况"等,避免用户将注意力过多地集中在措辞的一致性上。

④ 卡片内容应准确、简练。设计卡片时,需要反复思考各个卡片的内容并且记下一些关键性的卡片,才能有效地从宏观的角度把控卡片的总体内容。

步骤

① 准备卡片。确定有多少卡片需要进行分类。(每次测试50到70个条目,太多的卡片将事与愿违。)用户研究人员将需要分类的信息内容做成卡片的形式,正面描述分类内容并概括性地进行描述,注意描述的准确性。卡片背面可以标记序列号,以便后期统计分析。

② 招募用户。选取研究内容的目标用户参与测试,提前向用户说明整个试验过程和目的,告知他们将卡片归到他们认为合适的组别中。

③ 进行卡片分类。试验过程中,与用户及时沟通,确保用户已理解卡片上的内容。引导用户出声思考,表达自己的想法。如有条件,建议使用摄像机或者录音笔,记录用户进行卡片分类的全程,以便测试结束后进行分析。

④ 回顾,访谈。当用户完成卡片分类任务后,让用户回顾分类过程,对不清楚的地方进行重新分类思考。了解用户对该分类结果的思考过程、困惑点,包括他们选择的理由,对哪些特定卡片的分类感到犹豫等。

图 3-36 卡片分类

⑤ 整理卡片分类结果。将分类结果整理成可统计的原始数据。

⑥ 分析数据，形成报告。最后分类整理结果并形成报告。

案例

选择卡片的依据。当当网（图书）、亚马孙（图书）、newbooks. com. cn、中国图书网、china-pub. com 是国内 5 个比较核心的网上书店，通过对这些网站进行分析可以发现国内网上书店网站首页的结构都明显分成 7 个部分：共用程序导航（一般包括用户的个人信息及一些帮助等）、搜索栏、主导航、左侧局部导航（多数网站为图书分类）、主要内容导航（多种专题的浏览）、右侧局部导航（多种活动浏览）、页脚导航（一些合作信息及帮助信息），如图 3-37 所示。

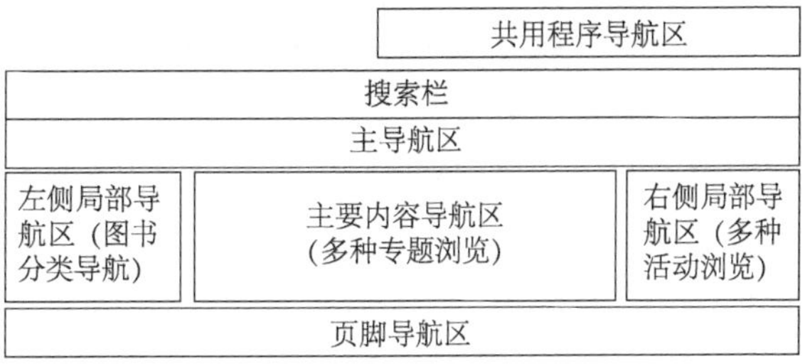

共用程序导航区		
搜索栏		
主导航区		
左侧局部导航区（图书分类导航）	主要内容导航区（多种专题浏览）	右侧局部导航区（多种活动浏览）
页脚导航区		

图 3-37 国内网上书店首页结构

确定实验项目的卡片。通过分析网上书店的网站，综合这 5 个网站的信息内容，提取这 5 个网站中有实际意义的内容元素，对其进行适当的归类及筛选。具体提取规则如图 3-38 所示。

通过以上规则，综合 5 个网站的分析，得到 57 个卡片，如图 3-39 所示。

处理方式	规则说明
归纳信息内容	1.各个导航栏以及内容页面出现的个别类目，将其归纳为“热门图书类”“图书分类推荐”等。 2.对网站左导航区域内的图书分类，不将图书细类在卡片上供参与者分类。因为本书主要研究网站的信息导航及信息构建而不是图书分类组织的方法。 3.将网站主要内容导航区的最上方的具体促销活动归纳为“最新上线促销活动”。 4.网站中出现了具体名称的促销活动均归纳为“促销活动”。 5.对同义不同名的词均在卡片上注明。
剔除信息内容	1.去除“注册”“登录”等对分析无意义的元素。 2.剔除网站中出现的具体活动名称以及书名。

图 3-38 卡片信息的提取规则

卡号	卡名	卡号	卡名	卡号	卡名	卡号	卡名
1	我的账户	16	热门类目（如少儿类、特价类）	31	论坛	46	合作信息/合作机会
2	新手上路	17	热门出版社图书	32	最新书讯	47	广告服务
3	帮助中心	18	图书分类推荐（如经营类图书推荐）	33	电子书	48	合作伙伴
4	购物车	19	经典图书推荐	34	按需印刷	49	付款与退款/配送方式/如何付款
5	心愿单	20	主编推荐	35	二手书	50	汇款单招领
6	礼品卡	21	最受欢迎图书专题	36	缺书登记/求购登记	51	发货与配送/配送方式/如何配送
7	本周特卖	22	独家定制	37	出版社专区/出版社浏览/品牌出版社	52	退货与换货
8	本站导航/网站地图	23	主题书店	38	特价图书/特价专区/清仓甩卖	53	特色服务
9	售后服务/客户服务	24	各类畅销书/各类销售前三	39	留言/顾客留言/顾客建议和意见	54	购买向导
10	友情链接	25	媒体热评图书	40	图书类目浏览(如学经营等)	55	订单向导
11	收藏夹	26	读者热评图书	41	公益专区	56	会员和优惠政策
12	高级搜索	27	在线试读	42	了解我们	57	购买问题
13	热门搜索	28	图书畅销榜/畅销推荐/畅销排行榜	43	人才招聘		
14	最新上线/促销活动重要提示	29	新书热度榜	44	关于我们		
15	排行榜，图书排行权威榜单	30	图书促销活动/促销活动/促销专题	45	新闻中心		

图 3-39 通过对比分析的 57 个卡片

邀请参与者。通过邀请函邀请 15 位有图书网购经验的大学生参与本次实验。

进行卡片分类。本次实验选取开放式的卡片分类方法，即不设限地让实验参与者自己归类卡片信息。每次邀请 1～2 个人单独进行卡片分类，过程中，参与者可随时提出问题，完成后，要求参与者说出理由和想法。最后，对每个参与者的分类进行记录。

数据处理与分析。层次分析法是一种常见的数据处理方法。采用层次聚类分析法和多维尺度分析法，可以帮助研究者了解用户组织网站信息的方式；采用 PASW 的层次聚类分析法，并结合组间关联聚类法(between-groups link-age)，可以帮助研究者了解两个类群之间的距离并反映出不同卡片信息元素之间的相关性，距离越远，越不相关。

(4) POEMS 框架

概念

POEMS 是一个通过联结的方式组织和管理用户行为数据的框架，可以使研究者方便、迅速地访问和检索相关的用户行为信息。POEMS 是由美国伊利诺伊理工大学设计学院帕特里克·惠特尼 (Patrick Whitney) 和库马尔(Kumar)开发的。POEMS 框架提供了一种分解和组织管理用户研究数据的方法。POEMS 框架包含 5 个类别：人 (People) 、物体(Objects) 、环境(Environments) 、信息/媒体 (Messages/Media) 和服务(Services)。在每个类别下，使用关键词的方式来描述用户行为，如图 3-40。

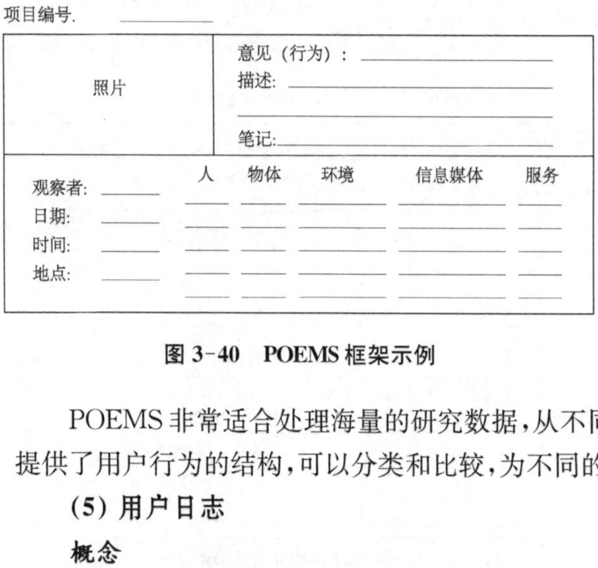

项目编号.

照片

意见（行为）:

描述:

笔记:

观察者:

日期:

时间:

地点:

人 物体 环境 信息媒体 服务

图 3-40 POEMS 框架示例

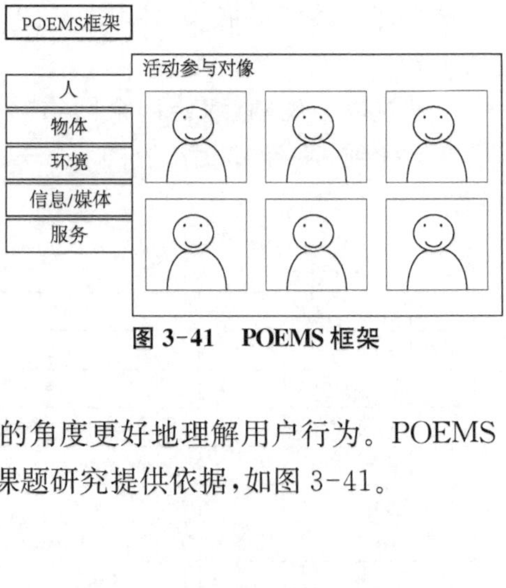

POEMS框架

活动参与对像

人

物体

环境

信息/媒体

服务

图 3-41 POEMS 框架

POEMS 非常适合处理海量的研究数据，从不同的角度更好地理解用户行为。POEMS 提供了用户行为的结构，可以分类和比较，为不同的课题研究提供依据，如图 3-41。

(5) 用户日志

概念

用户日志又称为网络日志(Web logs)，是 Web 日志挖掘的重要数据源，它一般记录了网络用户和网站之间的交互访问行为。

步骤

① 制订访谈计划

选定拍摄照片的人，确定在何时、何地拍摄，需要多少张照片，并选择任意一种框架指导参与者拍照。

② 集合资源

创建日志模板(打印版或电子版)和指令表，使用手机等互联网移动设备进行摄影记录，并实现照片的共享。

③ 向参与者讲解要点

向参与者解释如何拍摄照片，即以迅速、自由的方式拍摄，无须考虑艺术水准，告诉他们应拍摄哪些内容，研究持续多少天，以及后勤方面的一些细节。

④ 提供研究中期反馈

理想状态下和参与者分享第一组照片，利用这个机会给予谈话反馈，排解误会，回答他们的问题，排除技术故障，必要时指导他们拍摄全新或不同的内容。

⑤ 采访参与者

理想状态下，最好在照片拍摄的场所与参与者进行访谈。让参与者回顾日志，问他们问题，寻求说明，记录附加笔记。不要遗漏访谈期间的任何细节。

⑥ 汇报

团队成员在访谈结束后的第一时间组织讨论，分享信息。如需参与者说明更多细节，可跟进访谈。

案例

如图 3-42 所示，是某高校教务网站的用户登录情况。

用户名 登录时间 到 查询

登录用户名	日志详情	登录IP	登录时间
test1	用户成功登录系统	118.114.245.44	2013/9/5 17:05:53
test1	用户成功登录系统	221.238.139.178	2013/9/5 17:00:53
test1	用户成功登录系统	113.206.26.97	2013/9/5 16:38:27
test1	用户成功登录系统	60.28.168.232	2013/9/5 16:38:14
test1	用户退出系统	60.208.111.201	2013/9/5 16:30:06
test1	用户退出系统	219.146.73.4	2013/9/5 16:24:46
test1	用户成功登录系统	60.208.111.201	2013/9/5 16:08:38
test1	用户成功登录系统	219.146.73.4	2013/9/5 15:46:09
test1	用户退出系统	219.146.73.4	2013/9/5 15:45:44
test1	用户退出系统	113.246.167.123	2013/9/5 15:29:04

« ‹ 1 2 3 4 5 6 7 ... 1278 1279 1280 › »

图 3-42 用户系统登录日志

3.3.4 用户需求信息分析

(1) 人物角色法

概念

人物角色，是针对目标群体特征的真实还原，是某类用户群体的综合原型。人物角色法研究用户的使用目标、行为方式、理想观念，并将这些元素整合成一个集合，以辅助设计者进行产品的设计和决策，是一种可视化的交流工具。人物角色法可以促进建立人物角色模型，该方法包含多张模型卡来囊括市场上的几种主要用户群，各用户群结构相同但内容不同。当一个企业进行产品定位时，往往会借助构建人物角色模型的方法，确定企业服务的主要用户群和次要用户群，构建出一个产品服务的用户生态系统。

作用

人物角色是产品开发设计的重要因素，可帮助产品的开发设计者决定产品的主要功能与特质。同时，人物角色也承担着重要的职责，它是产品开发者、利益相关者、产品设计者在各自领域中可以探讨的共同语言，方便各方沟通与理解，从而促进设计方案的达成。可通过建立角色意象拼图、创建人物角色剧本、推广人物角色及角色扮演等方法对人物角色进行构建。

步骤

① 确定目标

确定目标是一个设计过程首先需要完成的任务，它具有方向性的指导作用，可以帮助用户追随设计方向开展设计过程。值得注意的是，设计者不用为了满足所有人的需求而进行目标的确定，因此设计前确定目标群体也是至关重要的。考虑服务对象，缩小用户范围，可以帮助设计顺利进行，同时也节约了开发成本。

② 规划方向

确定目标群体之后，下一步即规划研究方向。通过初期调查，确定大致方向，进而针对此方向进行问卷调查。定制调查问卷时，也需要有明确的方向。

③ 调查研究

为获取设计所需相关数据，需要进行调查研究，此过程必不可少。通过分析调研可以发现问题，发现需求。要创建的人物角色也是通过分析数据而产生的，这样的人物角色更具真实性。调查研究的方法也有很多种，常用的方法有用户访谈、问卷调查等。

④ 分析归纳

分析归纳即整理调研获得的数据。通过数据分析，可以发现用户的某一共同爱好或倾向。将不同于这类爱好或倾向的用户，归类到另一类用户。最终可以得到几类用户，每类用户代表着各自用户群的特征。

⑤ 创建角色

角色的创建来源于归纳的几类用户，通常会创建 2～4 个角色。创建过程中，赋予人物角色真实的个人信息，比如姓名、工作、年龄、收入等，这在保证真实性的同时，也便于后期设计。为了使人物角色更加完整，可以为人物角色选一张合适的照片，方便后期研究讨论时，看到照片就能知道其代表的用户群体，更加直观。

⑥ 创建场景

创建场景主要是为了起到烘托的作用。不同类的人物角色在构建的场景中会有不同的反应和行动，这是因为他们在场景中的需求是不同的。场景就是更直观地让设计人员看到各类角色的行为和需求，更有助于设计人员对人物角色的理解。在场景中，设计人员也能深入挖掘角色的潜在需求，发现角色自身没有发现的倾向。

通过上面 6 个步骤(见图 3-43)，即可完成人物角色的创建以及应用。在创建人物角色的过程中可能会遇到比如角色 A 和角色 B 之间的特征接近、漏掉了角色 C 等各种问题，因此，有必要对角色进行完善。

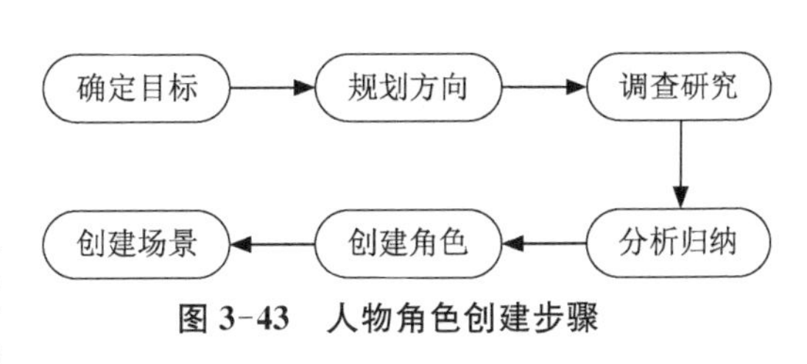

图 3-43 人物角色创建步骤

(2) 用户体验地图

概念

用户体验地图（user experience map），又被称作用户旅程地图（user journey map），它展示的是用户在使用一款产品和服务的过程中每个阶段的体验，包括行为、感受（痛点和满意点）、思考/想法。通过图形化的方式直观地记录和整理用户每个阶段的体验，让产品的设计参与者、决策者对用户的体验有更为直观的印象。

作用

该方法可以让更多人有参与感和同理心。以往产品的设计者与开发人员对于用户与产品/服务的交互节点只有零散的感知。通过用户体验地图，让产品的设计者与开发人员更多地参与进来，发挥同理心去全面、整体地了解用户在每个节点的预期，探究他们的实际体验与预期之间的差异，从而让后续的产品优化工作更好地推进和开展。用户体验地图好看且直观，既让决策者通过可视化的地图，全面、整体地感知用户在每一个目标任务下的行为、痛点、满意点、思考/想法；又能让他们直观地了解到用户体验设计的产出成果，让产品设计者、决策者有更广、更全面的视野，从体验地图中挖掘工作重心，从用户痛点中发掘是否有创新的项目或者是否具有产品战略上的机会点。

步骤

① 前期调研和材料搜集

通过用户访谈、问卷调研、用户反馈、产品走查、产品数据、竞品分析、用户角色分析等方式，获取大量真实可靠的原材料，从而了解足够多的用户在使用产品过程中的行为、体验、感受、想法。除此之外，还需要搜集产品策略、核心目标群体、核心亮点等信息，作为制作用户体验地图过程中的方向指导。

② 如何整理材料

逐一地梳理笔记，将笔记内容摘录、拆解成行为、疑问、感受、想法。

行为：表达用户在做什么，通常用“我＋动词”表示。比如，我在找喜欢的连衣裙。

疑问：用户在完成当前任务打算进入下一步操作时，有哪些疑问。比如，怎样才能更容易地找到我喜欢的连衣裙？

感受：表达用户有什么感受，即痛点或满意点，通常用“我觉得”来表达。比如，我觉得很难找到喜欢的商品。

想法：表达用户的思考和想法，通常用“我认为”来表达。比如，我认为淘宝商品比京东更全。在建立用户体验地图时，用户的想法可作为辅助参考信息。

③ 提炼、选择关键的任务流程

一款产品，用户在使用过程中会有很多场景、很多任务，在开始制作用户体验地图之前，需要提炼更关键的任务流程。首先，梳理产品的核心价值及用户的核心目标，进而提炼出用户完成核心目标必须完成的任务；其次，排除没有明确任务流程分析或者难以了解用户感知的任务。对任务的描述，建议采用中性动词，用词精准、干净，如图 3-44 所示。

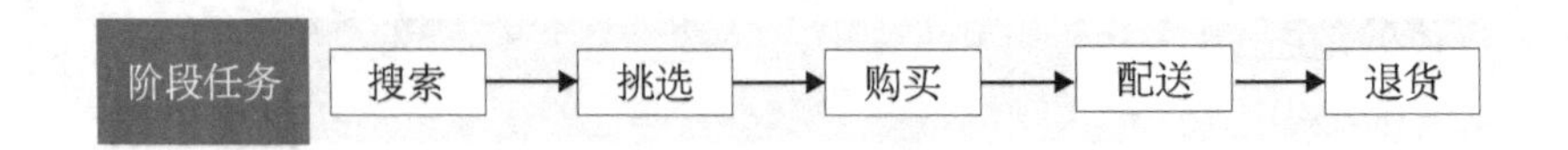

图 3-44　阶段任务描述

④ 撰写用户完成每个关键任务的目标

比如，对于搜索任务，用户希望“更快”地找到想要的商品；对于退货任务，用户希望能简单、省心。

⑤ 写出关键任务的用户“行为”路径

如果是涉及多平台，包括手机、电脑等，建议记录每个行为的触点。

⑥ 撰写用户在进行每个行为时的“疑问/问题”

用户在完成当前任务打算进入下一步操作时，有哪些疑问或问题(图 3-45)。例如，怎样才能更容易地找到我喜欢的连衣裙？怎么找到发货地是广州的商品？

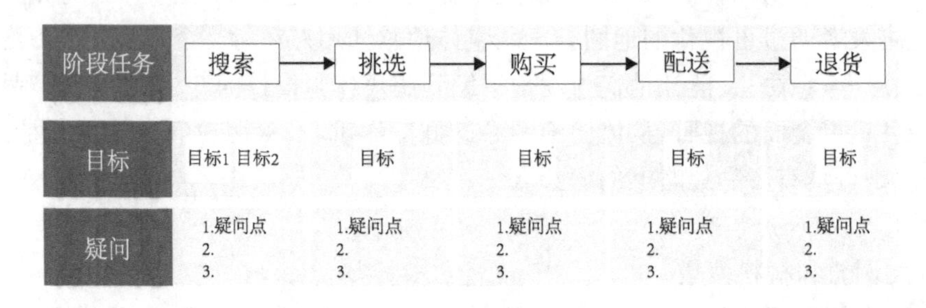

图 3-45　撰写疑问

⑦ 写出调研获得的用户痛点、满意点，贴在对应的行为节点下方

痛点、满意点可根据调研笔记中出现的频繁程度或者与这个行为的相关度来排序。对于这些痛点、满意点，如果有用户实际接触的界面或功能模块，也可以记录下来，方便日后对这些痛点进行优化改进。

⑧ 判断每个阶段任务的情绪高低，并连线形成情绪曲线(图 3-46)

主要是根据痛点、满意点的数量和重要程度来判断情绪高低。对于某个痛点，要多问问这个用户角色对这个痛点的在意程度。

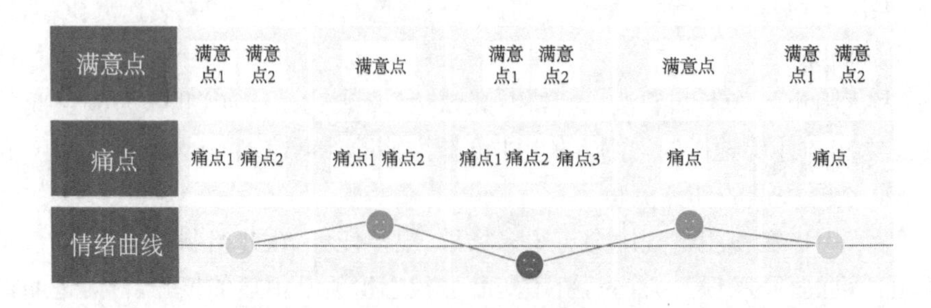

图 3-46　用户情绪曲线图

⑨ 思考每个行为节点、每个痛点背后是否有机会点、创新点

第一,是否有最佳方案,来满足用户的目标,提升用户满意度,优化用户体验;第二,寻找遗漏的、没有得到较好满足的场景和阶段,思考是否有创新项目的机会。

⑩ 分析每个阶段的任务以及竞品的优势和劣势

结合竞品的优势和劣势,对比思考自家产品的改进空间,如何弥补短板、发挥优势。

完成以上几个步骤,即可制作成用户体验地图。

案例

在针对全盲用户的导航软件信息无障碍设计课题研究中,通过前期实地访谈和观察法,收集用户信息,通过人物角色法构建典型人物角色模型,并以表3-14的形式呈现,以理解特定情景下的用户行为、观点和目标。

表3-14 典型人物角色模型

姓名:贾成进 性别:女 年龄:35岁 职业:盲人医疗按摩师 教育背景:中专 视力情况:先天全盲 性格:温和偏内向 
使用互联网产品背景及生活习惯: 她每天都在家人陪同下从家步行去按摩店上班,偶尔也会乘坐公交车去远一些的超市和商场。她从2008年开始使用电脑和手机,电脑会辅助读屏工具使用,一般使用电脑是“观看”网络课程视频,学习知识。她目前使用iPhone 6s手机,她使用手机的频率高于电脑,几乎每天都使用手机,因为手机携带方便。 她平时会使用腾讯QQ、微信等社交软件聊天。她会用淘宝购物,在读屏软件的帮助下,可以知道衣服的颜色、款式描述等。她平常会看一些新闻和视频获取信息。 她常用的软件有社交类、购物类、导航类软件,如微信、淘宝、百度地图等。
使用导航软件的行为习惯: 她平常会携带盲杖出门,在短距离步行时,例如去附近超市、商店等,会使用导航软件。她使用导航软件的一般步骤是,打开VoiceOver功能使用手机,使用Siri功能打开导航软件,语音或文字输入目的地,然后跟随导航提示,使用读屏功能,步行去目的地。
用户目标: ➢ 希望导航软件能准确地指引她去目的地。 ➢ 希望导航软件有提示障碍物功能。 ➢ 希望导航软件能易于操作,保证其能够安全地独自出行。
困难: ● 城市盲道经常有车辆停靠,阻挡盲道。 ● 城市盲道磨损较严重,难以辨别,希望盲道能及时修缮。 ● 导航缺少盲道指引。 ● 导航不能提示前方障碍物,存在危险。 ● 导航目的地定位不够准确,当软件提示到达目的地时,实际位置与目的地有所偏差。

通过用户旅程图记录用户在使用导航软件中的行为和情感,以此来发现步行过程中的

问题和满意点。设置全盲用户任务：从盲人按摩店步行前往马建大院，运用用户旅程图记录用户在使用导航软件中的行为和情感，以此来发现步行过程中使用导航软件的问题和满意点。

首先，目标用户行径路线为盲人按摩店—马建大院，距离 300 米，根据导航路线，绘制步行道路的盲道路线，如图 3-47 所示。

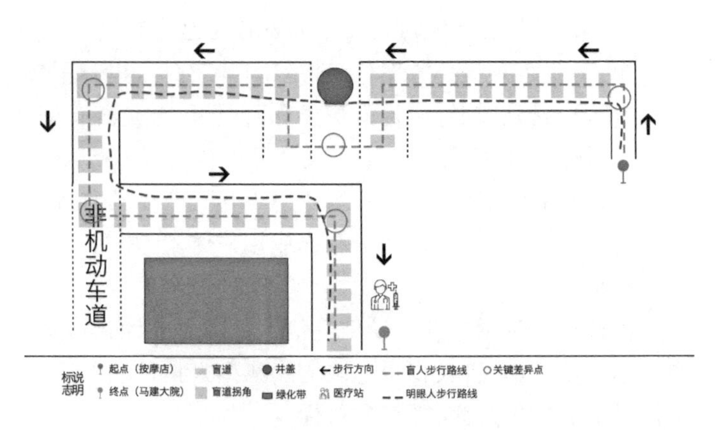

图 3-47　按摩店至马建大院导航及盲道地图

其次，根据用户任务完成情况绘制用户旅程图，如图 3-48 所示。用户行为一栏按时间顺序记录，从 00 分 00 秒开始导航，到 06 分 52 秒结束导航提示到达目的地。用户情绪一栏记录了全盲用户在步行过程中的情感变化，痛点部分是使用导航软件过程中发现的问题，机会点则是产品后期的改进点。在全盲用户步行过程中，有 4 次停留，用手触摸屏幕，使用读屏功能确认方向和剩余路程，有 5 次徘徊寻找盲道，后经人指引找回盲道。在导航提示到达目的地时，用户位置在目的地前方 10～15 米处，全盲用户并未真正到达目的地，未完成指定任务。

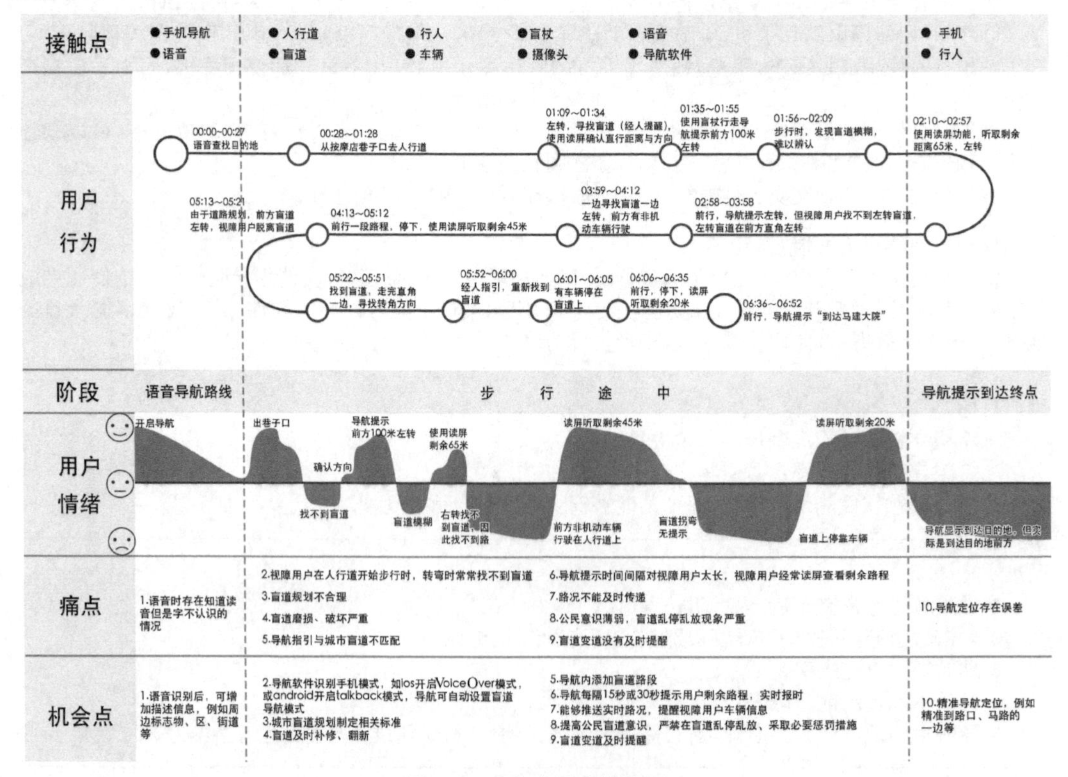

图 3-48　全盲用户旅程图

(3) 情景分析法

概念

情景分析法又称脚本法，简称情景法。情景法最早用于企业的战略分析，因此其定义更多地偏向于对未来的规划和设计——情景法是假定某种现象或某种趋势将持续到未来，对预测对象可能出现的情况或引起的后果做出预测的方法，是一种直观的定性预测方法。

优缺点

在设计调研中，情景法是比较容易学习且易于操作的，入门也比较简单。如果能有现成的故事构思框架，研究者只要能做到叙事清晰即可操作。情景法可以清晰、直观地展示目标用户的行为操作流程，因为故事有亲和力、有细节，能较好地引发后期设计讨论。

情景法也同样存在着一些缺点。比如，情景法前期的归纳故事要素和故事主线两步操作，容易流于形式，一旦没有经过严谨的归纳，会让后期的工作建立在被歪曲的用户故事基础上，反而导致错误的研究方向。情景故事虽然容易打动人心，但会有一定的偏颇，建议结合定量数据分析工具来更全面地分析用户。

步骤

① 归纳情景故事主线

在经过观察、访谈数据采集后，研究者会得到许多简要的、零碎的个体情景故事。和编剧写剧本一样，写情景故事需要有简单、清晰的主线。

② 收集情景故事要素

要让情景故事能更直观地反映用户行为状况，还需要更多的细节。以下 3 个细节可以按照一定的框架来填充：第一，一个特定的环境或状态，指的是目标用户和产品能发生交互关系的环境或状态。以团购产品来说，其特定的环境或状态有年轻人之间的约会场所、休息时间(团购使用时间)、各种节假日(能产生购物冲动的时间)。第二，一个或多个角色关键的用户因素，在情景故事中描述对故事推动有意义的用户动机、能力以及用户所了解的知识是必要的。即使在相同的环境下，由于用户所掌握的知识、能力不同，产品需要给予的信息引导或者运营策略是不同的。第三，和角色互动的工具或者物体，这种工具或者物体相对比较细节，可以认为是产品“信息交互、推送的载体”。电脑屏幕、网站、手机 APP 是常见的信息交互平台。

③ 整理、完善情景故事

控制篇幅和内容，100～200 字的篇幅既能说清故事，又不会太赘述，精简掉不必要的细节也有利于记忆，太长的故事反而会削弱对用户行为主流程的刻画。

④ 标注情景故事中的要点

故事是为了让大家清楚地了解用户行为习惯，因此故事写完并不代表分析的完结，对其中的核心要点做批注或列举数据是必要的。

案例

拾碎，一款为低头族设计的 APP，通过前期的个人访谈法和直接观察法，得到用户基本信息，通过数据整理分析，将目标用户分成三类：大学生、上班族、中学生。基于此，确定 3 类目标人群中的典型用户画像，如图 3-49 所示，针对不同类型的用户进行场景定义。

a类用户（目标人群）

姓名	杨小胜	性别	男	年龄	21岁
角色	大学生	地区	上海	性格	宅男
课程时间	8h/天	低头时间	12h/天	月花费	2000元/月
生活环境：生活稳定，生活费充足，一般宅在寝室，极少参加社交活动，寝室里还有另外3个室友，每天的生活状况类似。					
日常活动	每天早上起床先看看手机是否有最新消息，然后起床。在去课堂的路上习惯性地掏出手机刷会微博，课上觉得老师讲课太无聊了所以开始掏出手机打游戏、看小说。晚上，在寝室用iPad看最新的《24小时挑战》，期间一会使用手机，一会玩iPad，直至寝室断电才上床睡觉，在床上看小说直至睡着。				
用户痛点	身体亚健康、运动量明显降低、社交能力下降、学习成绩下降、睡眠时间减少且睡眠质量差。				

a类用户场景定义

今天是社团聚会的日子，想到以后应该没有这样的机会了，所以杨小胜觉得应该去参加这次聚会。聚会的地点在一家KTV，但他到了以后才发现这次来的社员大多都不认识，好不容易找到一个熟人就坐在他边上。跟朋友聊了两句之后就没什么话讲了，因为大家都不太熟，也不好意思去唱歌，所以一个人坐一旁玩起了手机。期间，他除了偶尔和朋友讲两句话外，一直就干坐着，心里开始反感这种聚会了。

b类用户（目标人群）

姓名	张小颖	性别	女	年龄	26岁
角色	财务经理	地区	深圳	性格	购物狂
工作时间	8h/天	低头时间	10h/天	月花费	8000元/月
生活环境：在一家创业型公司担任财务经理，工作稳定，上、下班准时，一个人住在外面，上班经常用手机逛淘宝。					
日常活动	每天7:30起床赶到公司上班，在公司里事情不是很多，所以经常掏出手机玩游戏、刷微博等。如果有工作就先把工作完成，就这样直到下班。下班后到家经常跟朋友微信聊天，一聊就聊到晚上十一点多。				
用户痛点	工作效率和质量明显下降。				

b类用户场景定义

今天，张小颖的闺蜜在微信群里发布了自己要结婚的消息，群里顿时炸开了花，几个好朋友聊得不亦乐乎，从新郎聊到了礼服，再到婚礼现场。不知不觉，就到了下班的时间，看到桌子上的文件才想起今天需要向主管上交这个月的财务报表，而自己还没有开始做。急忙打开办公软件，做完还没核对就被主管收走了。

c类用户（目标人群）

姓名	陈晓宇	性别	男	年龄	17岁
角色	高中生	地区	杭州	性格	开朗
工作时间	8h/天	低头时间	10h/天	月花费	800元/月
生活环境：父母工作稳定，家庭收入稳定，生活较富足，周末还要参加补习班，生活忙碌。					
日常活动	高三备考中，早上上学较早，晚上回家比较迟，学校的课程安排比较忙，课后作业多，所以总是在课后、一些老师不严的课堂、回家的路上抽空使用手机，回家后急急忙忙写完作业上床继续玩手机直至睡着。				
用户痛点	学习效率明显下降、驼背、在马路上看手机不安全、学习成绩下降。				

c类用户场景定义

晚上十一点半了，妈妈上完厕所顺便看看陈晓宇有没有睡着，轻轻打开门发现他居然戴着耳机在被窝里打游戏。孩子正处在高三备考时期，回想到上一次的模拟考试成绩下降，妈妈心里又急又气。

图 3-49　典型用户场景分析

（4）KJ 法

概念

KJ 法是川喜田二郎于 20 世纪 70 年代提出的。它是一种将复杂问题分类编组，再对每组内容进行聚类分析的方法。它针对某一复杂问题，尽可能地整理与该问题相关的资料或内容，并按照其相关性统一整理和分类，寻求内容之间的相似点，将复杂问题简单化、条理化。比如在小组会议的场合中，就可以使用 KJ 法有效地描述每个人心中的信息，再通过协商组织数据，建立共识，确定重点。

优点

KJ 法是一种无声的信息分析方法。此种方法下，随机分成几人一小组，每个人准备好便签和笔，给组员足够的时间去安静下来，让组员写下自己的想法、见解、数据或意见。组员拥有平等的机会，每个人都可以清楚地表达出自己的想法。在传统会议中，一般只能由一个人发言或是在白板上书写见解和想法，而 KJ 法可以更有效地利用时间，让参与者表达出自己的想法与观点，供现场的人进行讨论。在 KJ 法的指导下，不存在“我的想法”“你的观点”的说法，而是促使人们思考“我们两者之间的看法有着怎样的联系，如何将我们所关心的共同话题综合起来，表达出目前面临的问题”。KJ 法可以保证小组压力或是政治权力都不会对结果产生影响，并且每个人在这样的环境下可以平等地各抒己见，不存在权力大小和口才好坏的歧视。KJ 法为人们提供了一个公平公正的平台，从而可以匿名式地表达出自己的观点，并一起合作做出决策。

步骤

使用 KJ 法的一般步骤为：

① 将用户需求的内容记录在卡片上。

② 为避免内容重复，统一化含义相近的卡片，并排列好卡片便于阅览。

③ 按照卡片内容整理、归类卡片，并按组分类，如图 3-50 所示。

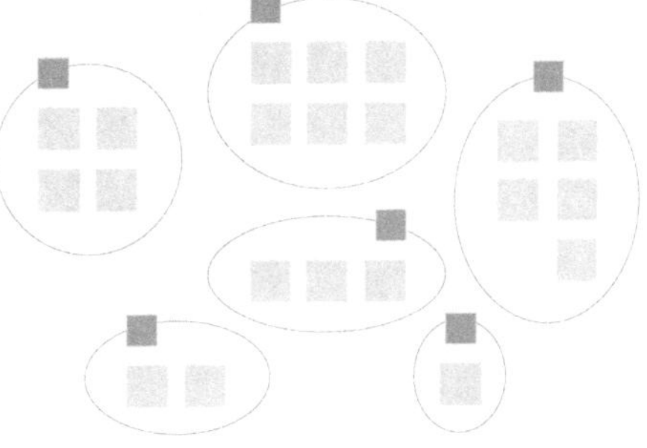

图 3-50 KJ 法分析图示

④ 将各组卡片进行命名，记入直线卡片。

⑤ 重复步骤③的工作，将上一步骤中的直线卡片按照内容进行归类，统一成一组。

⑥ 对步骤⑤当中成组的卡片进行命名，记入斜线卡片。

这样步骤⑥中斜线卡片中的内容为第一次水平，步骤④中直线卡片中的内容为第二次水平，步骤③中卡片的内容就是第三次和第四次水平的需求。采用 KJ 法筛选、聚类用户需求，实现对用户需求数据的定量分析。

案例

如图 3-51 所示，某设计团队采用 KJ 法进行案例分析研究。

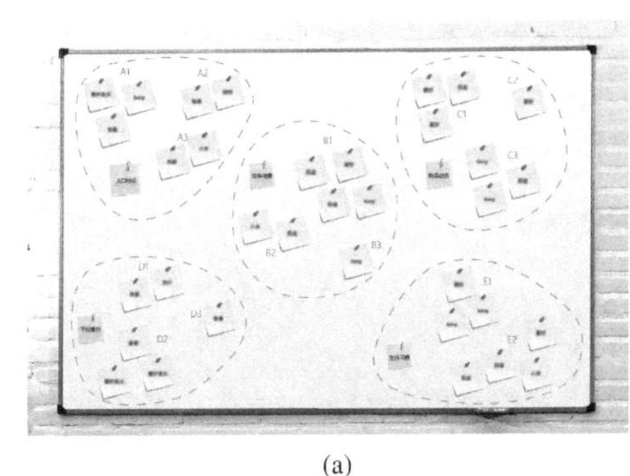

(a)

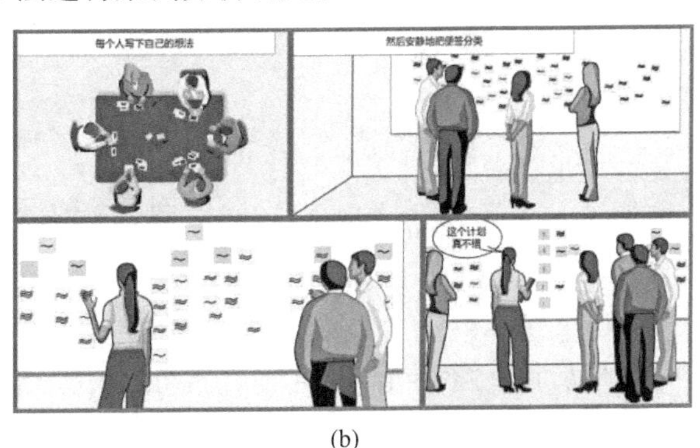

(b)

图 3-51 KJ 法分析案例图示

(5) 层次分析法

概念

层次分析法简称 AHP，是 20 世纪 70 年代中期由美国运筹学家托马斯·塞蒂（T. L. Saaty）所提出。它能合理地将定性与定量的决策相结合，并按照思维、心理的规律将决策过程层次化、数量化。

作用

层次分析法能够将有用的信息简单明了地传达给受众，如图 3-52。每个元素都被唯一确定地放置于某一个层级中,其层次结构能够清晰地表达不同元素之间的关系。

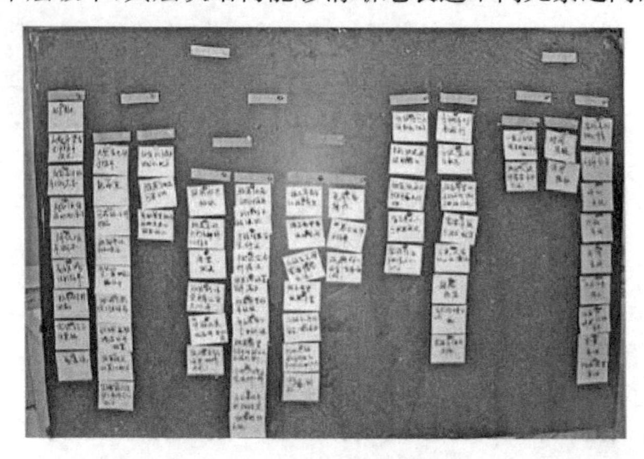

图 3-52　层次分析法案例图示

案例

如图 3-53 所示,从目标层、准则层、方案层进行层次分析,确定最佳旅游方案。

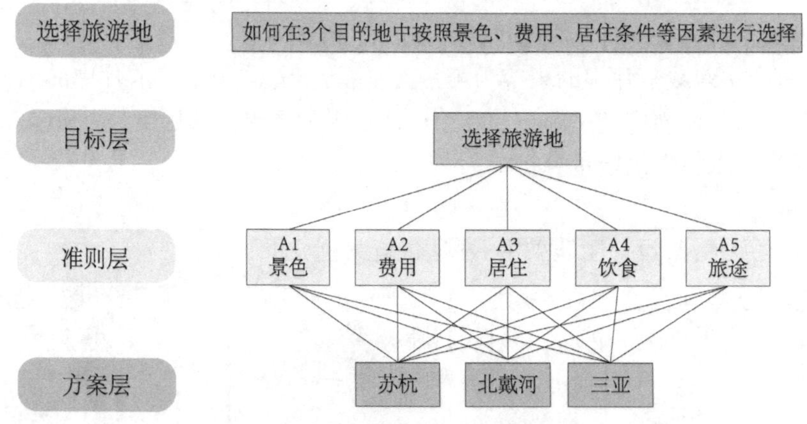

图 3-53　利用层次分析法选择旅游地

参考文献

[1] 王雅方. 用户研究中的观察法与访谈法[D]. 武汉:武汉理工大学, 2009.
[2] 胡飞. 洞悉用户:用户研究方法与应用[M]. 北京:中国建筑工业出版社, 2010.
[3] 韩挺. 用户研究与体验设计[M]. 上海:上海交通大学出版社,2016.
[4] 胡昌平,柯平,王翠萍. 信息服务与用户研究[M]. 武汉:武汉大学出版社, 1993.
[5] 戴力农. 设计调研[M]. 北京:电子工业出版社,2016.
[6] 杨婷婷. 基于用户感知心理的 UI 设计初探[J]. 电脑知识与技术, 2013(15):3535-3536.
[7] 汪海波. 基于认知机理的数字界面信息设计及其评价方法研究[D]. 南京:东南大学,2015.
[8] 董建明, 傅利民, 沙尔文迪. 人机交互:以用户为中心的设计和评估[M]. 北京:清华大学出版社, 2010.
[9] 张星月. 基于情感化理念的手机 UI 界面设计与用户心理分析[D]. 西安:西安建筑科技大学,2017.
[10] 杨焕. 智能手机移动互联网应用的界面设计研究[D]. 武汉:武汉理工大学,2013.
[11] 祝凯宇. 与用户需求层次相匹配的 B2C 商品系统体验评价研究[D]. 杭州:浙江工业大学,2010.

第 4 章　架构与功能

4.1　了解信息架构

架构设计定义了用户体验的整个结构，包括组织原则、功能元素的排列、工作流程、信息传递等。

很多人会直接参与网站的建设，但是却对信息架构一知半解。系统或应用程序设计的主要目的就是以用户能理解的方式向用户传达信息，让用户在接触这个信息表达时就能够清楚地知道这个信息就是用户寻找的、需要的并且可以理解。信息架构建设不清晰，用户会很难找到这个信息，会觉得网站很难使用，或者尝试后将不再使用这个网站。

4.1.1　信息架构的概述

信息架构最早是从数据库设计领域中诞生出来的概念，是一个组织信息需求的高级蓝图。简单来说，信息架构是合理地组织信息、设计信息展现形式的一门科学与艺术。信息架构的主要对象是信息，它是对信息环境的结构化设计，构建信息架构可以使信息呈现得更加清晰。它最终可以帮助用户快速、高效地找到想要的信息，构建用户与信息之间的桥梁。在信息架构设计中，构建的信息结构是严格根据需求分析得到的。

信息架构是为了提高信息的可理解性，降低用户信息焦虑的一种操作设计。它通过对信息的整理来建立一种结构，使用户对信息内容的存取更直接。

信息架构是对信息空间进行组织的艺术。它包括：展示、搜索、浏览、打上标签、分组、排序、操作以及有策略地隐藏部分信息。

建立信息架构需要挖掘应用背后的数据并对用户任务展开思考。我们要考虑的是应该给用户展现哪些内容，它们应该怎样组织和排序，从抽象层面考虑能够设计出哪些方式来展现内容和任务。

任务界面主要是为了完成以下几件事：

① 显示一个对象（例如文章或图片、视频）；

② 显示一个列表或一组对象（例如菜单栏、图片网格）；

③ 为创建某个对象提供工具（文本或代码编辑器）；

④ 辅助完成一项任务。

信息架构并不是单指屏幕上的信息，而是用户界面的一部分。事实上信息架构贯穿于用户界面中，信息架构也被记录于电子表格和一系列图表中，而不只是在线框图、综合版本或原型里。

我们必须了解到信息架构不可能凭空捏造，在建立信息架构的过程中离不开三个词语：

情景、用户、内容，它们构成了实践中有效的信息架构基础。信息架构在应用程序和其他信息环境中不是静止不动的，它存在于信息系统和广泛的情境中，具有动态性和有机性。

优秀的信息架构都会包含三个内容：情景、用户、内容，因此这三者组成了信息生态链，图 4-1 用文氏图直观地表达了三者互为依存的本质关系。

情景：所有的数字化设计项目都存在于特定的商业或组织环境中，有自己的任务、策略、目标、流程。成功的关键是了解与结合，其中了解包括个人和商业目标在内的所有可能约束信息架构搭建的因素，这样才能避免不必要的麻烦。

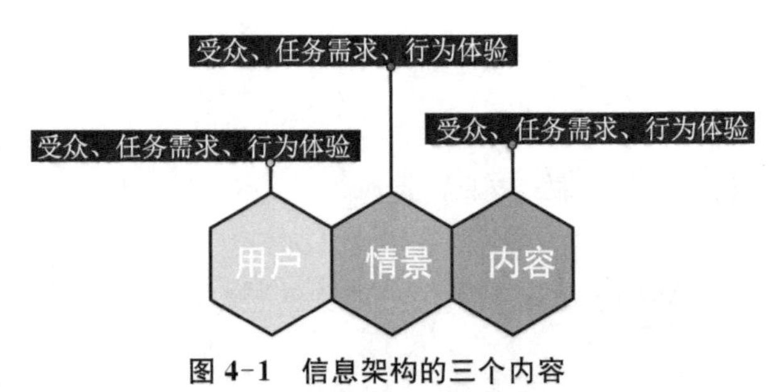

图 4-1　信息架构的三个内容

在进行一个项目之前必须了解项目的商业目标、可供实现设计的资源和技术。所有的数字化设计项目都存在于特定的商业或者组织环境中。无论明显或者不明显，每个组织都有自己的任务、目标、策略、员工、流程和程序、物理和技术基础设施、预算和文化。将这几种功能、愿景和资源混合后，每一个组织就成了独一无二的组织。因此，信息架构必须完全与它们的情景相吻合。

要注意的是，可变因素将随信息环境的不同而有所不同，而且它们在同一个环境中也会随时间而改变。

内容：包括文档、应用程序、服务、模式、数据。

我们将内容定义得非常广泛，它包括文档、应用程序、服务、模式，以及人们需要在系统中引用或者查找的元数据。如果非要采用一个专业术语的话，可以说它就是构成网站和应用程序的材料。很多数字化系统的内容大部分都是文本。它还是一个具备灵活性的技术平台，可以支持购买和销售、计算和配置、排序等。但即使是以任务为导向的电商网站也必须要有让消费者能够找到的内容。

影响内容的因素：

①所有权；②格式；③结构；④元数据；⑤数量；⑥动态性。

用户：即信息环境中的人，信息架构的建立需要了解用户的需求、信息行为和认知。

关于用户，最重要的是当我们讨论用户时，我们讨论的是人。用户是拥有欲望、需求、关心的问题和弱点的人，就像是“你”和“我”。我们使用“用户”这个词来表示“将要使用信息环境的人”。

构建合理信息架构的要求如下。

(1) 需要明确的需求定位

合理的信息架构要求需求是明确的、客观的，这样才能在设计信息架构时做到有的放矢，根据目标去组织结构。

(2) 对需求进行客观分析

分析需求阶段要让各部分信息结构的组成元素有不同程度的参与，以保证信息结构可实施，让大家看到分析过程，承认合理性。

(3) 考虑可用性与用户体验的因素

设计的目的对象是用户，所以在设计中要考虑用户的期望和满意度，最后还要通过可用性测试才能真正地为用户服务。

(4) 让开发的各部门都参与进来

信息结构要由设计人员、编程人员、运营人员来贯穿实施,他们不同程度地参与是关键,这也是统一思想认识的阶段,大家对设计的认同可以避免设计受到干扰。

4.1.2 构成单位

信息架构的基本单位是节点(node),在信息架构中节点代表的是信息元素,可以用几何形状表示。节点可以对应任意的信息片段组合——它可以小到一个数字(比如产品的价格),或大到整个图档馆。节点之间通过线连接,连线表示信息导向,可以是单向的,也可以是双向的。

图 4-2 构成单位

节点的抽象性也使得我们能明确地设定我们的关注点的详略程度。多数网站的信息架构只关心网站中页面的安排,如果把页面定义成最基础的节点,我们就能明确地知道这个项目不再处理任何比它更小的内容。如果把页面作为节点对目前的项目来说太小,我们可以调整节点来对应网站整体。如果页面作为节点太大,我们也可以把页面内的每个元素定义为独立的节点,而页面则变成这些节点的一个组合。

这些节点可以用许多不同的方式来安排,不过这些结构实际上只有几种常见的类型。

4.1.3 信息分类

信息架构的构建过程需要对信息进行分类处理,这时可以建立一个信息分类体系。这个分类体系始终围绕着信息架构建设目标、用户需求及用户期望展开。简单的信息分类方式有两种,第一种是从上而下的信息分类,由上级信息细分产生下一级信息,上、下级信息之间是所属关系,同级是并列关系;第二种是从下自上的信息分类,将信息归纳、合并成一类信息,归纳后的信息可以命名为一个信息层,也可以归纳到已有的层级中。

如图 4-3 所示是从上到下的信息架构分类体系,在了解用户需求与产品目标之后,先从最广泛的、有可能满足决策目标的内容与功能开始进行分类,然后再依据逻辑细分出次级分类。这样就可以依次梳理出主要信息层级,针对主要信息,研究它的具体功能与用户需求,从而再进行信息细分,梳理出次级信息,以此方式逐渐完善整个信息架构。

对于从下到上的信息架构分类(如图 4-4),它是先从已有的资料(或者当网站发布后将存在的资料)开始,把这些资料全部放到最低级别的分类中,然后再将它们分别归属到较高一级的类别,从而逐渐构建出能反映产品目标和用户需求的结构。对于考察用户,我们首先能捕捉的用户期望就是用户需要一个什么样的功能,这个功能能够完成用户的哪种操作。这些用户期望的信息并不是在应用程序中一眼就能看到的,但是要让用户明确知道这个信息在哪个信息模块中,从下到上的分类体系就能够帮助用户精确地进行信息分类。

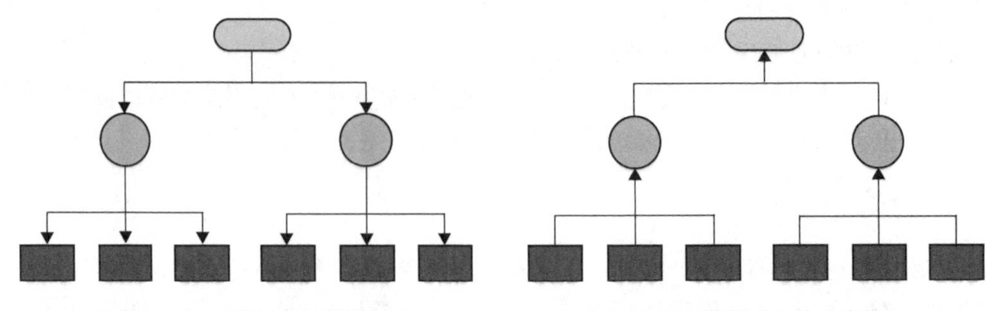

图 4-3　从上到下的分类体系　　　　图 4-4　从下到上的分类体系

对于一个成熟、完善的信息系统来说，这两种信息架构分类方法还是有一定的局限性的。从上到下的信息分类方法，因为是先定义了主要信息模块，所以有时可能导致不属于这个模块中的信息细节被忽略。从下到上的分类方法则可能导致架构过于精确地反映了现有的内容，因此不能灵活地容纳未来内容的变动或增加信息。建立一个信息架构也是一个迭代的过程，无论使用哪一种信息分类方法建立架构，都可以用相对应的方法进行检验，在检验中完善细节，在这两种方法之间找到平衡点，根据用户需求适当地调节使用情况，必要的时候两种方法可以结合使用。

4.1.4　信息架构的设计流程

合理、完善的设计流程能够帮助设计者在制定提案之前对整个设计过程有充分的了解，并为其提供有效指导。在实际操作过程中，任务流程需要严格按照用户研究中的用户旅程图或者故事版进行制定，整个设计流程贯穿任务处理、功能的定义、信息架构分析、修改测试等多个方面。

一个好的 UI 设计，架构贯穿始终。架构能够有条理地、有逻辑性地、表达清晰地传播信息，无论是表现用户的心理模型还是有层次的图表，都只为梳理信息。

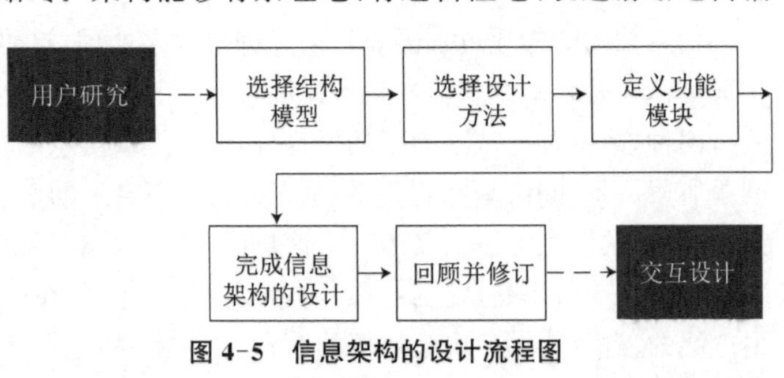

图 4-5　信息架构的设计流程图

图 4-5 是信息架构的设计流程，本章会介绍 UI 设计中结构层信息架构的 5 个过程：选择结构模型、选择设计方法、定义功能模块、完成信息架构的设计、回顾并修订。信息表现则是在形式层中通过形式化的图表表现信息架构，将在第 5 章做具体介绍。

(1) 选择结构模型

结构模型使用户更容易理解与之交互的产品。

如果你了解它，你就可以使用它。人们会构建心理结构或心理模型去表征他们所知道的内容，这种心理结构通常含有元素与元素之间的联系，这些元素可以是文字、概念、图像、地点、情节、经验或者行动。当以一个行为进行交互时，用户要么以之前形成的心理结构开始，要么以这个交互和经验形成的新的心理结构为开始。当心理结构与行为结构吻合时，这个行为就容易理解。

隐藏在用户界面之下的结构由功能模块、空间、路径组成，用这种结构传达信息可以帮助用户建立心理表征，使用户更好地理解与之交互的产品。

结构可以对可用性与用户体验产生影响，进而影响界面设计中路径的转移和决策。

(2) 选择设计方法

找到一种便于交流与改进的方法。

想想如果进行信息架构设计时本子上画满了线条和框架，看着能不头疼吗？功能模块分析是随着任务流程的进行而发掘的，分析过程中会产生大量的功能模块与元素。卡片分类法解释的是人们如何对内容进行组织和命名，经常被用来解决产品的信息架构工作。

(3) 定义功能模块

所有的功能模块组合起来就构成了产品的功能，呈现在功能层上。

这一步工作十分依赖用户调研和分析中所做的工作，例如任务分析、目标行为分析，直到我们明确该如何定义功能模块并如何组合功能模块。用户和利益相关者的需求、产品规划和定位、技术、系统范围参数、信息项等因素可确定产品的功能。

(4) 完成信息架构的设计

功能模块是信息架构的基础模型，通过功能模块的组合可完成信息架构设计。

(5) 回顾并修订

设置任务，通过任务进行的流程对完成的信息架构进行检测，包括信息分类的合理性、信息的全面性、信息提炼的准确性。

4.2　信息结构模型

信息结构设计的目的是便于用户理解系统，让用户快速地找到想要的信息，所以信息架构的建设要符合用户的心理模型，有逻辑层次上的推进。例如，图书馆的书籍按照文学种类、用途等要求被分类放在书架上以便读者找到。又例如，一个视频网站根据视频的长短和种类来设计导航，以便用户查找。显而易见，合理的信息分类将直接影响用户查找信息的效率。

4.2.1　顺序性结构模型

(1) 单序列模型

结构解说：几个信息元素（节点）以线性方式排列，每一个元素（节点）都与它前一个相关联的元素（节点）和后一个相关联元素（节点）用线连接起来（图 4-6）。

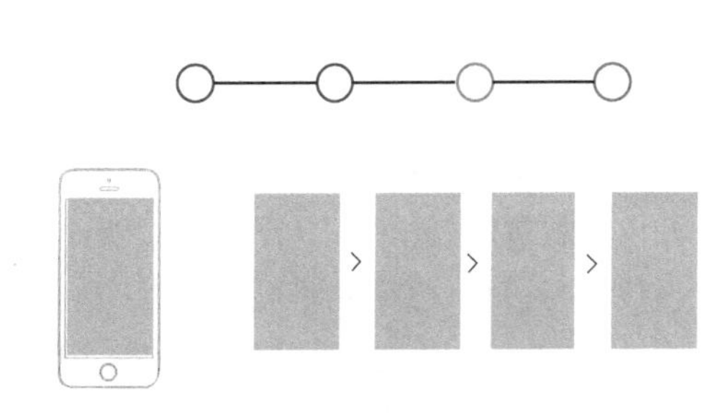

图 4-6　单序列结构模型

在界面设计中，页面按照一定的顺序排列，用户可以在上、下页面间跳转。信息元素之间通过一条线连接，一个元素跟在另一个元素后面。

这种结构模型只有单一的入口或出口，只能在概念元素之间移动，也就是只能到达相邻的上一级或去往相邻的下一级，这种结构会迫使用户不得不通过序列中的全部交互元素，才能推出程序。

① 可用性影响：易学性——快速、简单；效率——低；有效性——高；满意度——可能高。

② 适用于：短序列；高度结构化的任务（必须通过确定好的顺序完成任务，例如应用程序中的新手引导任务）；避免犯错的地方。

如图 4-7 所示，火狐浏览器在卸载的时候，点击“同意卸载”才能进入到下个页面，在各个页面上点击“下一步”，进入新的页面，点击“取消”则结束任务。这样执行任务直到结束，整个过程只有一个进入口或出口。

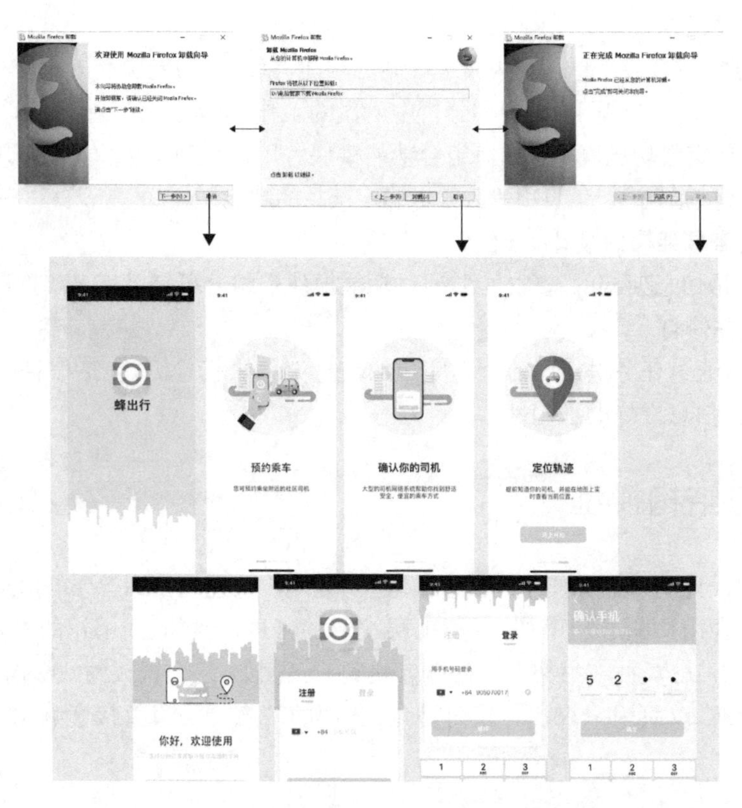

图 4-7　单序列结构模型示例(制作：丁雪峰)

用户在安装移动应用软件后，经常在刚点击进入时会有导视页面，简单介绍软件相关信息，这些页面都是单序列排放的，只能在页面上、下层级间翻转。

(2) 层级结构或多序列结构

结构解说：几个概念元素以层级结构进行配置，一个源父级元素与几个其他子级元素相连接，并且每个序列元素可以进一步与其他的子级元素相连接。一个层级结构以在层级结构中所有可能的支线为基础支持多序列结构。

纯层级结构和多元层级结构也称为树形结构，由父子级关系构成，以上、下级关系排列信息节点，将较低层信息级元素合并成父级，或者将较高层信息元素分解到子级。

纯层级结构只有一个源元素，页面有一个入口和多个出口，但并不强迫用户浏览完所有的概念元素；而多元层级结构有两个或多个入口和多个出口(图 4-8)。

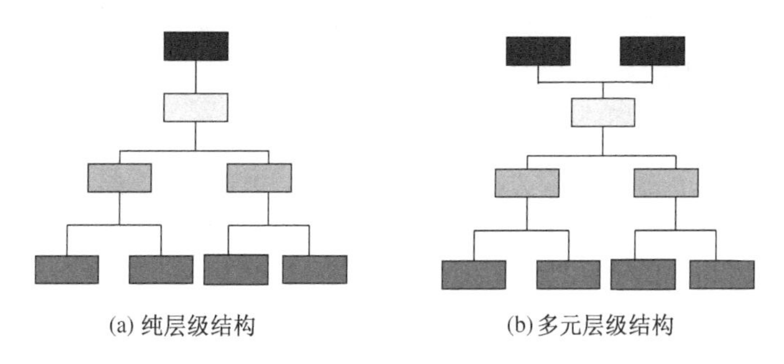

(a) 纯层级结构　　(b) 多元层级结构

图 4-8　层级结构

① 可用性影响：易学性——快速、简单；效率——低；有效性——高；满意度——可能中、高。

② 适用于：有逻辑性和相关层级功能的模块；位置感知很关键时；效率和灵活度不是很直观重要的时候；适用于移动设备和小屏幕设备。

图 4-9 是纯层级或多层级结构界面中的文件夹功能，如果想要找到目标文件，就先打开电脑找到网盘，再找到类型文件夹，最终找到文件夹中的图片，打开，就完成了任务。在找文件夹的过程中可以改变路径去同级别的文件夹中。

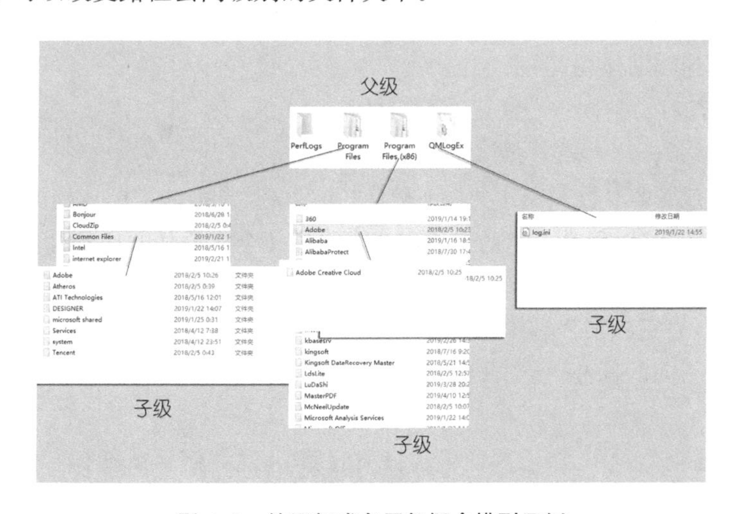

图 4-9　纯层级或多层级概念模型示例

大多数软件界面中的信息都有层级结构的展示方式，如图 4-10 所示的菜单栏。多种信息结构为用户提供不同的信息节点到达路径。这种界面导航模型减少了单击各个页面的次数，提高了导航效率，在页面之间表达了顺序性的关系。

通常会用广度与深度来描述层级结构，广度指层级结构每一层级的选项数量，深度指层级结构的层次数量。在设计信息结构时，要注意以下两点：

首先，注意到层级之间是彼此互相排斥的，但是不能被束缚。对单一的组织方案而言，必须在排他性和包容性之间取得平衡。

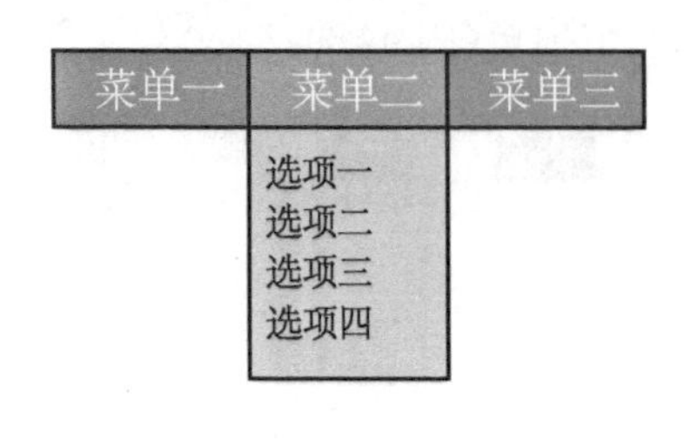

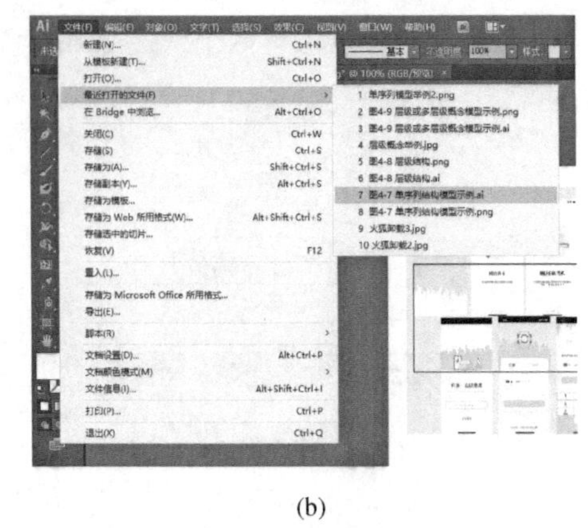

(a)　　　　　　　　(b)

图 4-10　菜单栏示例

其次,要考虑层级间广度和深度之间的平衡。在考虑广度时,要注意一般人的视觉能力和思维认知局限。

(3) 中心与辐条结构模型

结构解说:它是一组有共同起点的线性结构,中心元素与几个元素相连,从中心元素出发可以分别到达其他辐条元素,只需要一步返回就可以到达主元素,其他元素对主元素任务的完成起到辅助作用(图 4-11)。

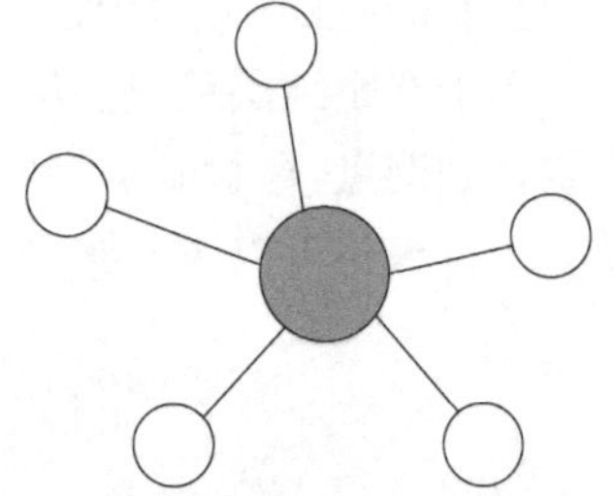

图 4-11　中心与辐条结构模型

① 可用性影响:易学性——快速、简单;效率——低;有效性——高;满意度——可能中、高。

② 适用于:有很多参数和操作的功能模块,通过调整参数能帮助功能的实现;位置感知很关键时;当被要求长时间在一定的位置完成一个或几个相关联的任务时。

这样的结构把网站或应用所有的主要部分都列在主屏幕页上,也就是中心部分。用户点击或触摸它们,去完成某个具体的任务,再回到中心,选择另一个目标。这些辐条界面完全服务于它们所指向的任务,小心分配着共同的空间,因为主界面上可能没有足够的空间来列出所有的辐条。

如图 4-12 这个示例中,中心界面包含多项信息项,这些信息项没有主次等级之分,每个信息界面都有可编辑的子级以完成定义风格任务相关的操作。中心包含许多风格定义的任务,也有可以进行参数微调设置的辅助元素。这些辅助元素每一个都有一个允许微调设置的结果,并有在行进到任何其他地方之前可以返回中心的模态窗口。这些分支界面只有结束任务才能返回到中心界面,然后再进入其他的任务界面。

4.2.2　非顺序性结构模型

(1) 矩阵型模型

结构解说:这个模型有几个平行的起点,没有顺序依赖关系,允许用户在相邻节点之间移动(图 4-13)。这几个平行起点对应有不同需求的用户,用户根据自己的需求筛选信息模

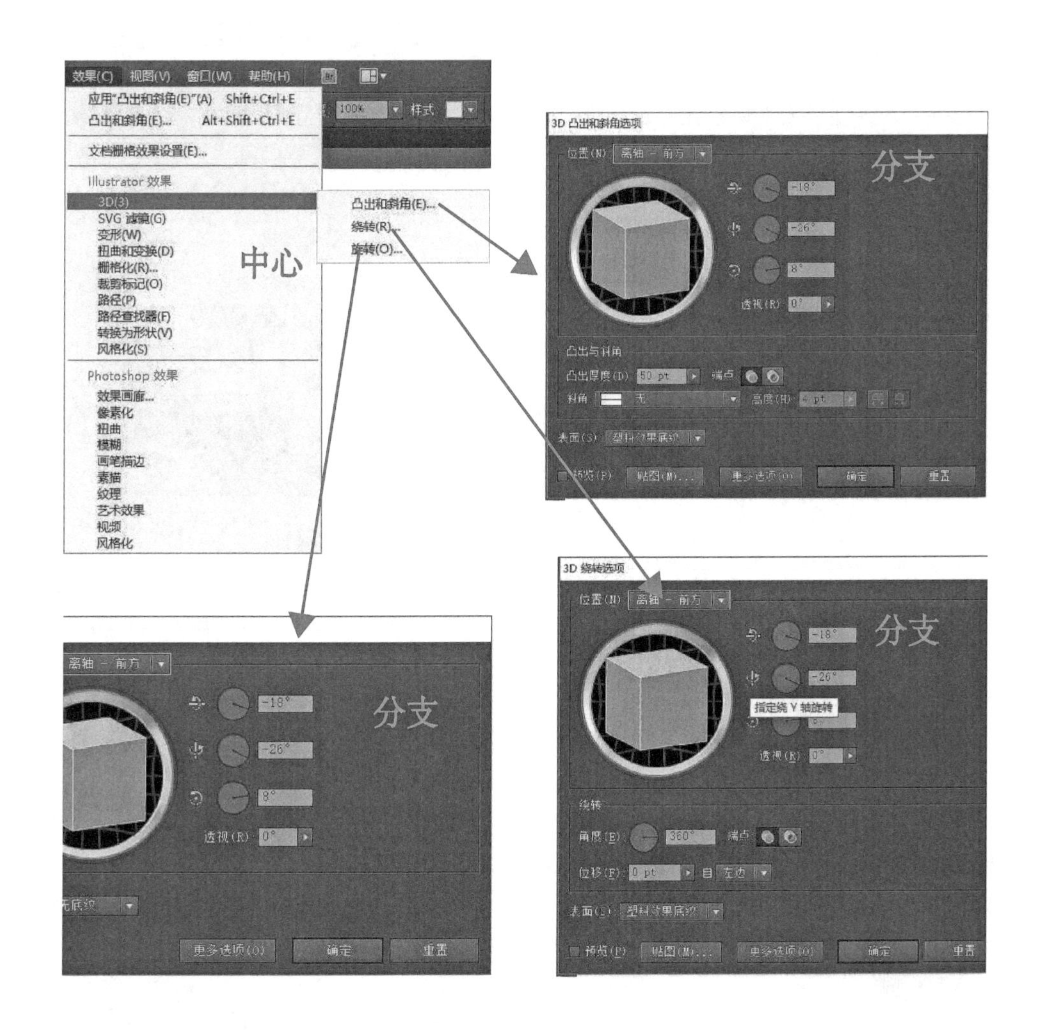

图 4-12 辐条型概念模型示例

块,最终找到自己想要的东西,整个过程是比较自由的、个性化的。

① 可用性影响:易学性——中等;效率——高;有效性——中等;满意度——可能高。

② 适用于:当整个任务结构没有单一的开始和结束时;当要求根据目标用户需要灵活地控制和启动不同的任务和工作流时;当没有特定顺序、重要性或优先级的并行工作流时;当需要直接导航到各种位置时。

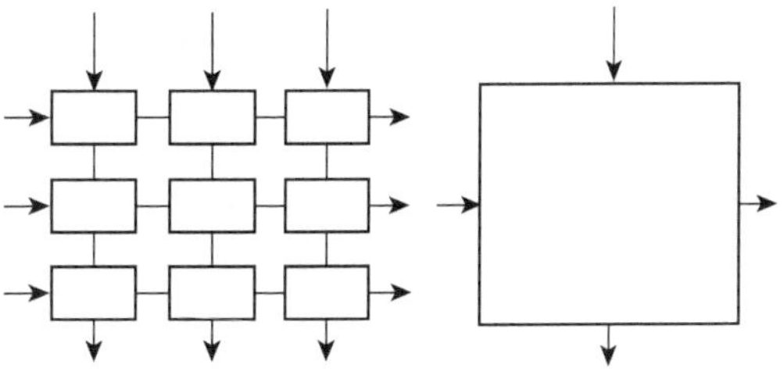

图 4-13 矩阵型模型

举例来说,淘宝网的用户千差万别,就算只想购买一个书桌也有不同的要求,可能是风格喜好不同,可能是材质要求不同,也可能是价格要求不同。这时为了方便顾客筛选浏览自己想要风格的产品,淘宝网设置了多种搜索商品的分类方式,如图 4-14 所示。

图 4-14 淘宝网示例(图片来源于淘宝网)

(2) 网状模型

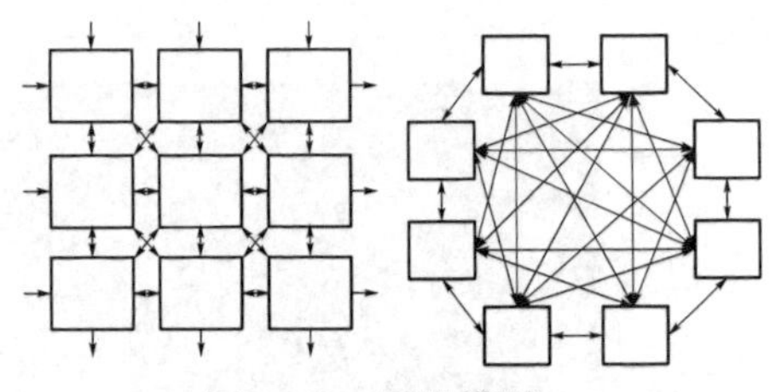

图 4-15 网状模型

结构解说:多个信息元素与物理位置交互连接,在导航方面提供给用户很大的自由度(图 4-15)。

很多网站会使用这个模型。网站拥有一个首页或主屏幕,同时所有页面也彼此互相连接——每个页面都有全局导航元素,例如顶部菜单。全局导航可能只有一级(参见图 4-16,这个图里只列出了 5 个页面),又或者导航又深又复杂,有很多级别,埋藏在内容深处。不过,只要用户能从任何页面一步跳转到其他任何页面,它就是充分连接的。

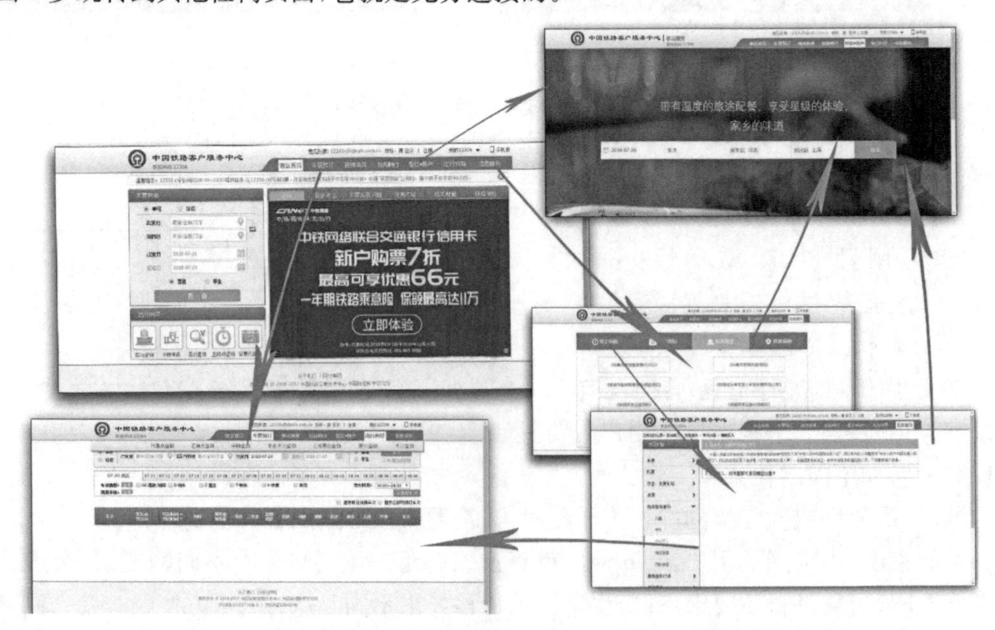

图 4-16 铁路 12306 购票系统示例

① 可用性影响：易学性——中低等；效率——高；有效性——中高；满意度——中。

② 适用于：当有明确的起点可以组成不同的维度时；当整个任务结构没有单一的开始和结束时；当根据目标用户需要灵活地控制和启动不同的任务和工作流时；当有没有特定顺序、重要性或优先级的并行工作流时。

这种结构能够清楚地指示用户在哪里，可以从不止一个路径到达目的地，也可以从偏离的路径到达不同的路径。无须结束上一个交互进程，在任何页面都能退出。

举例：如图 4-16 所示为 12306 的网上购票系统，用户可以从首页到达导航栏里的其他页面，并且当进入信息服务界面后，有 4 个标签分类，点击“常见问题”页面后，再进入细分的“车票”一栏查询具体问题。如果这个时候突然想去预定车票或查看餐饮，可直接点击进入餐饮界面，无须退出到上一级界面。

如图 4-17 所示为概念模型不同分类在所支持的任务的结构性等级、所能提供的自由度以及模型复杂程度上的总结对比。由此可知，结构模型的好坏取决于其对情境、任务、用户的支持度。各类模型的主要区别在于其所支持的任务结构性水平的范围不同。任务和工作流的高度结构化体现在所需步骤的序列、决策点以及任务期间的导航分支的最少化上。就像简单事物的运行，任务越结构化，越具有有效性。对任务结构性的支持是与用户在完成任务实现目标的过程中概念模型所提供的自由度相关联的。这通常反映在概念元素的数量、出口和入口的数量以及用户可采取的路径的数量上。模型提供的自由度越高，则在执行各种任务和任务流时的灵活性越高，控制越多。这通常导致更高的效率，特别有利于有经验者和专家用户。与单序列模型相比，网络型模型给用户提供了更多的自由度；而与网络型模型相比，单序列模型更支持和适合高度结构化的任务。

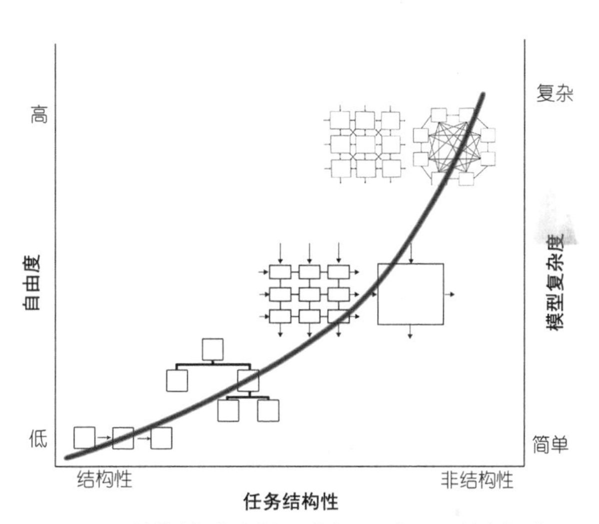

图 4-17　结构模型对比图（来源于《交互系统新概念设计用户绩效和用户体验准则》）

4.3　定义功能模块

功能模块是 UI 界面设计完成后要展现给用户的功能，它们是需求定义阶段中确定下来的功能的具体表现形式。

用户通过操作数字界面完成任务来实现自己的目标，而这些最终都呈现在产品的功能上。根据用户目标或用户意图，设计师把参数、信息项和相关操作分组到给定范围的功能模块中，在用户研究和产品分析的基础上定义功能模块，功能模块可以围绕着任务进行定义。

在归纳功能模块时会有一个功能的优先层级需要考虑，功能的优先级被两种因素左右，一种是"先天性"因素，比如商业因素和市场趋势、品牌战略、产品技术、用户对于产品的感知等；另一种是设计过程中自然浮现的，比如通过任务分析或者目标行为分析后再形成一个功能组别。

根据面对功能对象的不同分析需要定义的功能。面向任务的功能模块定义将结合情景分析，可以使用剧本法、用户旅程图、故事版等方法；面向操作功能的功能模块定义，围绕用户使用行为与交互效果展开，需要符合用户的心理模型。

4.3.1 面向任务的功能模块

面向任务的功能模块是有共同目的的任务的集合。其能够使用户达到实际的目标，完成具体的事务。面向任务的功能模块也可以是纯粹以娱乐为目的或者只是提示性质的，没有实际的作用。

用户使用某一界面产品的目的就是为了高效地完成某一任务，用户在自身经验或行业知识基础上建立完成任务的思维方式。如果界面的结构设计与用户完成任务的思维模式相同，用户只需要花很少的时间就能熟悉界面操作，并达到界面高效辅助用户完成任务的目的。

如图 4-18，在对任务进行整理分析的过程中建立信息架构有助于将虚幻的概念转化为具体的对象，这一过程中任务分析起到了重要的作用。任务分析就是将用户需求转化成任务目标，考察用户任务流程中的需求，这些需求体现了用户期望系统所具备的功能。

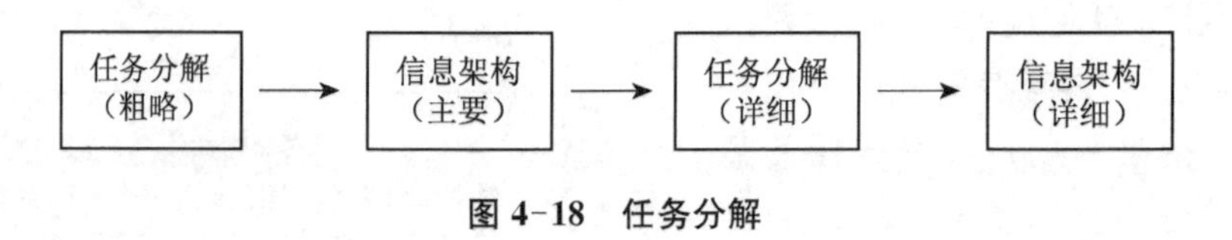

图 4-18 任务分解

如图 4-19，面向任务的功能模块的核心是用户任务，需要满足以下两种情况才能进行定义：

① 因为用户被证实的任务分析结果可以被看作是用户心理模型的表现，所以它要符合用户的心理模型；

② 工作任务流清晰明确，工作流程具有面向任务的特征性以及结构性。

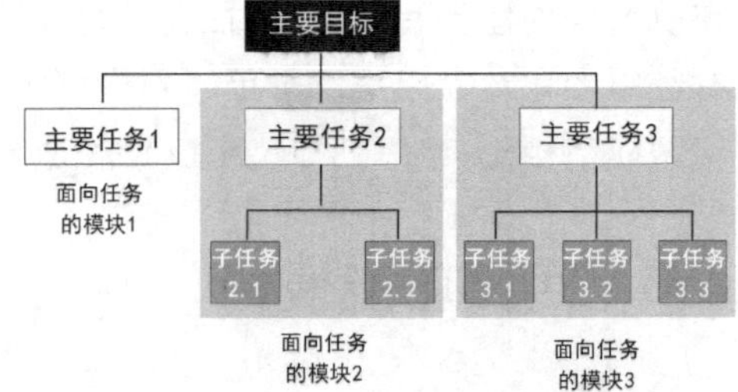

图 4-19 面向任务的功能模块的概念图

结构化的任务往往会被表达成一个流程图，流程图中包含了需要完成的任务的顺序。

任务的分解是将用户的需求转化为确定任务的过程。不论用户的需求是简单还是复杂，都可以从以下几个方面去分解它。

目标：为什么要有这样一个需求？用户要达成的效果是什么？使用目标可以明确地定义出用户使用这个界面的目的。

方法：方法是实现目标的手段与路径。如果只是在界面设计领域，方法大多为对界面的操控，当然也包含一些外部设备的辅助，例如使用打印机打印等。

任务：目标往往综合而且复杂，而任务则是明确的步骤与行为。

分解用户的需求可以从故事版开始。在故事版（图 4-20）中，设计师可以通过分析和编故事的方法把用户需求转化为目标，并进一步分解为任务，如图 4-21 所示。

> 今天下午老李一个朋友从上海过来南京出差，老李想在朋友住的酒店附近找一个餐厅陪朋友吃晚饭，但由于对那附近不熟悉，他决定出发前在网上找家餐厅。
>
> 进入点餐软件后他打开了手机GPS,将用餐地点锁定在自己所在的城市。通过浏览首页他发现页面上展示的美食种类丰富，还有不同优惠活动的滚动广告。他被一个节日促销的页面吸引，点击进去后并没有找到自己喜欢的食物，就退回到了首页。最后在美食搜索栏里输入了关键词进行搜索，老李选择餐厅的标准是：(1) 地点在酒店附近；(2) 川菜；(3) 环境安静；(4) 价格优惠。他搜索到了20家符合要求的餐馆。然后老李浏览了前三家餐厅，浏览内容包括餐厅的环境、菜的价位、服务、优惠信息、网友评价等。最后选择了比较实惠而且比较近的一家餐馆，预定了晚上的豪华双人套餐，并用手机完成了订单支付。
>
> 晚餐如期待中一样美好，朋友也很开心。老李想，网上找吃的真是方便多了，吃完饭一定要给一个好评，便于其他网友选择。

图 4-20　故事版

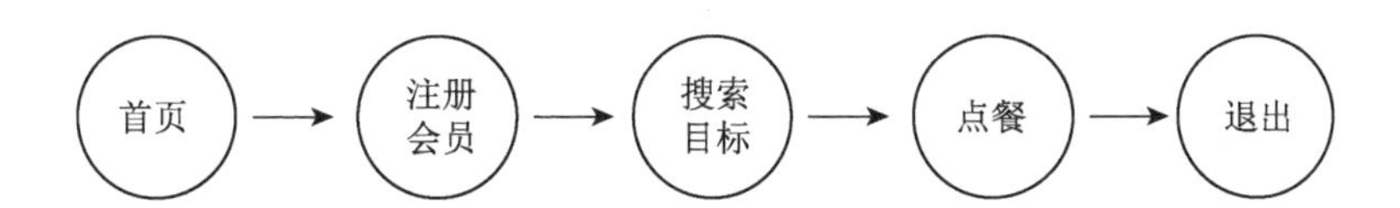

图 4-21　任务流程

下面分析一个文字格式的故事版，是关于美食搜索网站的餐厅搜索功能。

这个故事版中的用户需求分解如下：

目标：地点在朋友所住酒店附近，菜品是川菜，环境安静，价格优惠；

方法：通过美食网站搜索；

任务：记录、查询、浏览、比较、评论。

为了将用户行为与系统功能间的关系清晰地表达出来，这里使用行为分析图，主要是弄明白“用户由哪些人组成”“他们在界面操作中做了什么”，如表 4-1 所示。

表 4-1　任务分析

用　户	任　　务
使用者	登录、注册、搜索查询、浏览界面、查看评论等
系统管理员	查询注册情况、接受问题反馈、分析问题、解决问题

如图 4-22，使用行为关系图就可以用该图表示，圆角方框中的文字表示的是用户在系统中要操作的功能，这些功能对应着用户在界面操作中的使用行为，不同的用户（用户指向

的行为表示用户可操作的功能，指向用户的行为表示用户可接收到的信息）通过用户行为、信息传送相互关联。

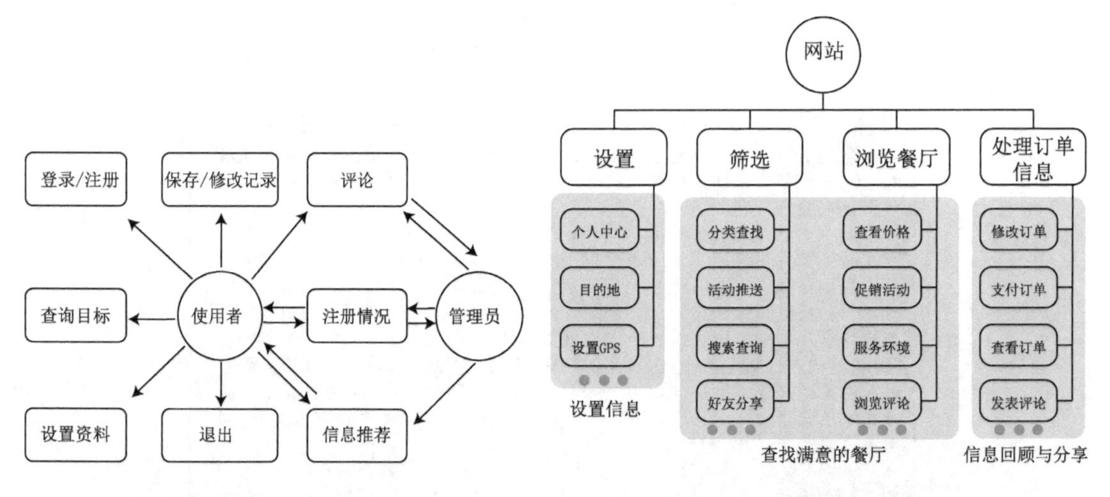

图 4-22　使用行为关系图

图 4-23　初步的网站信息架构

如图 4-23 所示，在美食软件的使用中，基于任务流程，其功能模块包含以下 3 个部分：设置信息、查找满意的餐厅、信息回顾与分享。

通过任务分析可以了解到，这个订餐应用若要完成最终任务需要有搜索、显示饭菜价格、查看优惠信息、提供地址与联系方式、浏览餐厅环境、提交订单、发表评论等功能，通过丰富任务分析流程图能够建立初步的网站信息架构（如图 4-23）。

4.3.2　面向操作对象的功能模块

在这里操作对象指的是面对的产品领域的对象，可能代表着产品的某一功能，用户会对这一产品功能进行行为交互，可以有多种操作。例如打印机功能，需要根据打印目标执行一些操作，如调整参数然后进行打印，调整参数就是“操作”行为，行为对象就是“打印”这一功能。

任务工作流可以定义任务工作的功能模块，但是只能得到任务完成的结果，不能看到任务以外的行为交互功能。

面向对象的功能模块（图 4-24）的核心是产品领域可操作的对象，需要满足以下两种情况才能进行定义：

① 符合用户的心理模型；

② 工作流反映出面向对象的交互结构。

在查找美食餐厅的示例中，面对的对象是餐厅，具体体现在工作流程中的实例是筛选餐厅、浏览餐厅、处理订单信息，也就是围绕餐厅预约时间的前、中、后进行的。显然个人中心与目的地的设置就是可操作的，不用赘述了，图 4-25、图 4-26 展示了它们的功能模块。

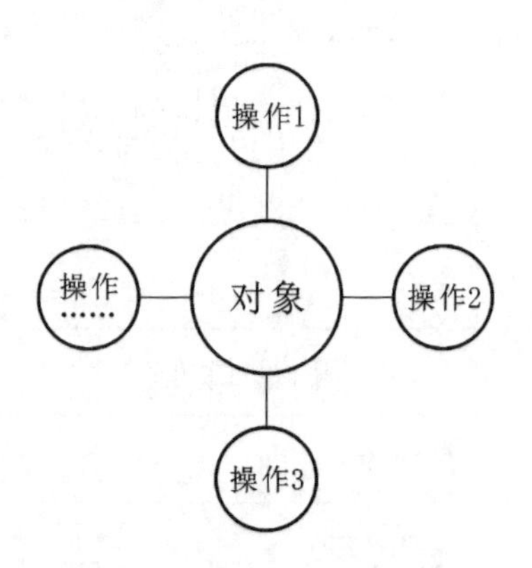

图 4-24　面向对象的功能模块的概念图

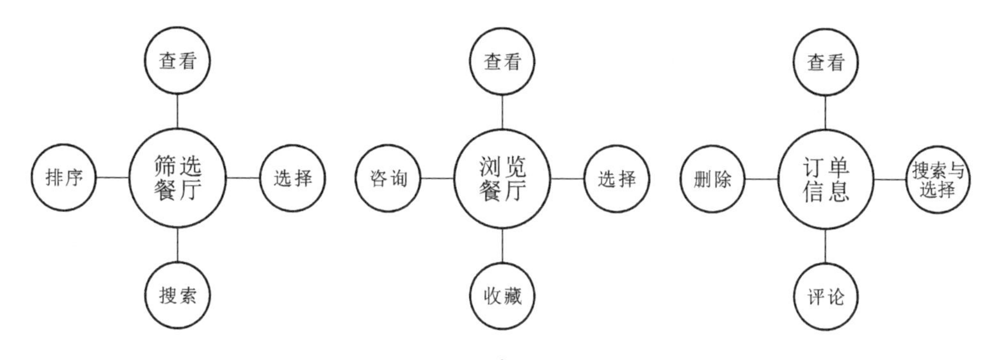

图 4-25 面向餐厅的功能模块

4.3.3 组合功能模块

通常单一的功能模块并不能完全支持一项任务的完成,而且更多时候也不能实现用户目标。在这种情况下可以把几个任务、对象的功能模块组合成一个组合功能模块。筛选餐厅、浏览餐厅、订单信息是将面对对象的功能模块组合成面对餐厅的功能模块,便于信息的整理、筛选。

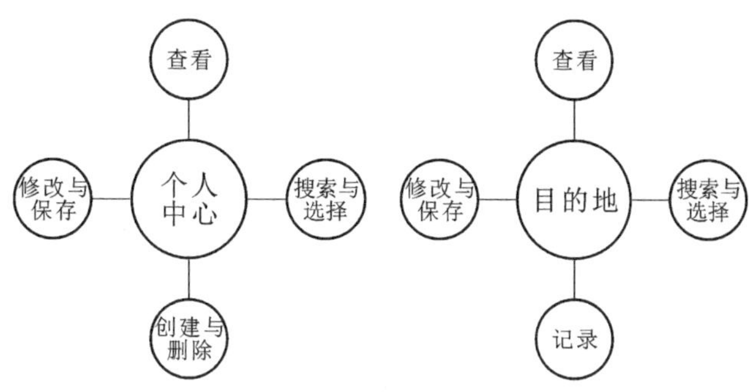

图 4-26 面向设置的功能模块

组合面向任务的功能模块需要具备的条件:

① 在一个多目标产品中服务于相同的目标;

② 是同一任务流程的一部分;

③ 经常同时执行;

④ 时序连续。

组合面向对象的功能模块需要具备的条件:

① 所代表的对象有着共同的意义;

② 所代表的对象之间有亲密联系。

另外,功能模块的组合受使用环境的影响,不同的平台(例如台式机的网站或程序、智能手机的 APP、平板电脑的 APP 或网站)对功能模块的应用情况不同。是否符合功能模块的定义将直接影响概念元素分配到实体元素的决策,最终影响导航及导航策略。

4.4 回顾并修订

基于对用户的研究和调研分析,定义了功能模块并且将他们连接在一起,但是距离信息架构设计的结束还有一段路。完成基本的信息架构之后,在重新审视资料的基础上要对现在的信息架构进行测试、验证、修改,这是一个设计迭代的过程,具体的耗时长短也不确定。

迭代是一个很好的机会用来回顾之前所做的工作,在这里所做的工作可能要追溯到用

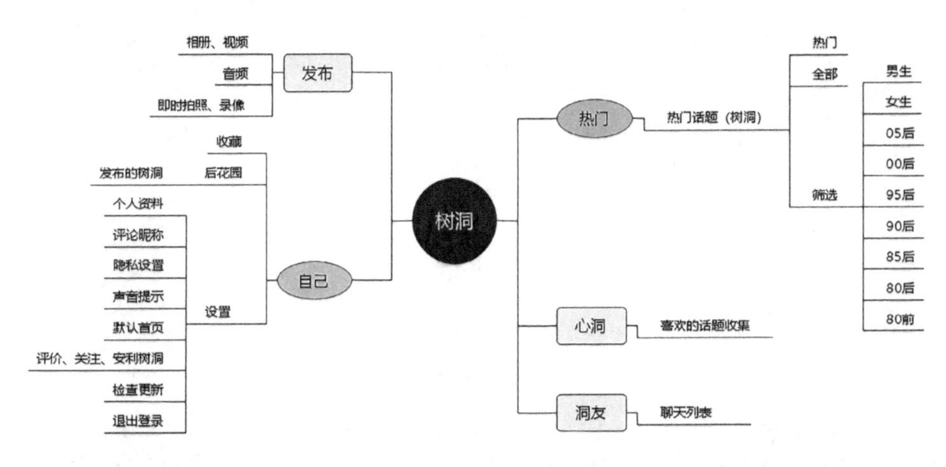

图 4-27　隐私密聊树洞 APP 的信息架构（设计来源：曹宇）

户资料的收集，也许要重新做任务分析，添加新的或删除一些人物角色与情景，需要再找相关纪实来证实关于功能模块的策略。

图 4-28　隐私密聊树洞 APP 的视觉设计（设计来源：曹宇）

对于上一节中餐厅预定示例来说，对它进行回顾并修订所要做的是：

① 采集更多数据来判断用户查找目标餐厅的方法，判断用户更倾向于哪种查找方式；

② 考虑一个用户在查找餐厅时的心理活动与场景；

③ 重新做一遍任务分析与任务流程；

④ 考虑功能结构中的语言组织；

⑤ 找更多的用户验证功能模块；

⑥ 与团队成员或利益相关者一同评估所定义的功能模块。

如图 4-27 和图 4-28，是设计完整的隐私密聊树洞 APP 移动应用。

参考文献

[1] 李桂华. 信息服务设计与管理[M]. 北京：清华大学出版社，2009.
[2] 董建明，傅利民. 人机交互以用户为中心的设计和评估[M]. 北京：清华大学出版社，2018.
[3] (美)Peter Morville，Louis Rosenfeld. Web 信息架构：设计大型网站[M]. 3 版. 陈建勋，译. 北京：电子工业出版社，2013.
[4] 王建民. 信息架构设计[M]. 广州：中山大学出版社，2017.
[5] (美)Elizabeth Goodman，Mike Kuniavsky，Andrea Moed. 洞察用户体验：方法与实践[M]. 北京：清华大学出版社，2015.
[6] 肖勇，张尤亮，图雅. 信息设计[M]. 武汉：湖北美术出版社，2010.
[7] [日]原研哉. 设计中的设计[M]. 朱锷，译. 武汉：山东美术出版社，2006.
[8] UCDChina. UCD 火花集：有效的互联网产品设计、交互/信息设计、用户研究讨论[M]. 北京：人民邮电出版社，2009.

第5章　信息表现形式

5.1　导航设计

在不了解的人看来，导航设计就是信息架构，但实际上导航设计与信息架构是完全不同的概念，导航是对用户界面元素的引导，导航的目的是帮助用户找到所需的信息和功能。

在设计导航之前有以下信息需要确认：

① 使用优先权用户有多么依赖导航元素？例如用户是否会通过局部导航进行导航？或者他们是否更加依赖网站的相关链接？

② 定位导航应该放在哪个页面？应该放在页面布局中的什么位置（上方、左侧、右侧还是网页底部）？

③ 什么模式的导航是最能帮助用户找到信息的？什么模式的导航是最容易让用户注意到的[例如，标签、大数据菜单、循环播放的菜单、手风琴式（可滑动切换）等]。

在设计网站的时候，如果只是集中于导航设计而忽视网站的信息架构，显然是不正确的。如果在设计网站的时候只是考虑导航的话，那么设计出来的网站有可能是无效的，甚至对网站来说是有害的，这样不仅不能设计出优秀的网站，反而很可能设计出一个用户体验糟糕、管理员管理困难的网站。如果要给网站导航和信息架构的设计顺序做排列，应该是先设计网站的信息架构，再设计网站的导航。

设计一个导航的成本是非常昂贵的，如果先定好了导航的样式、位置以及页面的布局，最后发现网站的内容不足以填充导航，或者设计的导航不能够包含网站的所有内容和功能，那么很有可能就需要重新设计导航，这是对项目经费、时间和人力资源的浪费。要设计网站信息架构，首先需要掌握网站内容的价值和复杂性，然后构建网站的信息架构。需要注意的是，画出线框图或者网站原型，并不代表设计好了网站的信息架构。

对于导航设计来说，导航样式的选择主要是基于网站的信息架构，信息架构告诉我们网站的主要功能是什么，有多少信息，哪些信息是主要的，哪些信息是次要的。然后，再基于主要内容选择适合的导航样式来设计导航的标签内容和导航布局。

可以这样理解导航和信息架构之间的关系：导航是体现网站信息架构的外在表现的视觉元素，是构建网站信息过程中必不可少的部分，是网站信息架构的一部分，但它并不等于网站信息架构，而是基于网站信息架构提供的信息而进行的网站界面元素设计。

任何网站的导航设计都必须完成以下三个目标：

① 为用户提供在网站间跳转的方法；

② 传达出这些内容及这些内容的相互关系和差异性；

③ 传达出导航上的信息内容和用户当前浏览页之间的关系。

网站导航需要让身在网站中的用户清楚地知道他们在哪里，以及他们能去哪里。

本章节中介绍的主要导航模式有(图 5-1)：跳板式(springboard)、列表菜单式(list menu)、选项卡式(tab menu)、陈列馆式(gallery)、仪表式(dashboard)、隐喻式(metaphor)、超级菜单式(mega menu)；次级导航模式有：页面轮盘式(page carousel)、图片轮盘式(image carousel)、扩展列表式(expanding list)等。

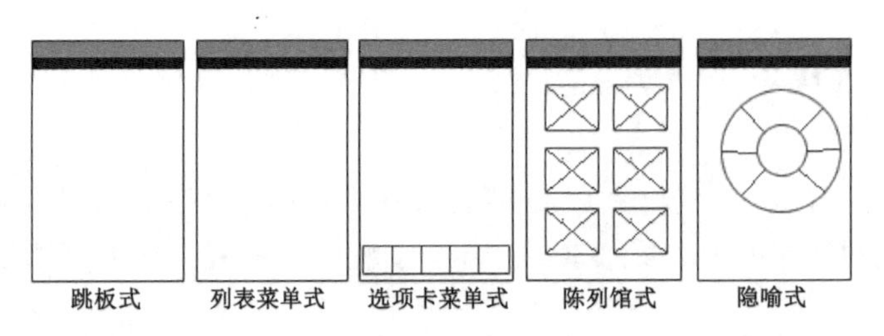

图 5-1 主要导航模式图示

5.1.1 主要导航模式

正如精良的设计一样，优秀的导航也大象无形。不管是浏览好友信息，还是租赁汽车，完美的导航设计能让用户根据直觉使用应用程序，也能让用户非常容易地完成所有任务。一款应用的导航可以被设计成各种样式，本节着重介绍 5 种主要的导航模式。

(1) 跳板式导航

跳板式导航在系统界面中就能看到各个应用的起点，点击就可以进入，因此有个称号——快速启动板(launchpad)。它有着强大的适应性，在各种设备上有良好的表现，对于操作系统没有特殊要求。例如 Facebook 应用就沿用了 iOS 主界面上的跳板式设计(图 5-2)。

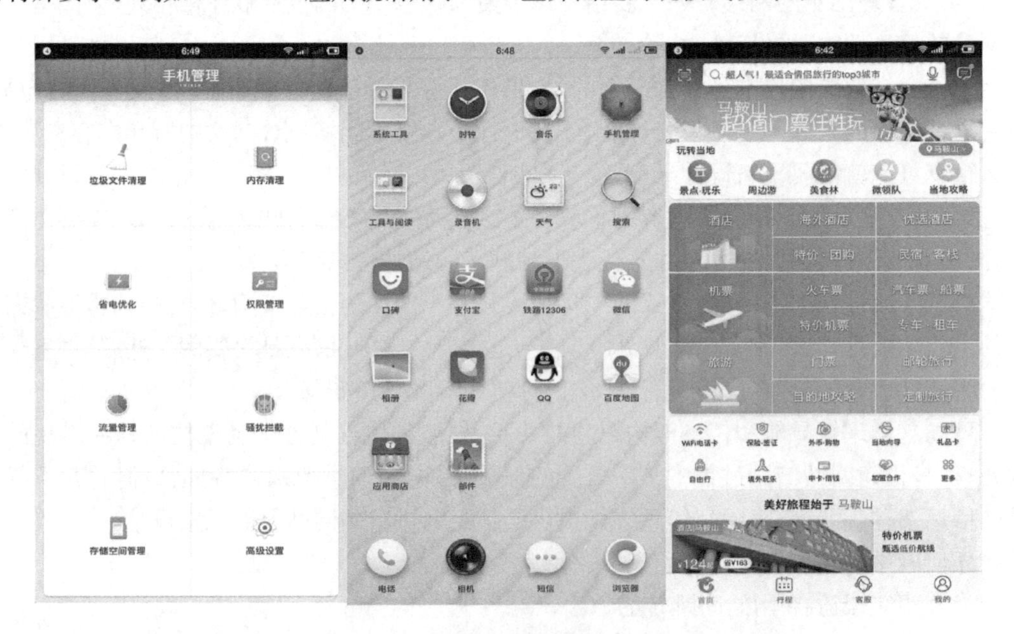

图 5-2 Facebook 的跳板式导航和 Ovi Maps 应用示例

图 5-3 支付宝 APP 导航示例

图 5-4 跳板式导航的网格布局图示

跳板式导航通常用来显示菜单选项、功能列举、用户资料等，允许用户自定义页面布局。常见的布局形式是 3×3，2×3，2×2 和 1×2 的网格，但是随着设计的发展，跳板式导航界面已不拘泥于网格布局，也不拘泥于格子的数目，可以根据信息的种类或重要性布局。图 5-3～图 5-6 为跳板式导航设计示例及图示。

图 5-5 美图秀秀 APP 导航示例

图 5-6 汽车加油 APP 导航示例

(2) 列表菜单式导航

列表菜单式导航每一行展示一个功能信息(图 5-7)，这一行点击进去就是功能的具体信息，这一点与跳板式导航相同。这种导航有很多种变化形式，包括个性化列表菜单(personalized list menu)、分组列表(grouped list)和增强列表(enhanced list)等。增强列表是在简单的列表菜单之上增加搜索、浏览或过滤之类的功能后形成的。

列表菜单很适合用来显示较长或拥有次级文字内容的标题。使用列表菜单的应用要在所有次级屏幕内提供一个选项，用来返回菜单列表。通常的做法是在标题栏上显示一个带有列表图标或“菜单”字样的按钮。

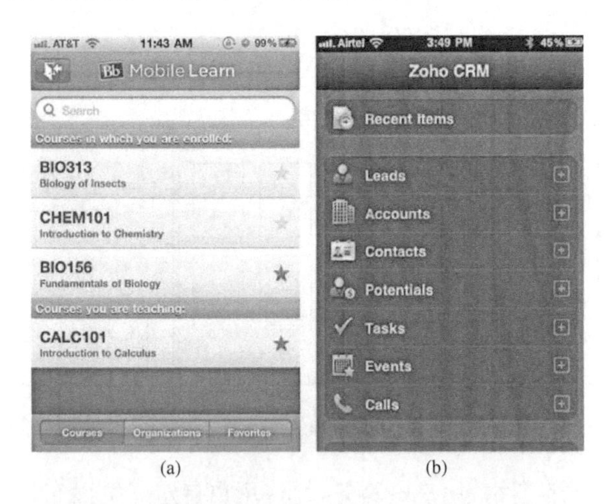

图 5-7　Blackboard 应用和 Zoho CRM 应用图示

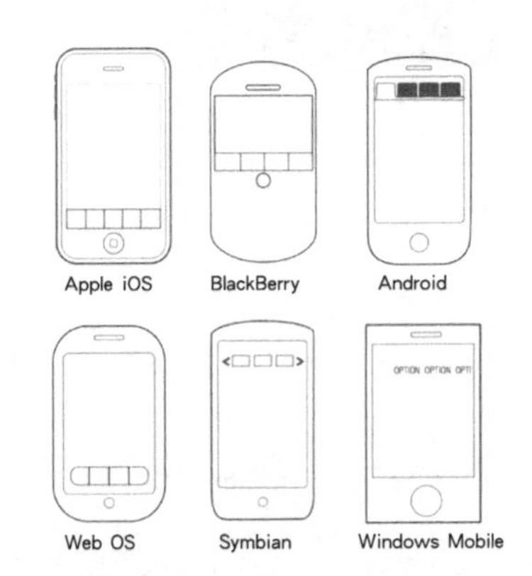

图 5-8　不同操作系统的选项卡式导航图示

(3) 选项卡式导航

由于选项卡式导航在不同的操作系统上有不同表现，因此对于选项卡的定位和设计，不同操作系统有不同的规则。如果设计者要为自己的应用选择这种导航模式，就要为不同的操作系统专门定义选项卡的位置(图 5-8)。

iOS、Web OS 和 BlackBerry 系统都把选项卡放在了屏幕底端，这样用户就可以用大拇指进行操作(图 5-9)。

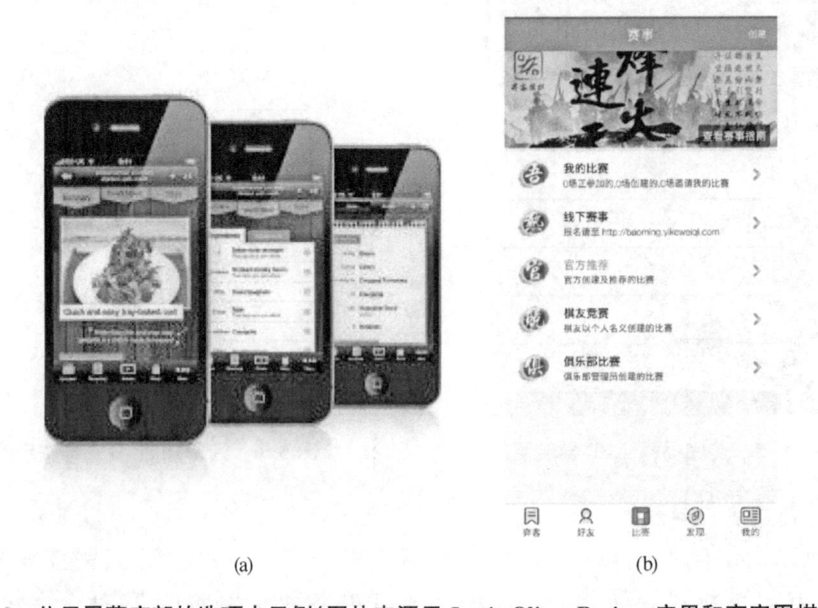

图 5-9　位于屏幕底部的选项卡示例(图片来源于 Jamie Oliver Recipes 应用和弈客围棋应用)

屏幕底部水平滚动的选项卡是个非常不错的设计，它可以在同一屏内提供更多的操作选项。同时为已选择的菜单项设置不同的视觉效果，用户就能清晰地知道自己选择了哪一项。

图 5-10 为无他相机 APP 的首页中选择拍照模式和自拍中的滤镜选择、美颜设置的界面。

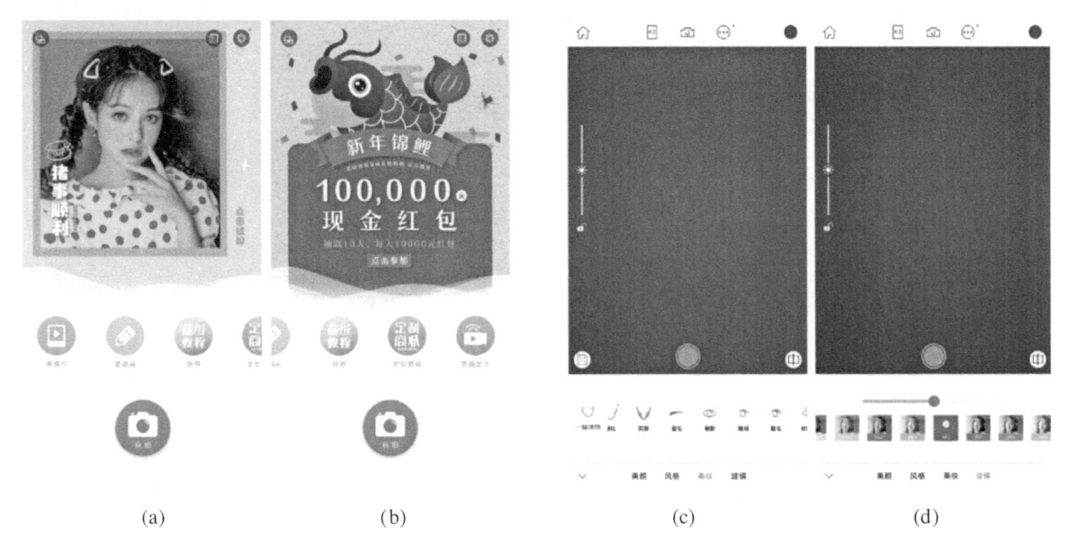

(a) (b) (c) (d)

图 5-10 无他相机 APP

(4) 陈列馆式导航

陈列馆式导航的设计是通过在平面上显示各个内容项来实现导航的，主要用来显示一些文章名、菜谱、照片、产品等，可以布局成轮盘、网格或用幻灯片演示(图 5-11)。

图 5-11 陈列馆式导航示例

(5) 隐喻式导航

运用关联性较强的图标或者颜色及动态变化来有效地比喻，会增加用户对产品的理解程度(图 5-12)。

5.1.2 次级导航模式

所谓的次级导航(secondary navigation)是指那些位于某个页面或模块内的导航。所有的主要导航模式都可以用作次级导航，还有一些其他的导航模式也可作为次级导航，例如页面轮显式导航、图片轮显式导航、扩展列表式导航，但这些不太适合用作主要导航(图 5-13)。这些都能提供良好的视觉化功能可见性，以此告知用户有更多的内容可以访问。

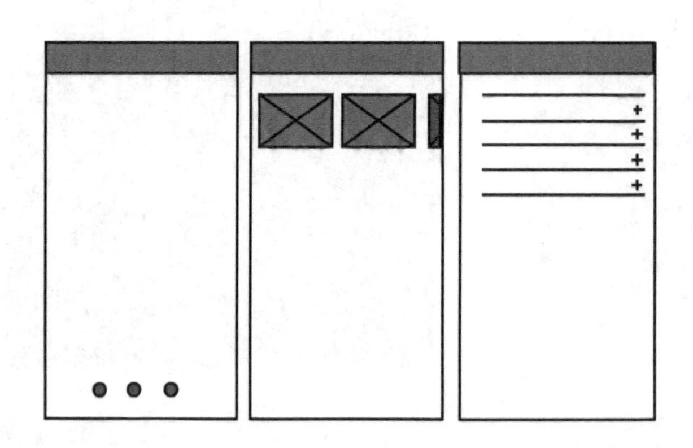

图 5-13　次级导航模式

图 5-12　pei 菜君 APP
（制作：王茹）

(1) 页面轮显式

通过页面轮显式导航模式，操作者可利用滑动操作快速浏览一系列离散的页面(图5-14)。该模式有直观的显示器可以显示出导航中的页面数量，执行滑动操作可以显示下一页，但是页面最好不要过多，以免使用者产生疲劳。

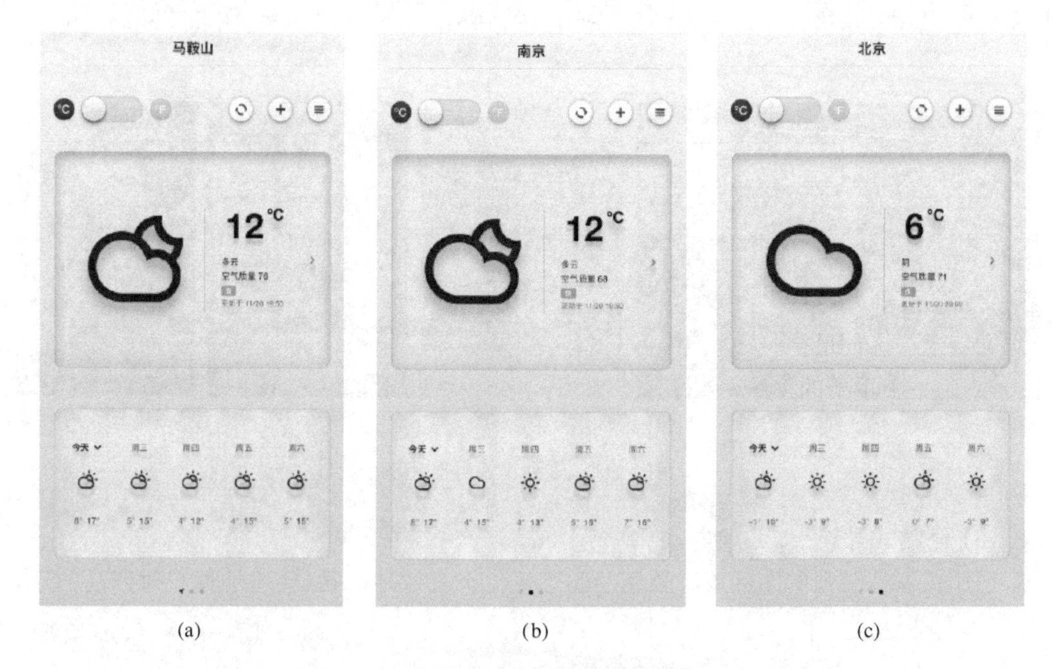

(a)　(b)　(c)

图 5-14　锤子手机天气预报系统应用示例

(2) 图片轮显式

图片轮显式导航类似于一个二维轮盘，这种方式最容易凸显图片内容，如艺术品、产品或照片等。天气预报软件中，通过点击图片可以显示天气信息（图5-15）。

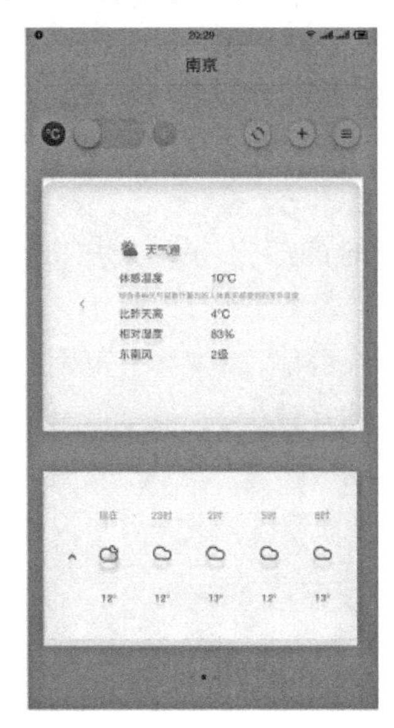

图5-15　某地区天气状况示例

(3) 扩展列表式导航

扩展列表式导航通过下拉屏幕显示更多的信息。这种导航模式多见于网站的移动版本，在这种情况下能很好地工作。扩展列表式导航能很好地逐步显示某个内容项的更多细节或选项。

图5-16　12306订票APP示例

如12306订票APP，在显示的订票信息上点击下拉箭头就能显示中途经过的车站信息（图5-16）。

5.2　标签设计

标签这一名词最初诞生于印刷业，是用来标志目标分类或产品详情的东西。在界面设计中，它是一个重要的元素，是一种互联网内容组织方式，是相关性很强的关键字，可帮助设计者进行内容分类。

5.2.1　为什么要关心标签设计

我们用标签表示环境中大的信息块，标签的目的是有效地传达信息。网页上不会显示我们需要的所有信息，为了快速有效地找到用户需要的信息区域，用一个标签触发用户脑中正确的联想，当用户点击进去的时候就可以找到他需要的所有信息。例如联系人标签，当用户点击进去就会找到所有的联系人姓名、地址、电话、邮箱等。

当用户使用交互系统时，标签成了系统设计者与用户沟通的媒介，且能在系统与设计者之间传递信息。如果没有标签，使用者将难以理解系统，系统也不能很好地执行命令。所以要设计贴心的标签，让它尽可能贴合使用者的心理模型，让它以使用者的语言来反映内容。

好的标签设计能吸引使用者，让用户有进入网站、应用或软件的欲望。

导航系统中的标签设计没有标准，但有常见的变化样式。

5.2.2　标签设计的原则

设计有效的标签是信息架构中最困难的部分，虽然用户多种多样，但标签的设计最好遵循的 3 个要求：

① 通用设计的原则，尽可能明确受众群体，减少含义范围，以得到明确有效的表达力。

② 开发统一的标签系统，保持风格的一致性。

③ 正确地表述目标或内容。

将功能转化为标签，就是将要表达的意思概括为一个词，这个词要简单易懂，符合使用者的认知模式。

5.3　微观信息架构

5.3.1　表格

常见的表格模式：基本表格（basic table）、无表头表格（headerless table）、行分组表格（grouped row）、固定列表格（fixed column）、级联式列表（cascading list）、可编辑表格（editable table）、带有视觉指示器的表格（tables with visual indicator）、带有内容总览和数据的表格（overview plus data）等（图 5-17）。

表格对于信息的处理就是在拯救散乱无序的信息，并化繁为简使其达到数据可视化、直观可操作化的状态。表格类信息架构类型分为以下 7 种形式。

① 基本表格：这是表格的标准模式，其中的列数据有固定的表头，表格呈网格式布局。为表内的行设定不同的颜色（这种形式也称为斑马纹），或者在各行之间用细线分割，都能提升表格的可读性。

② 无表头表格：特征是没有列标签，用较宽的行显示某一对象的多项信息。通常的做法是，用较大的字号显示行标记，用较小的字号显示细节

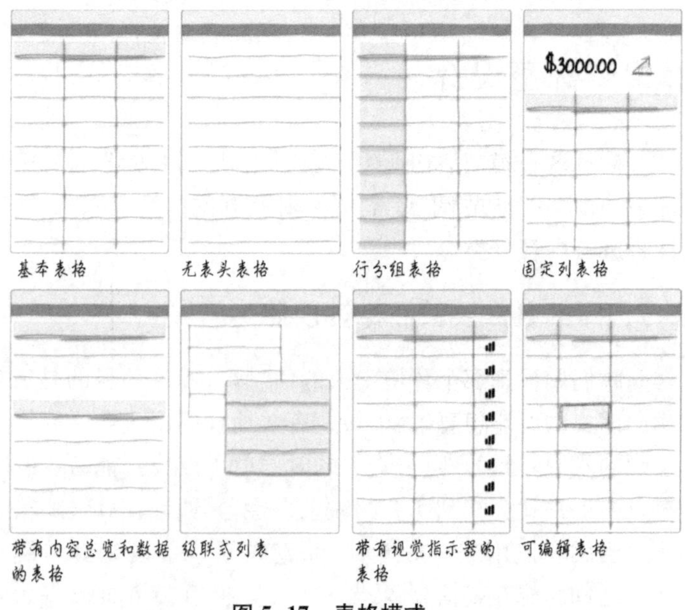

图 5-17　表格模式

内容。这种表格模式非常适合用来显示项目集合(如存货清单、食谱、相册等)和这些项的搜索结果。与基本表格类似,这种形式能方便用户快速浏览和选择。

③ 固定列表格:对于较大的表格,固定某一列或某几列是个可行的做法,为固定的列设计比较醒目的样式,以提示用户,滑动操作能浏览更多的数据。

④ 带有内容总览和数据的表格:该模式指在表格各数据行上方显示表格内容的总览。

⑤ 行分组表格:对表格的行进行分组能让用户更容易了解表格内的数据。

⑥ 级联式列表:在手机屏幕上显示树形表格非常麻烦,级联式列表可以提供同样的层级结构。Wine Spectator 中的级联式列表可以让用户很容易地在酒的产地、类型和年份之间进行导航(图 5-18)。

图 5-18 级联列表示例

⑦ 可编辑表格:在移动应用界面中,可编辑表格广泛应用于电子表格软件中。网络应用中可编辑表格的很多设计原则都可用于移动终端的界面设计:清晰地显示出当前所选择的单元格或行;如果单元格有特定的格式,提供对应的编辑器(选择器、微调控制项、颜色选择器、数据选择器……),在用户执行保存操作时显示反馈和错误信息,而不是在更改表格时显示。

5.3.2 图表

所有的图表模式都建立在基本图表的设计之上。最简单的图表应该包括标题、轴标签以及数据。数据应该显示为饼状图(pie)、条形图(bar)、柱状图(coulmn)、面积图(area)、折线图(line)、气泡图(bubble)、散点图(scatter plot)、子弹图(bullet)、雷达图(radar)、计量图(gauge)或混合图表。根据图表类型的不同,或许还需要设计图例。

常见图表模式:带过滤器的图表(chart with filters)、总览加数据式图表(over-view data)、数据点细节图(data point details)、详细信息图(drill down)、数据透视表(pivot table)、火花谱线图(sparklines)。

用户有时需要寻找一些特定的东西,例如地图上一条具体的街道,在这种情况下用户要能找到它,即通过直接搜索或筛除掉无关的信息把它筛选出来,则他得到的总体视图只要详细到能据此找到那个特定的具体信息就够了。搜索、过滤和不拘泥细节,这些能力都很关键。用户也可能想要了解一些不太具体的东西,例如想看一眼地图来获得城市的布局,而不是找到一个具体的地点。用户也可能是一个科学家,在可视化一个生物化学过程,并试图理解它的工作原理。此时总体视图就很重要,用户需要了解部分是怎样连接到整体的。他可能想要放大,再缩小,偶尔看看详细信息,在数据的各个视图之间进行比较。

良好的交互式信息图表为用户提供下面这些问题的答案:

- 数据是如何组织的?

- 它们之间的关系如何?
- 我能怎样进一步了解这些数据?
- 我可以重新组织这些数据来换一种方式查看它吗?
- 如何只把我想知道的数据显示给我? 具体的数据值是多少?

① 带过滤器的图表:可以为基本的图表形式加上时间控制或其他过滤功能,以提升其数据表现能力。使用标准的 UI 过滤控制以及过滤模式,可以动态更新图表数据。如图 5-19 小米运动 APP,该程序可以在相同时间点不同分析对象下分析数据的变化。这里的筛选对象是运动时的身体状态。

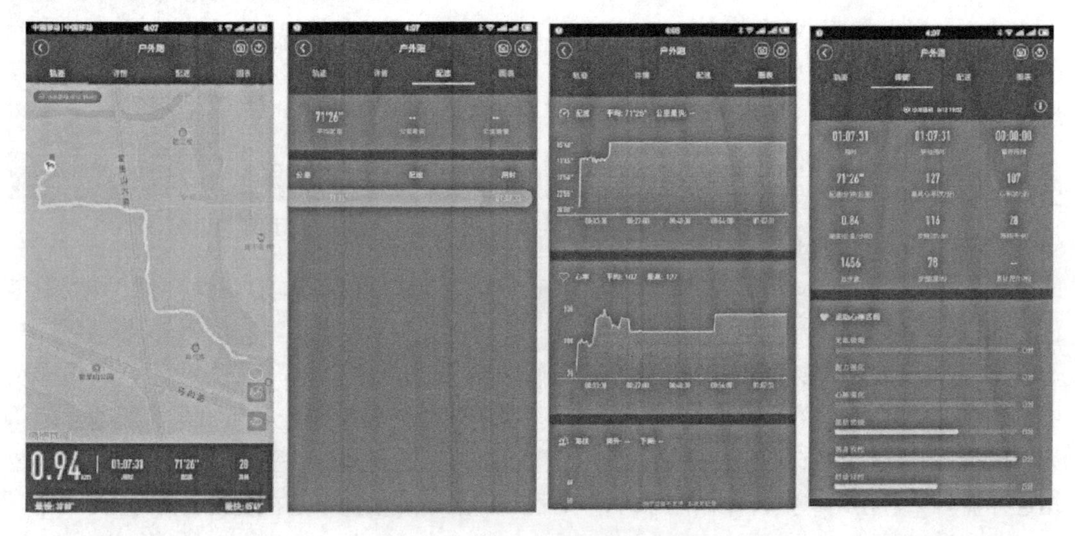

图 5-19 小米运动 APP 示例

② 总览加数据式图表:用图表总结最重要的信息,在其下方有一个表格显示详细数据,如图 5-20。

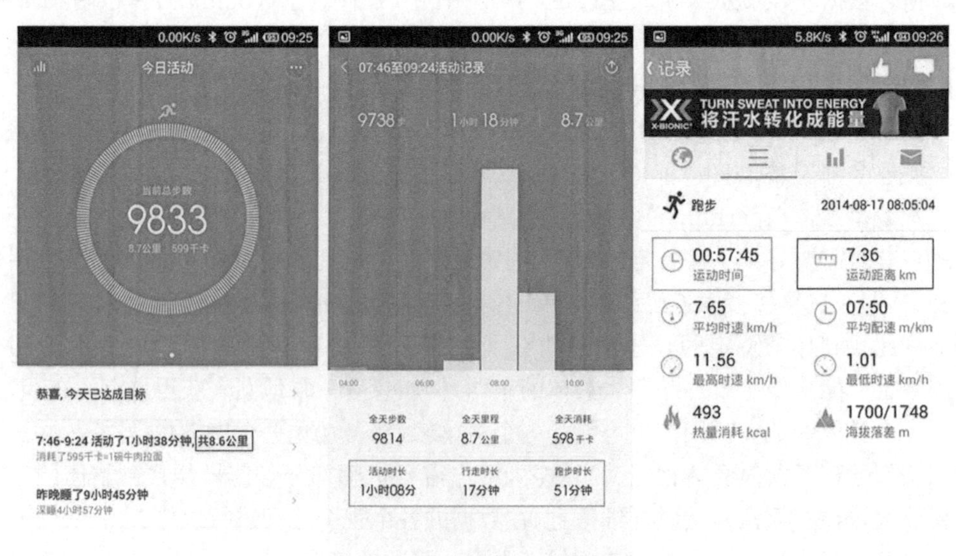

图 5-20 显示数据与表格

③ 数据点细节图：用户通过点击、长按等方式获得细节处的信息回应（图 5-21）。Roambi 采用了一种可以通过点击“+”图标访问详细信息的细节模式。网络应用的图表让人们形成了通过指针悬停操作查看细节的心理预期。用户可以考虑通过“按下并持续”（on tap）操作来显示数据点的详细信息，提供用户所需的更多内容。

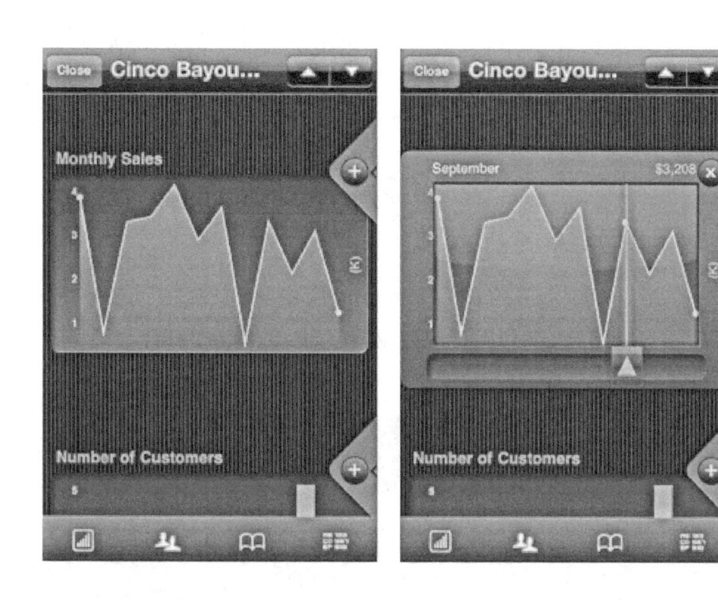

图 5-21 数据点细节（来源于 Roambi 应用）

④ 详细信息图：根据可用性最大化原则，有输入的地方就应该有输出。用户期望通过触摸图表看详细信息。详细信息图和数据点细节图不能同时存在，设计者应该衡量这两者哪一个能最大限度地发挥价值，然后选择适当的模式，吸引用户查看更多的数据，如图 5-22。

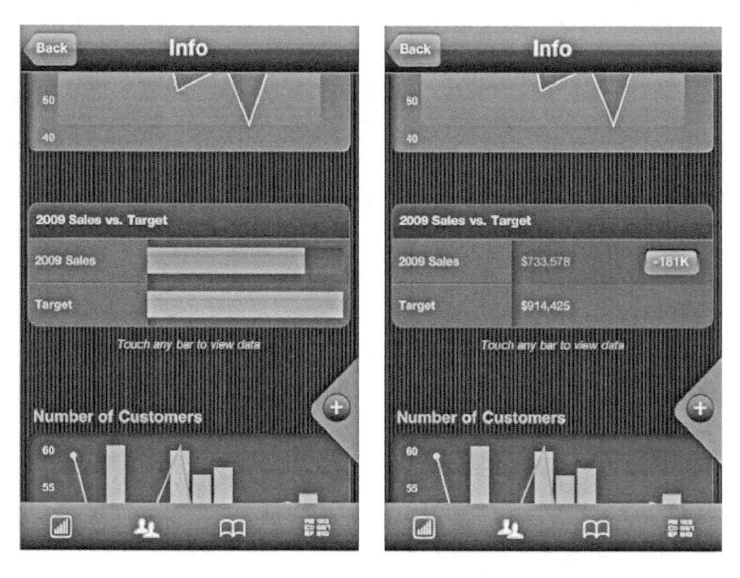

图 5-22 查看数据（来源于 Roambi 应用）

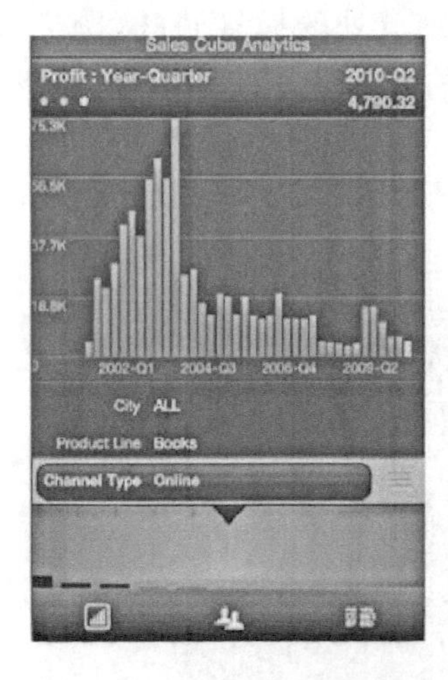

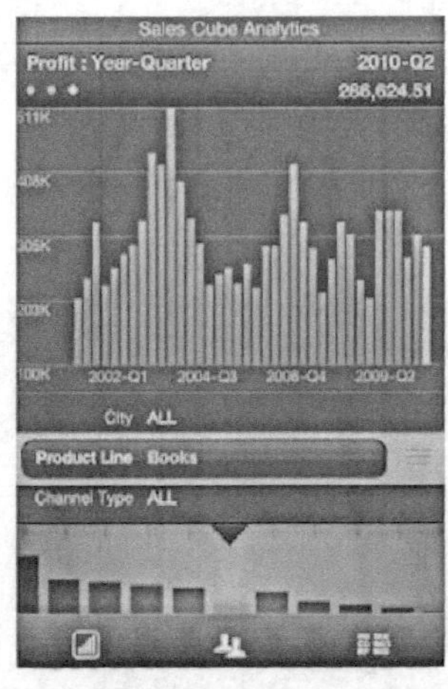

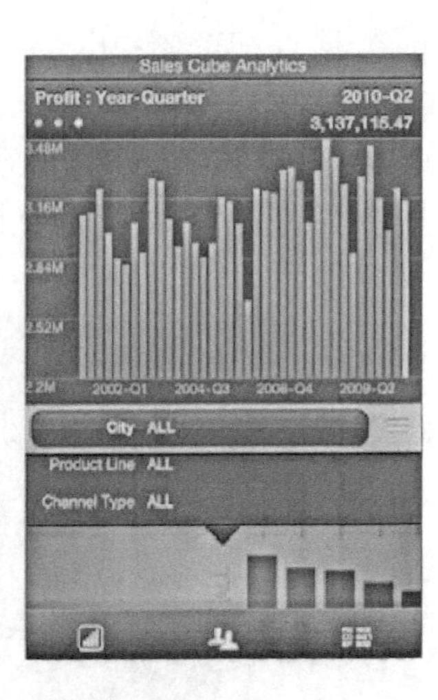

图 5-23　数据透视表(来源于 OLAP Cube 应用)

⑤ 数据透视表:数据透视表也被称为“OLAP 立方体”(OLAP Cube),非常适合用来建立轻量化的交叉数据表(图 5-23)。在一屏内显示数据透视图表的已选择项和选择结果,根据用户的选择动态更新内容。

⑥ 火花谱线图:火花谱线图又称为微图表(microchart),它是以小体积和高度密集的数据著称的信息图形。它用简单的方式在较小的空间内呈现某些量的发展和变化趋势,如平均温度或股票市场的波动,如图 5-24。

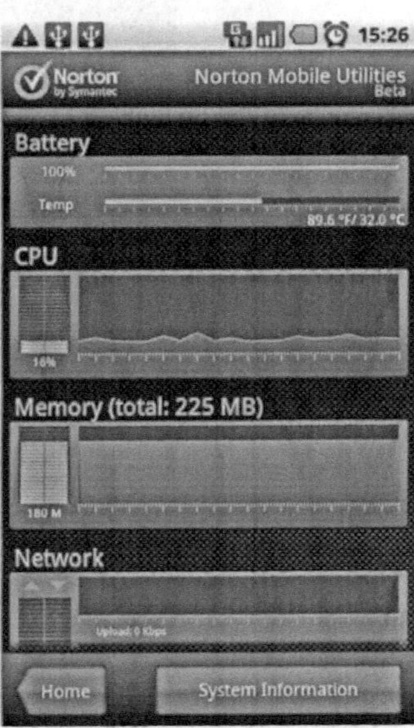

图 5-24　Google Analytics 的 Analytix 模块和 Norton 的移动应用

参考文献

[1] 李维勇. Android UI 设计[M]. 北京:机械工业出版社, 2015.

[2] (美)尼尔(Neil T). 移动应用 UI 设计模式[M]. 王军峰,郭偎,吴艳芳,译. 北京:人民邮电出版社,3013.

[3] (美)罗森菲尔德(Rosenfeld L),莫尔维莱(Morville P),阿朗戈(Arango J). 信息架构:超越 Web 设计[M]. 樊旺斌,师蓉,译. 北京:电子工业出版社, 2016.

[4] 陈子健,孙祯祥. 信息无障碍视角下网站的导航设计[J]. 图书情报工作, 2008, 52(9):6-6.

[5] 罗红艳,谭征宇. 基于任务的移动应用导航设计研究[J]. 艺术与设计(理论), 2013(6):108-110.

第6章　交互设计

6.1　界面交互设计

6.1.1　认识界面交互设计

在认识界面交互设计之前，我们先来认识一下交互设计。

交互设计（Interaction Design，IXD 或者 IAD），广义上来说，是人造系统和人造物行为的设计，即人工制品，如软件、移动设备、人造环境、服务、可佩戴装置以及系统的组织结构的设计。交互设计研究的内容有：用户与人造物之间发生行为（即人工制品在特定场合下的反应方式）的相关界面与操作方式，用户在使用产品时安全性、舒适性、便捷性方面的问题，用户在产品使用中的生理学和心理学问题，以及探索产品与人和物质、文化、历史的统一的科学。在满足用户的生理和心理需求的基础上，研究如何以最小的体力消耗、最简便的操作方式和最完美的视觉感受取得最大的劳动效果是交互设计需要考虑的核心问题。

界面的交互设计指的是用户界面上的交互设计。设计过程中需要以用户体验为基础进行设计，还要考虑界面用户的背景、使用经验以及在操作过程中的感受，从而设计出符合用户使用逻辑，并在使用中产生愉悦感的产品，通过对界面的交互设计，可以使界面操作变得舒适、简单、自由（图6-1）。

图 6-1　CAST LISTING APP 交互界面示例

6.1.2　界面交互设计的要素

在设计用户的界面时，我们需要预测用户可能采取的操作，确保界面具有易于访问、易于理解和可使用的特点。并且要注意，如果用户已经熟悉以某种方式操作界面元素，那么我们应使其布局中的操作方式保持一致，让用户可预测，提高用户的操作效率和使用满意度。

这些可交互的元素可分为三类：输入控件、导航控件和信息控件。

① 输入控件主要包括 input（输入）和 select（选择）两种属性。常见的输入控件有：按钮、文本框、复选按钮、单选按钮、下拉列表等（图 6-2）。

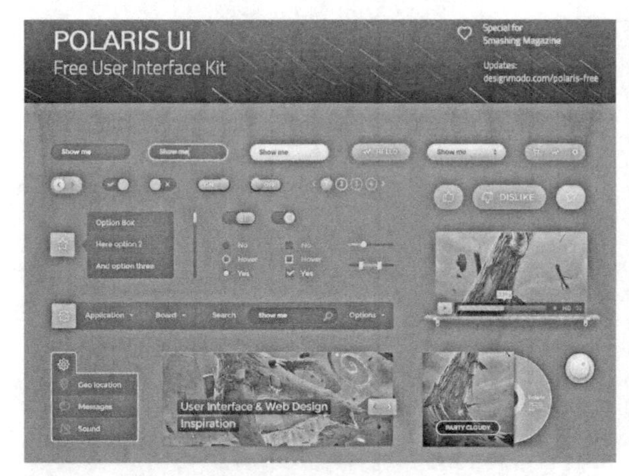

图 6-2　输入控件

图 6-4　信息控件

图 6-3　导航控件

② 导航控件相当于 APP 或网页的骨架，导航控件所组成的导航系统将信息架构分组归类，以方便用户查找所要获取的信息。常见的导航控件有菜单、轮播图、标签、分页等(图 6-3)。

③ 信息控件可以及时地将信息传送到用户面前。常见的信息控件有工具提示、进度条、通知、消息、弹窗等(图 6-4)。

6.1.3　界面交互设计的基本原则

我们在进行界面的交互设计时，需要从用户体验和可用性两方面考虑交互设计的一些原则。一方面要能够使设计师更加准确地设计交互操作，另一方面也要使得用户在使用时获得更好的体验。基于此，我们需要遵循以下的原则。

(1) 遵循用户习惯原则

用户在与界面交互的过程中，通常都会形成一些特定的交互习惯。例如用户打开一个新的界面(图 6-5)，首先会从界面的左上角开始，横向浏览，然后下移一段距离后再次横向浏览，最后会在界面的左侧快速纵向浏览。因此设计师在设计时，要在考虑用户的交互习惯的前提下进行交互设计，使用户获得舒适的交互感受。

(2) 引导性原则

在进行用户与界面交互时，界面需要给用户正确的引导，产品控件也应该依据状态的不同，采用不同的交互样式，以便用户识别不同的状态。具体来说，在进行界面设计时，设计师要根据不同场景和使用情况对图标、按钮以及各个控件进行一些处理，同时点击图标或按钮后要能进行正确的跳跃，以便于用户能够通过引导进入正确的页面进行操作。

如图 6-6 界面中，每日签到已经完成，按钮就变成灰色，表示已完成或者不可操作，其他“去挑战”“去购物”“去还款”按钮呈现紫色，表示可以点击，并且会跳转至其他界面进行下一步操作。

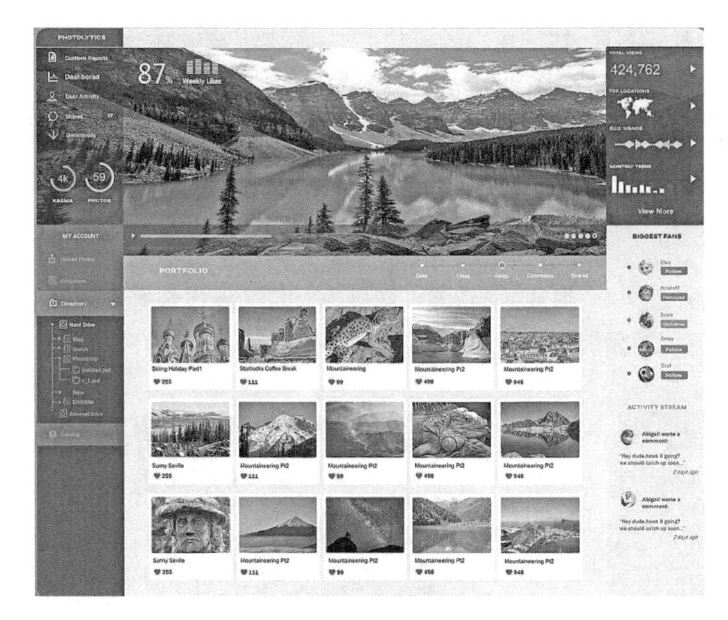

图 6-5 某网页界面

图 6-6 京东少东家 APP 界面（见彩插）

(3) 自然高效性原则

在设计时，设计师要考虑如何设计合适的手势交互形式，使用户在操作过程中能更自然、更高效。如图 6-7 所示为 iPhone 系统的后台任务管理界面，将该界面设置为向上滑动消除后台任务运行的交互方式，符合人们的认知模式，使得操作起来十分自然。

图6-7 iPhone 系统的后台任务管理界面

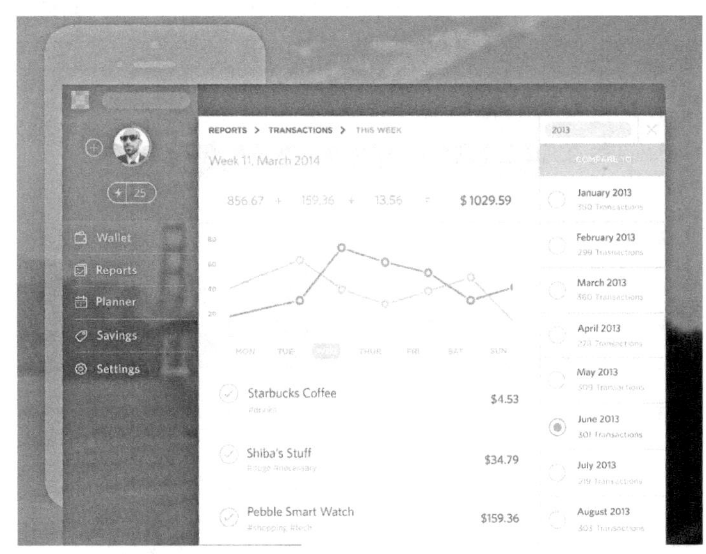

图 6-8 某网页界面

(4) 易操作性原则

易操作性原则主要是指减少过多的机械操作，降低疲劳度。比如可以通过功能和操作保持一致来减少用户的机械操作。相同类型的操作对象采用相同的操作方式或者相同的功能可以产生相同的效果。例如侧滑式布局，按照用户的操作习惯，通常都会把侧滑的弹出方向默认为从左往右，并且触发侧滑式布局的图标也应该和侧滑的位置保持一致。那么，如果在其余二级界面也存在侧滑式布局的话，最好也将其侧滑弹出的方向和动效与当前页面保持一致，这样用户在进行交互的过程中就会感觉更加统一，用户的体验也会更加良好(图6-8)。

(5) 减少用户记忆原则

例如复制、粘贴操作(图6-9)，对文字、图像、视频等不同操作对象的操作规则应该是一样的，这样既能减少用户在操作不同对象时的学习时间，也方便记忆。

图6-9 复制、粘贴操作

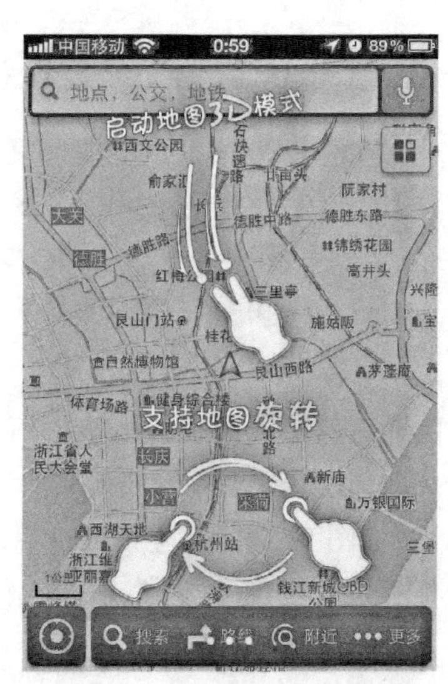

图6-10 某地图APP界面

(6) 容错性原则

容错性原则包括教学和提示、限制操作提示方案。

教学和提示：当一款新产品上线后，会吸引很多用户下载和使用。如何使这些初级用户能够快速上手使用，产品的教学和提示就显得非常重要了。如图6-10，当用户打开一款新的地图软件时，界面会提示双指下滑可以启动地图3D模式，双指划出旋转痕迹可以支持地图的旋转。用户在接受了这样的教学和提示后，便可以很快上手使用新软件。

限制操作提示方案：设计师为了避免用户发生操作的错误，都会在用户进行某些重要操作的下一步之前设置一些障碍或是提出一些限制性要求，以便减少用户在操作产品时出现重大失误。如图6-11，在用户删除某些信息时，会弹出是否确认删除的操作提示，需要用户点击确认才能进行删除。

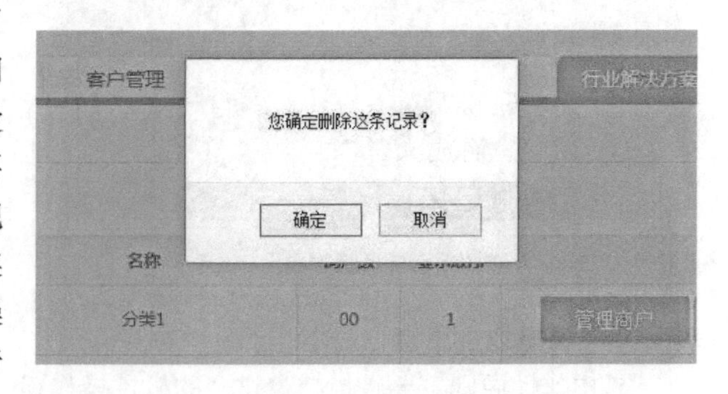

图6-11 某网页界面截图

6.1.4 界面交互设计的流程

根据用户分析和信息设计的结果，设计师就可以开始设计交互的动作了。“设计—评估—再设计”贯穿于整个设计阶段。本阶段主要是概念设计阶段，该阶段需要提出多个备选方案，经过方案筛选后，选择最合适的方案并将其具体化。

界面交互设计的流程大致如图 6-12 所示。

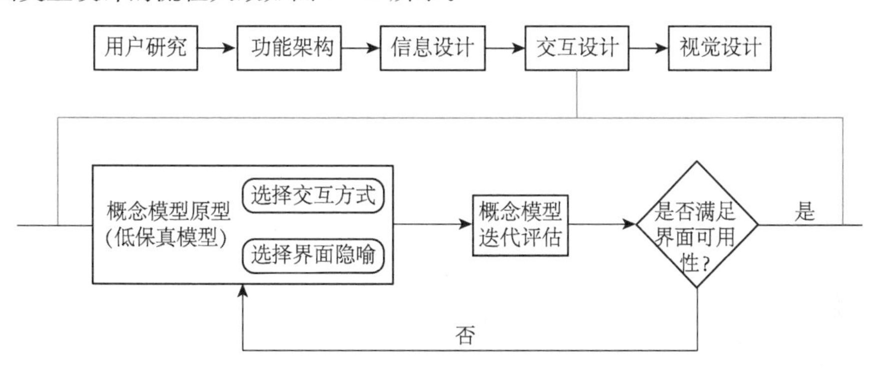

图 6-12 界面交互设计流程图

概念模型设计就是把用户的需求转变为概念模型。概念模型是一种用户能够理解的系统描述，它使用一组集成的构思和概念，描述系统应该做什么、如何运作、外观如何等。概念设计阶段有两个非常重要的任务需要完成：确定交互方式和选择适合的界面隐喻。

(1) 确定交互方式

交互方式是指人和计算机打交道的抽象方式，可以分为基于对象的交互方式和基于活动的交互方式两类。基于对象的交互方式是模拟现实世界的对象，例如 Excel 就是纸质表格的电子版，当然其功能要比纸质表格强大得多。基于活动的交互方式包括指示、对话、操作和导航、探索和浏览。每种交互方式都可以通过不同的交互形式来实现，比如指示的交互方式，具体到界面上可以是输入命令，也可以是通过语音输入设备发号施令。同时，一个界面可以多种交互形式并存，以适应不同用户的需要，但是要注意不能造成概念模型的混乱。

在交互方式的选择上要充分考虑用户的要求，要有利于提高用户的操作效率。要谨慎选择指示交互方式，因为指令(无论是键盘输入还是语音输入)需要记忆，而成人的学习擅长理解，不善于机械记忆。交互方式的类型有很多，以下简单介绍几种特别的交互方式，详细的交互动效设计将在下一节中进行介绍。

① 下拉输入

下拉输入即通过下拉这一动作来

图 6-13 支付宝下拉输入操作(iOS 系统)

呼出输入操作(搜索),下拉是一个很自然、便捷的动作,具有随时、快速输入的特点。比如 Flickr、Opera Coast 就是通过下拉操作呼出搜索框,而在 Any. Do、Timi 时光记账等软件中是使用下拉添加项目。

② 未激活按钮的设计

交互设计中有一个很重要的原则叫作“预设用途”,是指作为一个界面或者控件,要容易让用户一目了然地懂得如何操作,最低标准为理解是否可以操作。而所谓“未激活的按钮”即为该按钮具有“激活”和“未激活”两种状态,“未激活”状态即为未激活的按钮。一般来说,设计这个按钮的“未激活”状态有两种方法,隐藏或呈不可操作的视觉效果,如图 6-14 关闭数据流量开关,图标呈现灰色。

(a) 数据流量开关未激活状态 (b) 数据流量开关激活状态

图 6-14 未激活和激活状态的数据流量按钮

(a) (b)

图 6-15 微信公众号文章悬浮窗

③ 悬浮窗口,点击打开浏览文章

如图 6-15,在微信中浏览公众号文章的界面上加入悬浮按钮,使浏览文章悬浮在界面边缘上,可任意拖动按钮,松开后仍自动贴紧屏幕边缘,当退回到聊天界面时,可以通过点击悬浮按钮打开刚刚浏览的文章,也可以通过点击返回图标关闭悬浮界面。整个过程中有打开和收回的动效。

(2) 选择界面隐喻

修辞学中将用两个具有共通之处的事物中的一个(喻体)来指代另一个(本体)的修辞方式叫隐喻。在界面的视觉设计中,隐喻作为一种基本的造型观念和重要的表现途径,是通过图形符号的形式传达信息的。人类早在发明文字前就发现了图形能够传递信息这一功能,并用图形符号来记录事件和传递情感。图形符号所具有的量大、迅速和易理解的特性在界面设计中被广泛地运用,同时也让一些界面复杂而专业的操作方式变得如同摆积木一样简单。

隐喻在界面上有“抽象”与“写实”之分。把本体的外观和行为设计成与真实世界的喻体相同,会使用户在初学界面时感觉更加轻松;若用抽象化的形式来表现喻体,则更加数字化,会使工作效率更高。简单说,隐喻设计可以将现实生活中用户熟悉的事物以多种形式映射到界面中，从而使用户不熟悉的概念、陌生且复杂的操作等变得熟悉与简单。好的隐喻设计可以简单、高效地传达一个动作所代表的意义，或能更加匹配用户心智模型，从而引导用户进行正确的操作。

① 界面隐喻的类型

隐喻的分类方式有很多种，但是在界面隐喻中一般倾向于从感官出发进行分类。通过这种分类方式，我们可以把隐喻分为视觉隐喻、听觉隐喻和触觉隐喻三种类型。

a. 视觉隐喻

视觉隐喻又分为操作行为类的视觉隐喻和物理属性类的视觉隐喻。

● 操作行为类的视觉隐喻：

用户操作行为类的视觉隐喻是指界面设计中的交互方式模拟用户真实操作生活中的物体时的手势、动作，让用户获得与实际操作一样的视觉效果。例如，界面中滑动、放大、缩小、旋转、拖动、抓取等手势操作；将垃圾文件放置回收站，将商品放入购物车；手机滑动解锁，等等。

● 物理属性类的视觉隐喻：

物理属性类的视觉隐喻是指现实生活中，物体被移动、被操作会表现出一种自然的属性，设计师根据这种属性进行界面隐喻设计，以期在视觉上获得物体物理属性的反馈效果。常见界面中物体物理属性的视觉隐喻有：在读书软件中翻电子书的书页时，模拟真实翻书的效果；点击或触摸屏幕时视觉水波效果的反馈；页面转场的加速度、惯性等物理运动曲线效果，等等。

b. 听觉隐喻

听觉隐喻是指界面系统反馈给用户的某种能够准确映射出这种交互行为的隐喻性声效。例如，将文件放入回收站的音效（当将一个文件放入回收站后，系统会模拟纸张被撕开扔入垃圾桶的音效）；当用户读电子书翻页时，纸张的摩擦声的音效；涉及游戏的音效：当用户玩植物大战僵尸游戏时存在多种听觉隐喻元素——种下植物时植物插入地面的音效、植物发射子弹打在僵尸身上的响声、僵尸来临时营造氛围的恐怖音效、最终失败时主人公脑袋被吃掉时的叫声等，听觉通道上的隐喻音效让整个游戏更加真实、生动。

c. 触觉隐喻

触觉上的隐喻可以理解为是一种设计师模拟真实世界用户获得的某种触觉体感，为界面提供适当的仿真反馈，从而提高用户体验的方法。常见的触觉上的隐喻，例如，iPhone7 的 home 键，其并非实体按键，但为了保持用户的使用习惯，仿真设计成实体按键的外形并为用户提供实体按键的反馈；iPhone 的 3D Touch 可以理解为设计师为了模拟电脑鼠标的右键，为产品提供更多功能的一种移动端快捷方式。此外，在游戏中，撞车时或飞机被击中时的震动反馈也属于触觉上的隐喻形式。

② 界面隐喻的设计方法

界面隐喻设计方法的本质是设计师将界面中某元素和现实生活中的某事物联系起来，挖掘二者之间相似的属性，从而使用户在与界面进行交互的过程中，能够认知这个交互动作所代表的功能。界面设计中一般的隐喻方法有：

a. 从概念上进行隐喻设计

概念隐喻是通过一个概念域来理解另一个概念域的方式(概念域是指人的连贯的经验集合)。如手机自带的计算器 APP 的界面就是由现实生活中的计算器界面映射而来的(图 6-16)。

图 6-16　手机计算器功能

图 6-17　虎扑跑步

b. 从特征上进行隐喻设计

特征隐喻,即通过一个概念的特征映射另一个概念,具有象征、提示等作用。例如,设计师会用奔跑的人这一图形 logo 来表示这是一个运动跑步的软件,因为奔跑的人具有运动、跑步的特征(图 6-17)。

c. 从结构上进行隐喻设计

结构隐喻指的是通过一个概念来建构另一个概念,这两个概念的认知域自然是不同的,但它们的结构保持不变,即各自的构成成分存在着有规律的对应关系。例如,网易邮箱大师的"邮箱与文件夹"展开结构与现实生活中抽屉被打开的结构具有一致性(图 6-18)。

图 6-18　网易邮箱大师

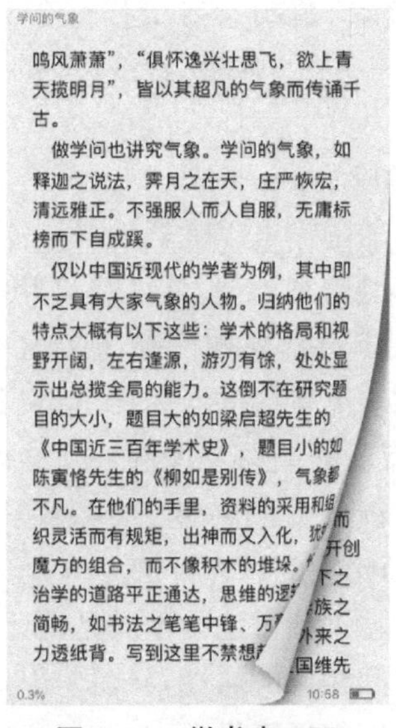

图 6-19　微书房 APP

d. 从行为上进行隐喻设计

行为隐喻指的是用一个概念的行为方式建构另一个概念，使二者建立起联系，为我们在理解操作方式时减轻负担。例如，在用读书软件阅读时，翻页时模拟纸书翻页的操作方式(图 6-19)。

(3) 制作低保真原型

线框图就是大家通常说的低保真原型(如图 6-20)，我们称它为快速原型设计。设计师常常在该阶段使用低保真线框图，而不花费大量时间去做界面效果好的高保真原型，这是为了防止一旦需求变更或发生错误导致大量工作需要返工。而设计低保真原型能帮助设计师进行快速迭代更新。低保真原型的好处，具体如下：

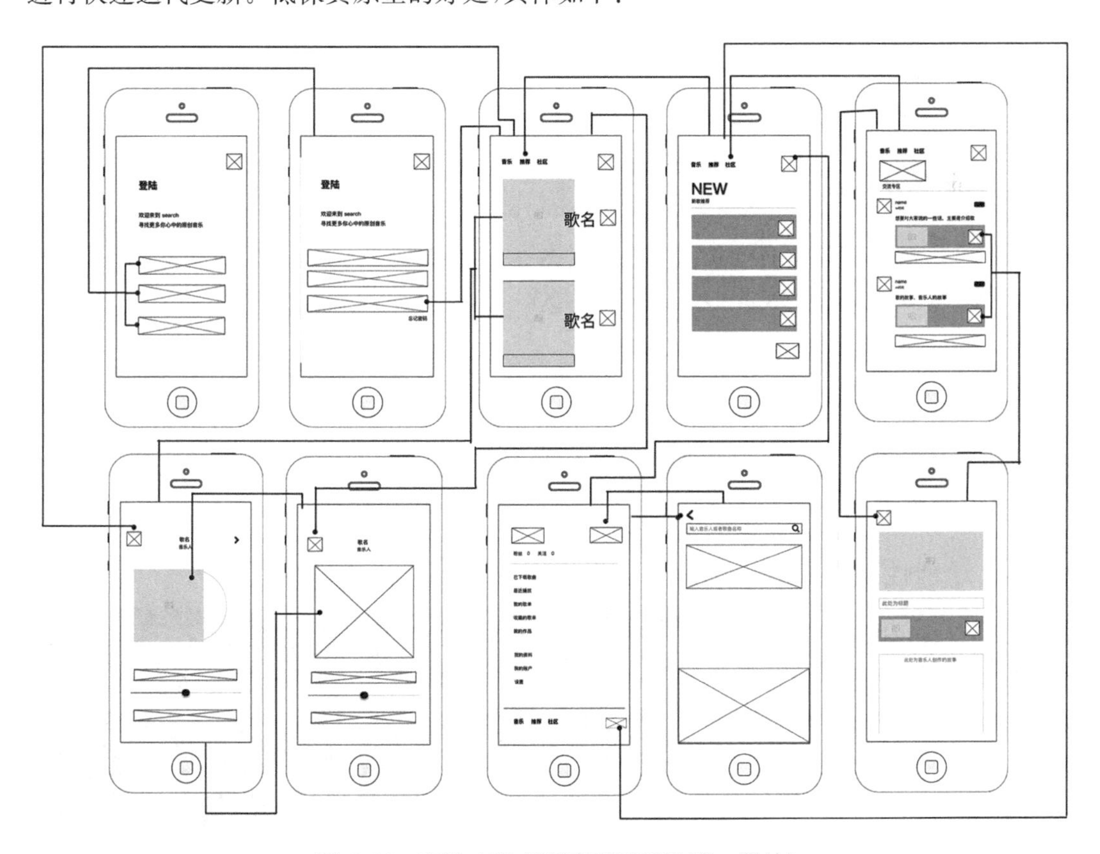

图 6-20　音乐 APP 低保真原型图(制作：张洁)

① 追求真实的反馈效果

人们更愿意将注意力放在图片的视觉效果而非价值主张上，这是由于在他们看来，越是华丽的效果越是让他们觉得难以深入理解其中的理念。

② 具有更强的容错性

设计师们使用低保真原型作为工作核心更加容易，由于他们运用较少的资源进行设计，不会较真于其中的改变，因此整个设计过程的容错性也就更强。

③ 注重流程而非页面

在低保真的环境里，页面的外观效果微乎其微，重点在于页面之间的前后联系。在此种环境中,设计师可以画出联系大量小页面和体验的交互,以及做出让自己感觉舒适的交互尝试。

(4) 对低保真原型进行测试

在完成低保真原型的绘制后,设计师需要对低保真原型进行测试。为的是快速查找设计的漏洞,加强对用户的认知,并且建立设计的信心。

基本的测试步骤:

① 列出需要测试的任务;

② 可以完成任务的低保真模型;

③ 找到至少 5 名合适的用户;

④ 让用户在低保真原型上完成列出的测试任务,并记录期间出现的问题;

⑤ 将所有问题一一记录下来,并给每一条一个严重程度的评分;

⑥ 按照严重程度依次解决问题,若有不确定的问题,可保留进行下一轮测试。

通过对低保真原型进行多次迭代设计之后,确认最终的低保真原型,即可进入下一步详细的界面设计。

6.2 针对不同交互需求设计动效

为了让用户更加舒适地使用界面,设计师需要在界面交互设计的过程中重视动效的设计。根据具体要实现的目标的不同,可将界面动效的运用分为功能性动效和体验性动效。不论是功能性动效还是体验性动效,都可以通过页面之间的切换、下拉刷新、上传和下载状态、视觉反馈、突出显示等几方面呈现。

6.2.1 功能性动效

功能性动效指的是在 UI 设计中作为功能的一部分被采用的动效,有着非常明确和合理的目的,即减轻认知的负担,防止发生变化时看漏,在空间关系中确立良好的层级关系。

(1) 页面之间的切换

页面之间的切换是应用中各模块之间的切换,例如从高级视图到详细视图(图 6-21)。功能性动效让用户通过这些时刻变化来顺畅地感受父级、子级之间的层级关系,通过创建过渡状态之间的可视化连接来解释屏幕层级关系。动画可以有效地突出

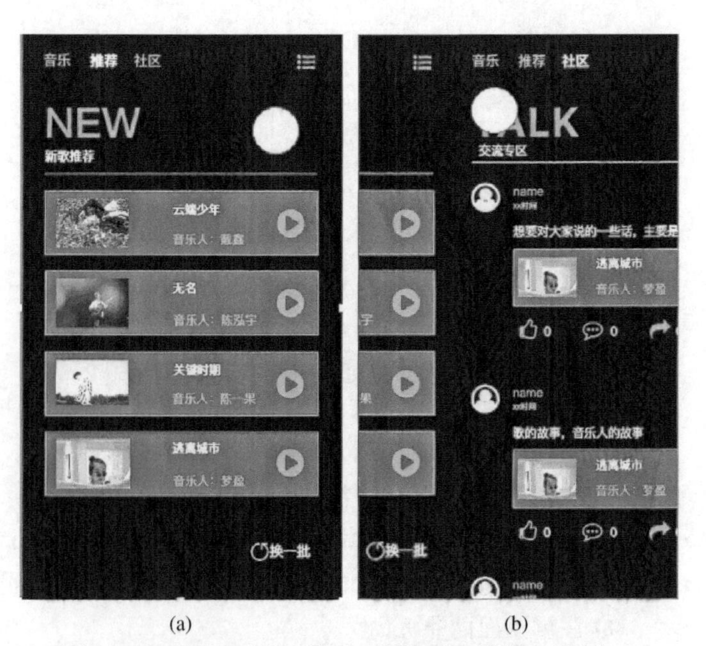

图 6-21 功能性动效中的页面切换示例(制作:张洁)

父级到子级间的运动。同级之间的切换发生在层级结构相同级别的元素之间，例如当浏览选项时使用页面切换动画。

(2) 下拉刷新

用户的等待时间是从动作开始的瞬间开始的，最糟糕的情况是不知道系统是否收到指示。下拉刷新这一技术，让我们尝试在操作瞬间做出反应，告诉用户进程已经开始，最重要的是能给予用户视觉反馈，在这里使用动画将非常有帮助(图 6-22)。

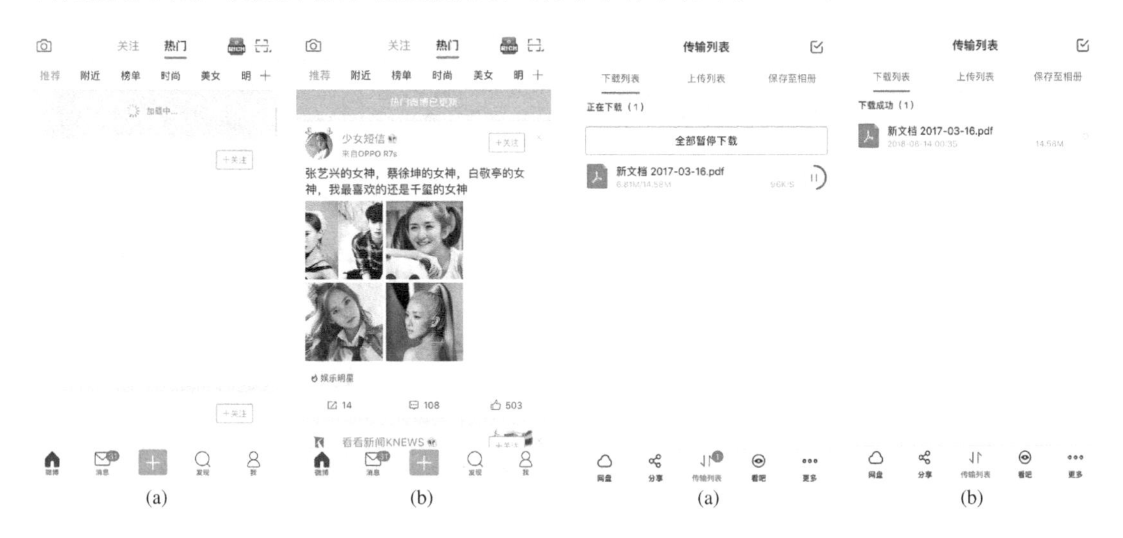

图 6-22 功能性动效中的下拉刷新示例

图 6-23 功能性动效中的上传和下载状态示例

(3) 上传和下载状态

上传和下载数据的过程是采用功能性动效的一个很好的机会。有动效的加载栏，可以直观地看到加载完成预计还要多长时间(图 6-23)。

(4) 视觉反馈

视觉反馈(如图 6-24)的目的是为了确认用户的行为操作，所以在用户界面设计中视觉反馈极其重要。在现实生活中，按钮、控件和对象会对用户的交互行为做出反应，这也是用户所期望的。

(5) 突出显示

突出显示(如图 6-25)这种动效可以吸引用户在内容太多的环境下的注意力。设计师通常会避免嘈杂的布局和太多的内容，当内容太多时，屏幕中的各种颜色和内容均试图吸引用户的注意。动效是可以自然而然地得到页面上的视觉焦点的。无论是文本内容还是静止的图片，都是无法与动效比拟的。设计师可以利用功能动效的这一优点，通过添加动效获取最高视觉焦点，这也是应对嘈杂界面的一个缓坡。

图 6-24 功能性动效中的视觉反馈示例(制作：吴雪瑶)(见彩插)

6.2.2 体验性动效

体验性动效注重用户情感层面的需求，能够让用户与应用进行情感互动，引起用户的情感共鸣，获得良好的体验感。制作体验性动效，主要是在功能性动效的基础上，对细微的地方增加动效，以达到使用户体验感更好的目的，因此微动画也是体验性动效的一种。

（1）页面之间的切换

微动画使界面状态之间可以进行平滑的转换，并改善应用的体验。用户可以更好地了解之前和当前的状态。同时，微动画使得应用有了“情绪”，并增加了必要的细节。比如在同一层级页面中进行连贯的切换时，可以增加无限滚动和侧边进度条动画，二者相结合，可以使用户更好地看到他们的动作和滚动内容之间的关系（如图 6-26）。

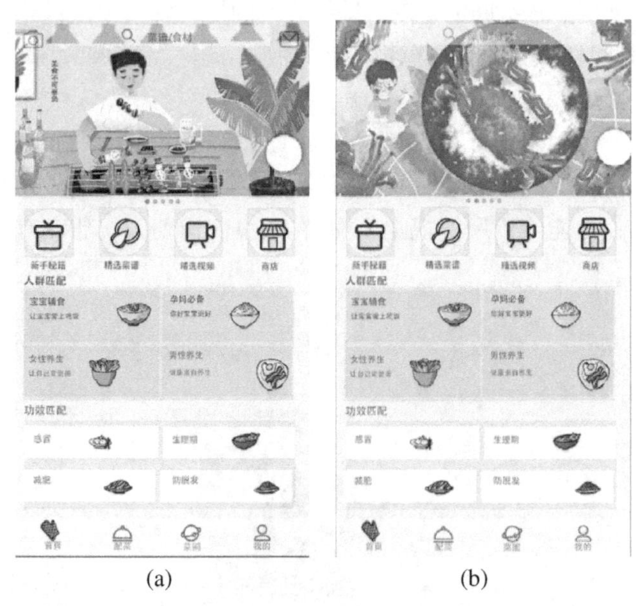

(a)　　(b)

图 6-25　功能性动效中的突出显示示例（制作：王丽）

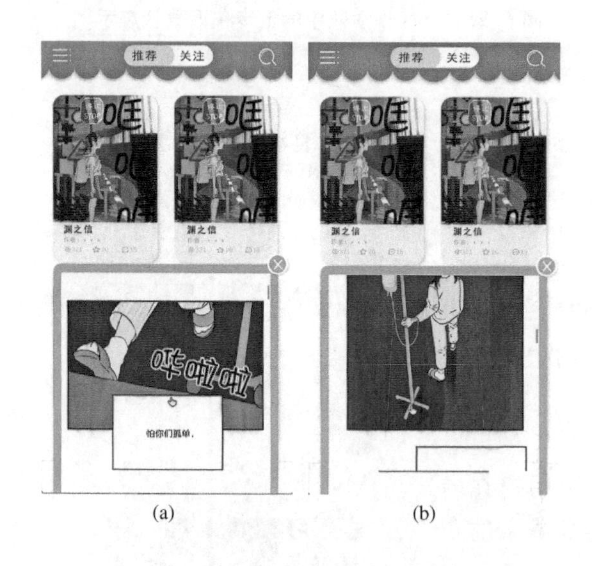

(a)　　(b)

图 6-26　体验性动效中的页面切换示例（制作：吴雪瑶）（见彩插）

(a)　　(b)

图 6-27　体验性动效中的下拉刷新示例（制作：钟朝秀）（见彩插）

（2）下拉刷新

刷新这种经常使用的内容操作将成为用户界面设计的亮点，其中包含有想法的、独特的微动画。下拉刷新时使用动画通知用户页面正在加载，并且该动画在下载完成时消失（如图 6-27）。

(3) 上传和下载状态

在上传和下载状态时，运用体验性动效，可以使等待不再枯燥，缓解用户的焦急心理。如图 6-28 中，通过青蛙的蹦蹦跳跳动画进度条为无聊的下载过程增添了乐趣。

(a)

(b)

图 6-28 体验性动效中的上传和下载状态示例

(a)

(b)

图 6-29 体验性动效中的视觉反馈示例

(4) 视觉反馈

按照基本规则，使用动画进行反馈，可以很好地强调什么操作是错误的。例如，如果用户输入密码错误，就可以添加一个左右抖动的视觉动画(图 6-29)，或者像“出错啦，请再试一次”这样的提示并左右摇摆的效果。当用户看到这些动效后，可以立即了解当前的状况。

(5) 突出显示

运用体验性动效，用户可以从界面上获得对其操作的正确响应。如图 6-30 所示，单击图片缩略图后，图片详细内容会放大后突出显示。

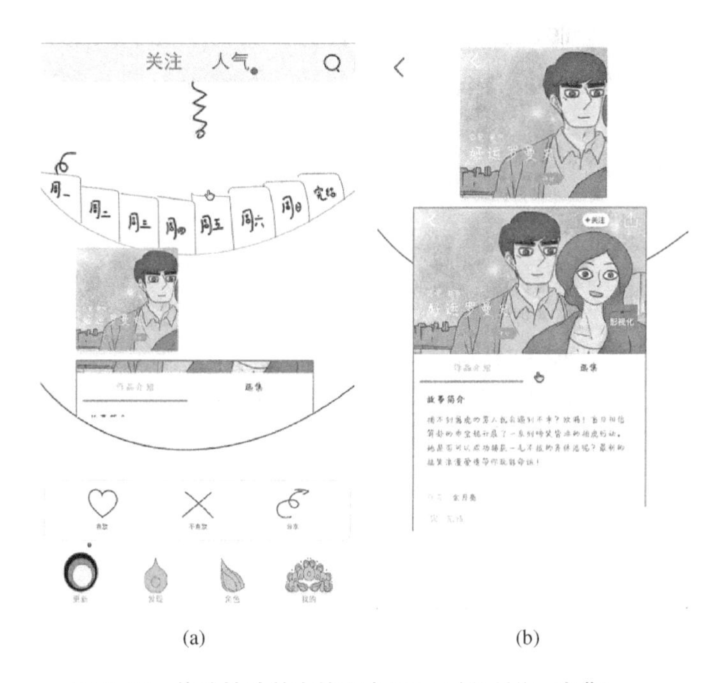

(a) (b)

图 6-30 体验性动效中的突出显示示例(制作：张燕)

6.3 不同设备端界面上的交互

6.3.1 网页端界面的交互

网页端界面的交互即用户与网页界面来往的信息交流和体验的方式，它包括感官交互、情感交互、思维交互、行为交互和综合交互 5 种方式。

(1) 用户与网页界面的感官交互

所谓感官交互就是利用感官刺激的方式让人获得愉快、满意的感觉体验。比如当我们看到某网站的界面时，我们本能地、即刻地感受到“温暖”“舒心”，这些就是感官交互的结果。网站的形象是由基本的风格和主题所组成的，最终营造出感官交互的体验。其目的是给予用户对网站认知的价值满足，从而激励用户的认知与接纳，实现网站的差异化传播，这也成为一种网站推广的战略方法。

(2) 用户与网页界面的情感交互

所谓网页界面的情感交互就是利用网页界面使用户获得内心情感的体验，并且这个过程取决于用户的需要和期望是否能够得到满足。如图 6-31 所示的网页就是通过网页界面的图形让用户感受到童趣。总的来说，要想激发出用户的情感和意愿，就需要根据不同用户的不同需求，探索出能够给予用户特定刺激的因素。这些因素的挖掘可能有难度，但却是有规律可循的。不难发现，不同的文化背景、知识层次、生活习惯等多方面因素会影响人们对网页界面的审美、期望、态度等产生不同的看法。因此只有充分地了解用户，挖掘用户的潜在心理需求，才能设计出让用户满意的网页界面。

图 6-31　某网页设计

(3) 用户与网页界面的思维交互

思维交互即引发用户的兴趣,使其发生发散性思维和收敛性思维活动的过程。发散性思维和收敛性思维是两种不同类型的思维方式,后者偏重于定义严谨的理性分析,比如对问题进行系统分析的活动;而发散式思维更灵活,更随心所欲,注重创造性,在此思维下能想出很多主意,迸发出不同寻常的灵感。网页界面的思维交互能够触发用户的好奇心,激励用户思考,从而打开用户思维的源泉,让用户与界面之间进行创造性的交互。

(4) 用户与网页界面的行为交互

行为交互的设计主要服务于专家级用户,一般发生在用户熟练使用网页界面之后对界面符号语意的深层次认识过程中。它是通过网站界面给予用户功能、视觉和可用性等方面的感受,目的是为了理解和满足用户对网站的真实需求。例如,使用眼球跟踪记录仪记录用户浏览网站时的视觉轨迹,从而分析数据,研究网页界面设计中视觉因素的色彩、布局、流程等方面的合理性,通过迭代设计给予用户更良好的视觉行为体验。

(5) 用户与网页界面的综合交互

所谓综合交互,顾名思义即为包括感官、情感、思考、行为等多方面的交互。综合交互类型的网页,承载了个人感情和个性的相关内容,能使用户在使用过程中获得归属感。不得不承认,人们在寻求社会及自我认同的过程中,十分在意网页界面中展示给大众的自我形象。比如,腾讯公司推出的 Qzone 是一种虚拟网络家园式社区,类似于 Blog,但是功能更加全面,视觉体验更加新颖,人们在其中可以追寻一种精神、一种生活方式或者是一个群体,能唤起人们强烈的归属感。

6.3.2 移动设备端界面的交互

移动设备一般屏幕受限、输入受限,且在移动场所中使用也会带来一些设计上的限制,因此与基于 PC 端的互联网产品在交互设计上有很大的区别。表 6-1 为移动设备与 PC 端交互设计的区别。

表 6-1 PC 端与移动设备交互设计的区别

交互设计项	PC	移动设备
输入	鼠标/键盘操作	拇指/食指/触摸操作
输出	取决于显示器	明显相对更小的屏幕
风格	受到浏览器和网络性能限制	受到硬件和操作平台限制
使用场景	家中、办公室等室内场所	室内、户外、车中、单手、横竖屏等多种场景

与普通 PC 端相比,移动设备的交互设计有如下几种交互限制。

(1) 移动设备端界面的输入交互

移动设备端的按键需要焦点和方向键、OK 键以及左右软键、删除键等硬件之间的配合;移动设备端的触摸设备尤其需要注意区分可否点击,并且可点击的部分需要有准确的释义,因为缺少 Web 界面中的悬停提示。

(2) 移动设备端界面的输出交互

移动设备端屏幕无法显示足够多的内容，如图 6-32 所示。没有足够空间放置全局导航条，没有足够空间利用空隙和各种辅助线来表达区块之间的关系。

(3) 移动设备端界面的使用场景交互

移动设备端的界面需要适应更多的 PC 界面无法适应的典型场景，例如需要考虑光线的强弱适应和用户使用过程中走动的状态，这些都是设计师需要考虑的使用情境。

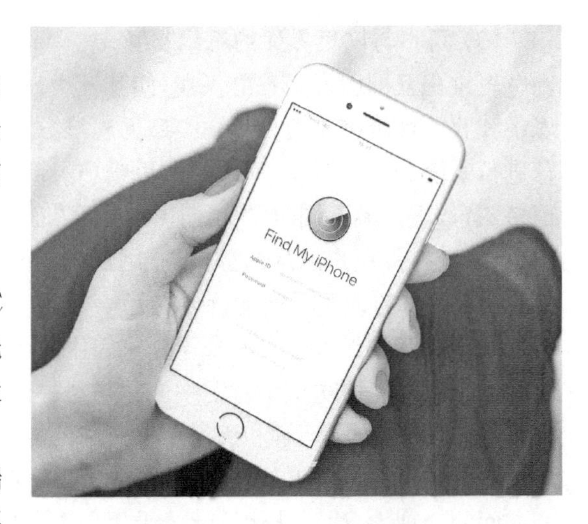

图 6-32　iPhone 移动设备

当然，移动设备端界面的操作比 PC 端界面的操作复杂得多，这是由于移动端需要满足的需求、适应的场景更多。设计师需要在了解其所基于机型的各方面情况后才能确定如何去设计控制。比如由于移动端的空间限制，设计时需要具有与 PC 端不同的导航形式，并且需要更加注意减少操作步骤。此外，由于移动端的硬件和逻辑原因，需要注入更多的精力在控件、组件释义方面。但是，移动设备端也有一定的优点，比如携带方便，可以在户外使用，并且更容易与外部环境包括其他信息系统进行交互和信息交换。此外，移动设备一般有特殊的硬件功能或通信功能，如支持 GPS 定位、支持摄像头、支持移动通信等。

6.3.3　公共自助端界面的交互

公共自助设备的安装和使用是在公共场合进行的，使用者往往是在赶时间的情况下进行操作，多数是初次操作，加上使用场景比较嘈杂，使用起来面临很多困难。因此设计它的界面交互需要考虑多方面因素。

(1) 公共自助端界面的直接可用性

为了方便用户直接使用，公共自助端界面可以通过简短的教学视频或者语音提示帮助用户操作。用户在刚进入主界面时会被询问是否需要操作流程演示，演示过程中也随时可以停止。

(2) 公共自助端界面的情感交互

情感交互在人机界面的设计中具有重要的作用。它带给用户的情感体验的好坏，决定了机器与人之间的关系是否能够更加密切。比如，在界面设计中使用舒适、醒目的配色，能够降低视觉疲劳，给用户带来舒适的视觉感受。

(3) 公共自助端界面的操作效率

因用户的需求不同，公共自助端界面可以为用户提供不同的选择。这些选择可以在视觉上处于平行的位置，也可以根据用户的

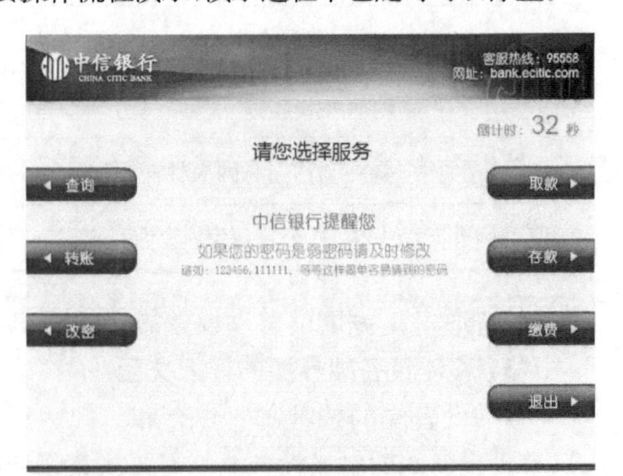

图 6-33　中信银行 ATM 存取款机操作界面

使用频率不同而前后顺序不同。此外，为了使用户操作界面时具有顺序感，可以按照用户的浏览轨迹规律进行布局，让用户循着层级顺序进行操作，建议采用整体布局与左上布局相结合的方式。为了提高操作效率，还可以在界面中适当添加辅助层级，减少用户在一个界面上徘徊的时间，使界面可控。此外，终端界面可根据词条热度进行字体大小差异设计，使热门词条醒目易找，方便用户操作。

如图 6-33，为中信银行 ATM 存取款机的界面，在设计界面时，要将用户的首要需求选项放到第一界面，并设置适当的信息提示，方便用户快速识别操作。

6.4 低保真原型设计与软件操作

6.4.1 制作低保真原型

低保真原型关注功能、结构、流程，原型图上只提供最简单的框架和元素。在产品设计初期制作低保真原型能够快速形成方案、快速讨论、快速调整，让设计师们把精力专注在产品最核心的结构层和框架层上。这样做最大的好处是省时、高效。低保真原型有两种形式，一种是手绘原型，另一种是工具原型。通常，设计师们会先绘制手绘原型，经过初步测试后，将原型在软件中绘制出来，从而使原型更直观、更优化。

(1) 手绘原型

手绘是最简单直接的方法，也是表现产品轮廓最快速的手法。手绘原型图所需工具为铅笔、橡皮、白纸。手绘原型图会因设计师的手绘特点而形成不同的风格和特色，同时也具有一定的艺术美感(图 6-34)。

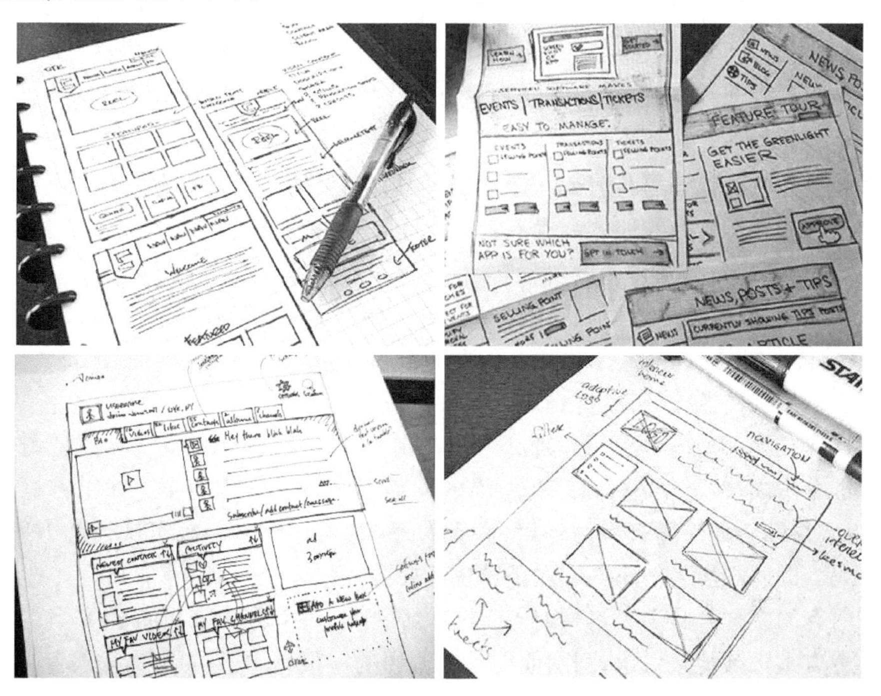

图 6-34 手绘草图

具体步骤如下：

① 开始

拿一本方格笔记本，画至少 20 个方框。如果设计师是做移动设备端界面设计的，最好把长宽比跟手机屏幕保持一致(图 6-35)。如果是做 PC 端或网页界面设计的，就使用电脑显示屏的比例。

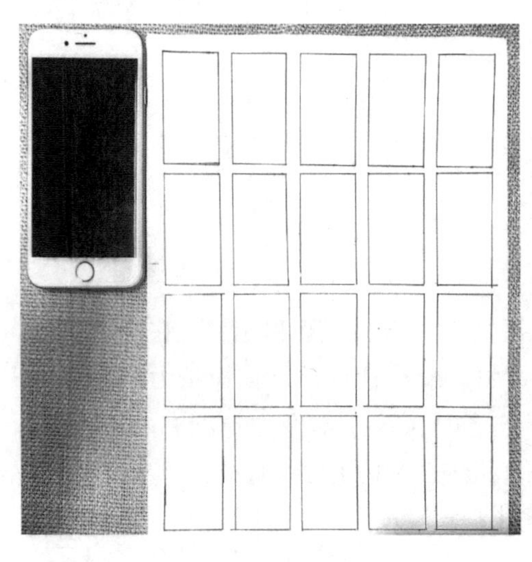

图 6-35　画 20 个方框

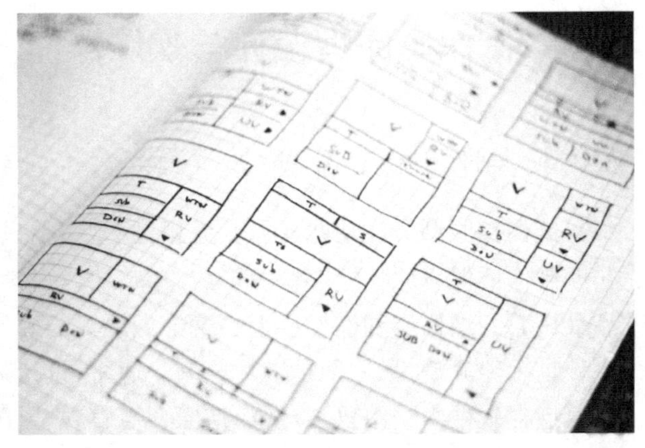

图 6-36　布局

② 过程

想想解决问题都有哪些思路，然后动笔画出来。先画出第一个想法，然后第二个，直到把 20 个方框都填满。

你会发现很难填满每个方框，这就对了。如果你发现自己思路已枯竭，就给自己加上更苛刻的限制条件：如果菜单是环形的会怎么样？如果只有图片呢？如果没有图片呢？苹果公司会怎么设计？谷歌公司会怎么处理？如果没有列表的话呢？有多少种方法可以把重要的界面元素放在靠近拇指的地方？就笔者个人而言，一般画到第 10 个方框的时候，思路才会真正打开。

如果你想的是如何布局，可以画得非常简单，用 T 指代标题，V 指代视频，RV 指代相关视频，Sub 指代次级导航，这样你就可以专注于布局，而不是 UI 细节(图 6-36)。或者可以使用电灯泡指代文件链接，使用折线图指代分析内容。

如果你要关注 UI 布局和元素，那么可以画出如图 6-37 所示的高保真原型图。

到了这个阶段，20 个方框都画完了，你的大脑也应该非常疲倦了。如果方框还没有填完，逼着自己继续。如果还有余力的话，翻到背面，看看还能不能画出其他的方案，继续深挖，直到尽头，即使画出来的东西有点怪异也不要紧。

现在所有的方框都画满了，仔细看一下，然后挑出几个看起来可行的方案(图 6-38)。拿着这几个方案跟其他人讨论，问问他们是怎么想的。很有意思的是，当你逼着自己把思路说出来时，你会有意外的收获。

图 6-37 布局和元素　　　　图 6-38 挑出可行方案

③ 重复上述过程

不要以为此时已经万事大吉，可以动工做视觉稿了。还是要审视原型图，因为图是手绘的，还没定下来，随时都可以修改，什么都可能会改动。

现在选出最有效的几个方案，画出高保真的手绘稿（图 6-39）。建议用更大的方框，笔者一般是在一张 A4 纸里分成 4 个方框。这个时候，我们就要看看加入更多细节之后，这几个方法还可不可行。

图 6-39 加入细节

完成之后，可以把高保真手绘稿给其他人看看，收集反馈意见。也可以用手机拍下来，发给客户看。因为画这种原型图用不了多长时间，改起来很快，所以你潜意识里会非常乐意接受意见。

就这样，在很短的时间内，你在纸上已经画满了解决问题的各种方案。你逼着自己打开了思路，还想出一些不是那么显而易见的点子，并且已经收获了好几轮的反馈，在理想情况下，某些方案是可行的，就可以朝着该方向进行更深入的思考。你收到的反馈都是比较高层次的、概念上的，而不是美学上或细枝末节方面的。

(2) 工具原型

工具原型是指用软件制作的原型设计。用软件制作的原型图尺寸规范、设计统一、大方得体。

具体步骤如下：

① 分析产品设计开发流程

心中要有整个产品的开发地图，要清楚在什么阶段做什么事情、输出什么内容、找什么人沟通、得到什么结果等。在进行原型设计前，首先需要进行需求调研、需求分析、产品定义、业务分析、功能分析等，然后才能开始产品原型设计。

② 原型设计时需要思考的问题

- 此产品原型的用户是谁？
- 产品原型需要达到的目的是什么？
- 用户的使用场景是什么？
- 需要提供什么样的用户体验？
- 后续的工作流程如何把握？
- 产品原型的用户是领导、团队成员还是客户？

不同的使用对象有着不同的需求，要根据不同的需求设计不同的原型。不同的原型其复杂程度和侧重点都是不同的，所以原型设计需要带着很强的目的性和针对性。面对用户，除了满足基本需求外，也需要考虑用户体验。针对不同的使用场景设计不同的展现方式，可以是图片、文档或在线页面等，有了良好的用户体验，产品原型才能发挥最大的价值。

③ 分析产品功能

在产品原型设计前，首先要分析产品功能，了解产品结构。也就是说先要进行产品原型框架的搭建，然后再开始内容的填充（如图 6-40）。

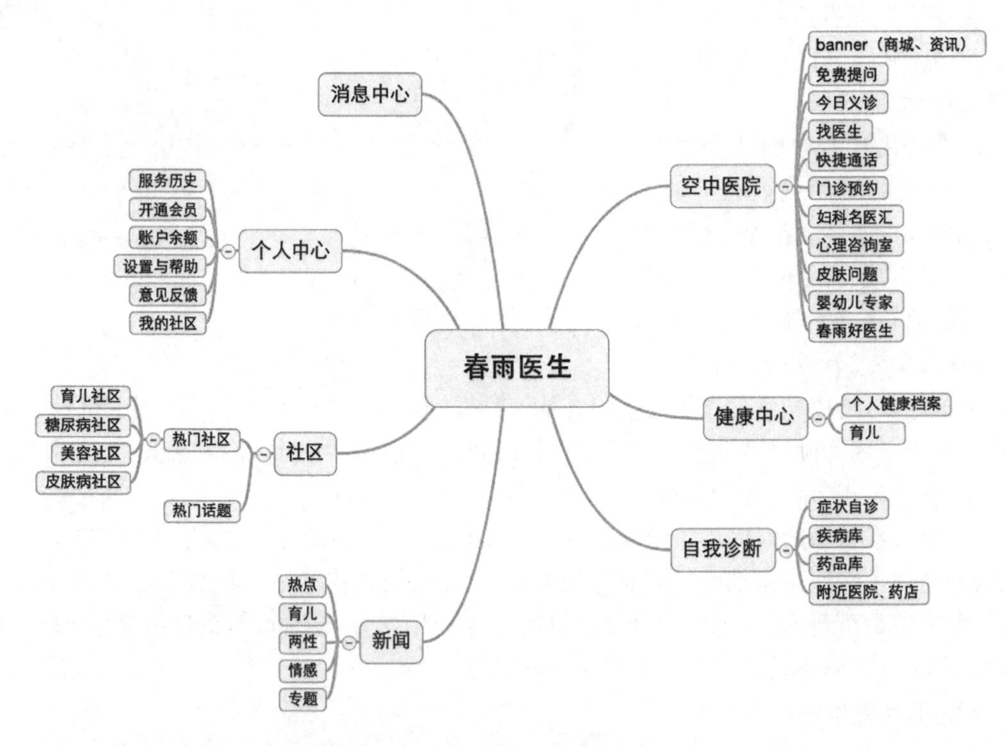

图 6-40　产品功能结构图

④ 根据产品功能，构建页面目录

注意前 4 个步骤的具体内容在前面几章都有详细说明。

⑤ 根据页面目录进行原型图绘制（图 6-41）

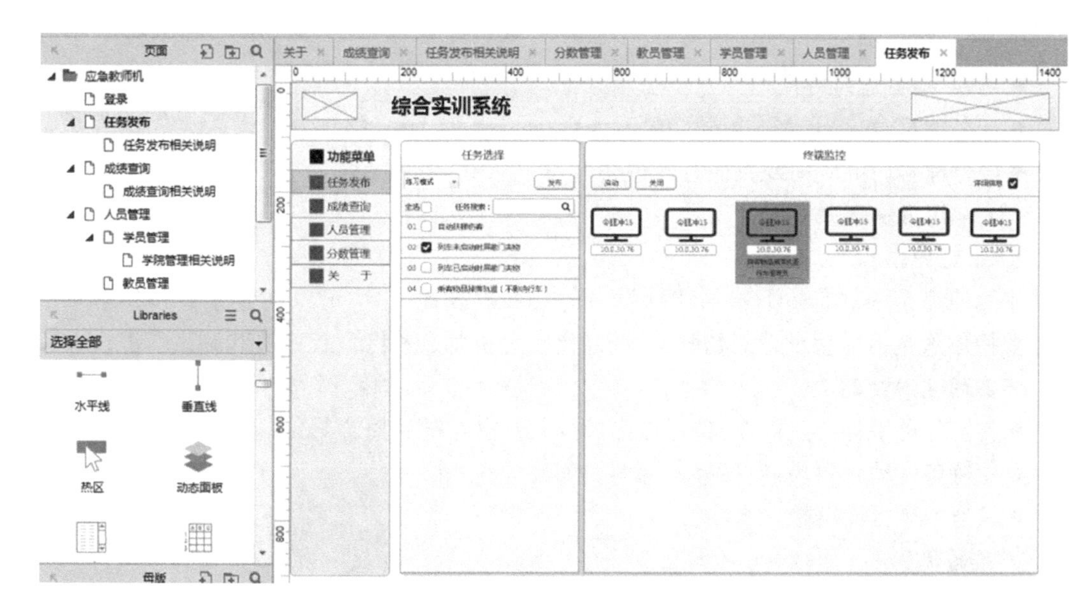

图 6-41 绘制低保真原型图

● 低保真原型，为了不影响视觉设计，最好不要加颜色，采用黑、白、灰进行配色；

● 图片和图标采用占位符代替；

● 页面内所有元素都要有对齐关系。

⑥ 根据产品原型图对相关元素进行说明(在对应说明页面中)

● 占位符中需要设计的内容；

● 相关按钮点击后的现象；

● 相关图标的变化状态；

● 页面弹出或跳转描述。

⑦ 根据产品原型图进行交互设置

● 交互用例设置；

● 交互样式设置；

● 特殊交互可以进行交互说明或者当面沟通；

● 设置好的交互可以在发布预览中进行测试。

⑧ 产品原型发布和导出

● 产品原型发布时选择生成 HTML 文件，在相应的文件夹中，点击 start. html 就可以通过浏览器打开发布的文件(在线太慢，一般建议导出使用)；

● 产品原型导出时，也可以将所有相关页面导出为 PNG 图片；

● 给前端提供产品原型时，最好分别提供 HTML 文件和 PNG 图片。

⑨ 绘制操作流程

● 对于交互比较复杂的操作，需要绘制操作流程图，可以是 Visio 图，也可以是页面跳转说明；

● 操作流程图中的形状需要根据标准进行选择；

● 需要包含正常操作逻辑和异常操作逻辑。

⑩ 最后输出物

- 功能结构(思维导图);
- 产品原型(Axure、Mockplus、墨刀等);
- 操作流程(Visio 图或页面跳转说明)。

(3) 常用低保真原型设计工具

① 乎之原型

乎之原型是一款非常不错的移动端 APP demo 设计工具,可以创建原型和分享原型。其主要使用者包括原型设计的初学者、产品需求分析师、设计师、程序员和测试员等。

产品的主要功能

- 支持各种手势交互操作,包括点击、滑动、双击左键和捏合等。
- 支持各种动画效果,包括移入、翻转、缩放、渐隐等。
- 快速实现页面链接。

产品的优势

- 在手机端可以快速对设计好的原型草图进行交互展示,只需要经过导入(导入设计好的界面效果图)、编辑(快速编辑热点动画事件)、演示(模拟最真实的用户体验)三大步。
- 可以轻松地进行原型分享。可以使用手机号码、邮箱等各种方式邀请好友查看或评论原型,支持原型实时同步、分享范围控制,等等。
- 不仅支持 iPhone 和 iPad 设备,也支持 Android 设备。

② POP(Prototyping on Paper)

POP——Prototyping on Paper 是由台湾 Woomoo 团队开发的。POP 的出现使手绘原型动起来成为可能。只要用手机拍下手绘草稿,在 POP 里设计好链接区域,马上就能将其变成可互动的 Prototype。其主要使用者同样包括原型设计的初学者、产品需求分析师、设计师、程序员和测试员等。

产品的使用方法

- 用纸笔绘制出原型中最常规的几个页面、按钮即可。
- 使用 POP 这款 APP 对一张张图片进行拍照 ,并将其存到 POP APP 内部。
- 开始编辑,哪个图片的哪个区域(按钮)链接到什么页面,需手动操作。

通过以上三步即可完成手绘原型的交互展示。

产品的优势

- 方便快捷的热点链接,让交互变得更简单、更快速。

③ Mockplus

Mockplus 的适用人群比较广,只要是有产品(包括网站、特定功能、策划案、广告模型、广告创意等)模型展示需要的人都可以使用。其中,主要使用者包括产品经理、项目经理、用户体验设计师、平面设计师、互联网创业者、运营经理、广告公司等。

产品的主要功能

- 全平台的原型项目支持：包括移动项目(Android/iOS)、桌面项目(PC /Mac)、Web 项目,也可以选择白板项目类型,以便自由创作。

● 不同风格的随意选择：提供线框和素描两种风格，可在设计中随意切换。

● 可视化的交互设计：只需要拖一拖鼠标，即可完成交互设计，无须编程和了解交互的具体过程，交互设计从未如此简单。

● 支持多种交互事件、命令：内置多种常用的交互方式，如弹出/关闭、内容切换、显示/隐藏、移动、调整尺寸、缩放、旋转、中断等。

● 可手机快速扫描演示 APP 项目：通过扫描二维码，可随时在 Mockplus 的移动端看设计的原型。

● 支持云同步存储：通过云同步，可以达到数据云存储的目的，无须使用 U 盘等移动存储工具，即可异地编辑项目。

产品的优势

● 交互快：在 Mockplus 中原型交互设计已完全可视化，所见即所得。拖拽鼠标，做个链接，即可实现交互。同时，Mockplus 封装了弹出面板、内容面板、滚动区、抽屉、轮播等系列组件，对于常用交互，使用这些组件就可快速实现。

● 设计快：Mockplus 封装了近 200 个组件，可提供 400 个以上的图标素材。作图时，只需要把这些组件放入工作区进行组合，一张原型图就可以迅速呈现。设计者可以把思路用在设计上，而不用为制作一个组件劳心费力。

● 演示快：扫描二维码，原型即可在手机中演示。不需要将其上传到云端，也不需要任何连接线。同时，原型还可以离线在手机上演示。当然 Mockplus 也支持把原型发布到云端，并通过手机端演示。

● 上手快：无须编程；关注设计，而非工具。不需要任何学习就可以轻松上手，不必为学习一个软件而成为工具的奴隶，更不必在学习、买书、培训上花费时间和金钱。

④ Axure RP

Axure RP 目前被很多大公司采用，成为创造成功产品必备的原型工具，其主要使用者包括商业分析师、信息架构师、可用性专家、产品经理、IT 咨询师、用户体验设计师、交互设计师等，淘宝网、雅虎、腾讯、当当网等公司的产品经理也在使用。

产品的主要功能

Axure RP 是美国 Axure Software Solution 公司的旗舰产品，是一个专业的快速原型设计工具，可让负责定义需求和规格、设计功能和界面的专家能够快速创建应用软件或 Web 网站的线框图、流程图、原型和规格说明文档。作为专业的原型设计工具，它能快速、高效地创建原型，同时支持多人协作设计和版本控制管理。

产品的优势

● 作为基于 Windows 的原型设计软件，既可设计手机端原型，也可设计 Web 端原型。

● 可以轻松绘制流程图，及快速设计原型页面组织的树状图。

● 有强大的内部函数库和逻辑关系表达式，只需一点编程基础，便可轻松制作自己想要的任何交互演示效果。

● 可以自动输出 Word 格式的说明文档。

● 可轻松实现跨平台演示，可以在苹果公司的系统上轻松演示(只需在安装 Axure 应用后按提示操作即可)，也可以方便地在 Android 系统上演示。

⑤ Adobe XD

Adobe XD 可为设计师提供一站式的 UX/UI 设计平台，同时也是一款实现设计与建立原型功能相结合的软件产品，它所提供的性能可达到工业级别。设计师可以使用 Adobe XD 完成静态编译、框架图转换成交互原型等操作，并且高效、准确。用户可以在上面进行移动应用及网页原型设计等的制作。

产品的主要功能

Adobe XD 全称 Adobe eXperience Design CC，是一款基于矢量的跨 Mac/Windows/iOS/Android 端的设计工具，能高效率、轻松地完成线框图、视觉设计、交互设计、原型制作、实时预览和共享。

产品的优势

- 用户可以在 Mac 和 Windows 系统免费安装和使用它。
- 界面简洁，使用简单，操作顺手，同时足够专业，因此用“简单优雅，力量不凡”来形容它也不为过。
- 集线框图设计、视觉设计、交互设计、原型设计等功能于一体，可轻松完成用户体验设计的全过程工作。
- 设计师可以在 Adobe XD 上获得更多的权力，可直接将各种文件格式进行编辑，且添加了多画板管理。
- 可以实现快速交互，且可以预览或直接操作演示，也可以分享链接地址，直接在多平台查看。

(4) 用户测试

用户测试阶段的目的是为了检测在一个阶段的设计完成后，成果的可用性是否能满足用户功能、行为等方面的期望。本书侧重原型阶段的测试，这可以帮助我们实现以下几方面的目标：

- 预先发现功能设计与需求满足是否合理的问题，而后进行产品的开发流程。
- 筛选出不必要的功能，节省多余的开发成本。
- 尽早发现交互方式和结构布局方面的不足，从而在迭代过程中进行优化，提升用户满意度。
- 整个用户测试的流程即选择目标用户进行测试；向他们提出模拟操作的目标；记录此过程中及操作后的口述反馈。测试过程并不复杂，但是在整个计划与执行中的细节问题是我们需要深思熟虑的。

在这里，也可以选择花费足够的资金去求助一些精通可用性测试的专家。这些专家十分熟悉整个流程，比如用户选择、任务设计、会话时长的规定、任务结果分析，等等，可以为设计师解决测试中的一切问题。

退而求其次，我们也可以自己参考借鉴一些实践性强并且成本低廉的方法来进行用户测试。考虑到大部分的外援团队虽然具有值得信赖的专业水准，但是却无法比我们更能了解自己的产品和需求。多数情况下，他们最终得到的报告分析结果与我们的预期不相符。

① 测试规模

测试时间保证在 45 分钟之内，目标任务保证在 5 个以内。过度的测试会使用户产生疲劳，影响测试效果。如若测试规模大，预测时间会长达一天，那就应当在每轮测试之间留有半个小时的休息间隔，一方面可以让目标测试用户缓解精神疲劳，另一方面，设计团队也可以在这段时间内对前一轮的测试情况进行讨论。

② 选择测试任务

由于测试的时间和各种资源条件有限，我们在测试中无法做到面面俱到，只能选择那些对用户来说最重要的功能和需求来设计测试的任务。那么如何设计一份好的任务描述文案呢？

“查找一种沙爹酱的替代品。”

“今晚，有位朋友会来你家用餐，他对坚果过敏。看看有什么方法可以相应地调整一下食谱？”

对比以上两种文案描述，我们不难发现，后者的文案更能将用户带入使用场景，给予用户真实的情境感受。

在设计好完整的任务后，检查是否还有一些明显的不足，以确保测试的顺利进行。

③ 制定考量标准

测试结果主要注重可用性方面的问题，通常会以量化的方式呈现，这是为了方便我们直观地比较每轮测试后的迭代效果。需要注意以下问题：

- 用户是否成功地完成任务了？
- 用户完成任务花了多长时间？
- 用户在完成任务的过程里，需要访问多少页面，并产生多少次触摸或点击？
- 用户在完成任务的过程中犯了多少错误，严重程度如何？
- 用户满意度如何？

④ 选择用户

选择用户进行测试时，必须要挑选那些对研究结果有价值的用户，比如研究音乐类的应用时，需要选择那些平时有听音乐需求和习惯，并且会使用音乐应用的用户。

寻找目标测试用户的范围和方式大致包括：亲朋好友、网站发布招募测试用户需求信息、社交媒体中与研究对象有关的用户、公告或邮件等。

⑤ 酬谢回馈

如果测试对象很难获得，你也可以选择利用一些酬谢回馈吸引用户参与测试。这些酬谢回馈的形式可以是：产品推出后优先或者免费使用的特权、一定数量的酬金、网购优惠券或代金券、吃喝等。

⑥ 选择测试工具

选择合适的工具服务可以对用户测试的过程起到推动和辅助作用。

如果产品受众面比较大，可以选择 Feedback Army，它会随机邀请一些用户来回答测试问题，并以文本形式进行回馈。

如果想要用户测试更加高端些，可以选择 User Testing，它会帮助选择合适的用户群体，并将整个测试过程用视频记录下来，完成后将结果反馈给我们。但是它也有弊端，他们选择用户的方式是基于统计数据的，如果用户诚实度不够，最终结果就会出现较大误差。

如果需要与用户进行远程交流互动，那么 Adobe Connect Now 和 Skype 是更加合适的选择，它们在屏幕录制和分享等方面的功能都很强，iShowU（Mac）和 Camtasia Studio

(Windows)也是不错的选择。

当然,面对面互动才是对用户微妙反应进行观察分析的最好方式,整个过程可以用摄像头和麦克风进行记录,并在测试结束后使用 Silverback(Mac)或 Morae(Windows)这类工具回放,进行分析。

⑦ 引导测试进行

测试进行前,需要确认是否一切准备就绪,包括软、硬件的测试,人员的安排等。

测试过程中要保证用户能轻松自在地完成测试,必要时可以向他们解释清楚测试的目的,让他们明白测试关注的对象是产品而不是他们本身,减少他们的紧张感。更安心的办法是事先签订一份简单的授权协议,告知用户测试的整个流程,确保用户的隐私安全。

测试的主持者要保证客观,独立于整个测试事件之外,让用户独自完成任务。一开始可以设置一些简单的问题帮助用户进入情境,但是也要注意不要抛出一些带有个人意愿色彩和具有方向引导性的问题。过程中给予用户足够的鼓励,如若他们在操作过程中犯了错,不要打断他们,给予他们足够的时间思考纠正,必要时再进行干预。

注意提问的问法和方式,比如下面几种问法:

- 你可以描述一下你正在做什么吗?
- 你正在思考什么?
- 这和你的预期一致吗?

⑧ 测试之后

完成测试后,要向参与者表示感谢。一方面,如若他们正好是产品的目标用户群,可以在测试后让他们进行产品满意度评分;另一方面,在测试结束后,立刻记录下测试过程中的一些细节问题。最后和测试团队一起对发现的问题进行归纳总结,确定任务的优先级,并且在下一轮的迭代原型中进行相应的调整。

6.4.2 用 Adobe XD 软件制作原型

下文以有条漫画 APP 为例介绍如何使用 Adobe XD 软件制作原型。

(1) 需求分析

有条漫画 APP →“首页”功能模块的子需求列表如表 6-2。

表 6-2 有条漫画 APP 功能模块的子需求列表

需求名称	需求描述
推荐漫画	在打开有条漫画后,随“鱼”出现的第一个页面,可以直接进行条漫画的阅览,无须注册登录,近期热门推荐的条漫都在上面
关注漫画	点击推荐漫画的旁边就会出现用户所关注的人创作的条漫,此项功能在没有登录的时候是不可以使用的,按时间顺序显示
漫画分类	点击首页左上方的按键会弹出分类列表,在默认情况下分类显示全部,但是也可以自行选择一个或者多个分类,点击“确定”进行操作
搜索漫画	点击首页右上角,会转到搜索界面,搜索关键词会从左向右滑动出推荐搜索词,点击关键词后推荐将不再滑动,同时点击后关键词出现在搜索栏上,如果需要跳转点击搜索才可跳转,不需要再次点击即可取消,同时还有历史搜索关键词

（续表）

需求名称	需求描述
观看漫画	点击首页中的条漫图片，下方有作品名称及浏览点赞数等，点开后会从下向上出现一个小窗口，为了方便较长的条漫浏览，可以在小图模式里预览，若喜欢可以点击中间全屏式阅读
漫画设置	全屏浏览模式后可点击屏幕中间出现的浮标，可以点赞、收藏、评论以及查看弹幕，弹幕由评论组成，可浏览完再切换到评论界面，也可以在浏览过程中进行评论
关注作者	在浏览漫画中的全屏浏览界面的右下角有“关注”按钮，点击后即可关注，再次点击便会取消关注
作者资料	在浏览漫画中的全屏浏览界面的右下角有头像的图标，点击头像即可看到作者的详细资料，也可查看作者所上传的所有条漫以及其他信息，也可以给作者发消息
浏览、收藏与评论	在浏览的漫画下方会显示浏览该漫画的人数、收藏人数以及评论条数等，可帮助用户进行选择

有条漫画 APP →“社区”功能模块的子需求列表如表 6-3。

表 6-3 “社区”功能模块的子需求

需求名称	需求描述
社区圈子	社区功能主要分为两大主体，圈子是其中之一，主要以话题之海、加入的圈子及热门圈子组成
社区大神	社区功能的另一大主体，单击顶部“大神”按键，即可进入，在其中用户可以看见曾关注过的作者的日常动态，以及一些未关注但是热门的“大神”的动态
每日热推	在社区圈子的最上方有一排图片，这些图片就是每日精选，可以左右滑动调换图片，每日会更换为前一天点击量最高的圈子所发的图片
搜索圈子	点击社区界面的右上角放大镜按钮会跳转到搜索界面，在其中可以输入相对应的圈子的关键词，根据关键词可以找到对应的漫画圈
话题之海	在社区圈子中每日热推图片之下有话题之海的分栏，点击“＜”符号即可进入话题之海页面，社区主页中显示的是相对热门的话题(类似于微博超话等)
社区动态	进入社区界面后一直往下滑动，不断出现的都是社区的动态，查看顺序为时间，动态信息中主要包括文字、图片、话题链接等，并且可以看见这些信息的点赞、评论
点赞/取消点赞	登录后的用户可以对社区所有动态进行点赞或取消点赞操作
评论/取消评论	登录后的用户可以对社区所有动态进行评论交谈或者删除自己已发表的评论内容
上传文字	在社区窗口，点击“＋”按钮，然后在“标题和内容”框里输入文字，完成输入后选择标签，确认无误后再点击“确认发布”按钮即可
上传图片	在社区窗口，点击“＋”按钮，然后在“标题和内容”框里输入文字，然后再点击图片标识，可以选择上传手机内已有的图片，也可点击进入在线绘制页面，完成上传后选择标签，确认无误后再点击“确认发布”按钮即可
输入标签	在上传文字和图片的过程中必须填写标签，可以点击“输入标签”自行输入，也可以点击下面的“推荐标签”按钮，选择适合的标签

有条漫画 APP →“产粮(发表)”功能模块的子需求列表如表 6-4。

表 6-4 “产粮(发表)”功能模块的子需求

需求名称	需求描述
原创发表	在产粮窗口，当想要发表原创条漫时可以点击“原创”按钮，添加需要上传的图片以及文字介绍，加上标签后即可上传
转载发表	在产粮窗口，当想要转载他人条漫时可以点击“转载”按钮，添加需要上传的图片以及文字介绍后，需要再次添加作者的授权图、ID 以及条漫原出处，最后加上标签即可上传，上传后需要审核通过才可完成发表
添加标签	在上传的步骤中需要添加标签，这些标签是固有标签，与分类栏中的标签相同，为了能更好地寻找相对应的条漫，上传时必须选择一个或者多个标签
现场绘制	在原创发表内，点击上传图片后可以选择现场绘制，当然也是类似于简笔画那种，看看谁是灵魂画手

有条漫画 APP →“我的”功能模块的子需求列表如表 6-5。

表 6-5 “我的”功能模块的子需求

需求名称	需求描述
注册	输入手机号码，获取验证码进行手机绑定，输入密码，再次重复密码，其余信息注册后再自行更改
登录	在注册过之后可以选择输入账号、密码登录，或者通过第三方如腾讯 QQ、微信、微博等授权后快速登录
详细资料	在初次登录过后，会使用系统默认咸鱼头像，ID 为咸鱼 n 号(n 为注册个数)，如需要更改，可以点击头像进行详细资料更改，更改完成后点击“确定”完成上传
签到	签到每日可点击一次，点击“签到”按钮即可完成签到，点击“确认”获取 10 枚咸鱼币
我的消息	当“我的消息”上方出现红点，则表示“我”有消息未查看，点击可进入聊天页面，可与他人进行聊天互动
浏览历史	在浏览条漫过程中所有点开看全屏的条漫都会被记录，点击浏览历史会按照时间顺序展示所浏览的条漫
咸鱼商城	在“我的”窗口，点击“咸鱼商城”后可进行物品购买，咸鱼商城属于可以线下购买周边产品或者会员的地方，点击进入后可进行购买
积分商城	在“我的”窗口，点击“积分商城”后可进行物品兑换。通过签到以及完成任务获得的金鱼币和咸鱼币，可以用来换一些打赏礼物以及可兑换的会员商品等
我的任务	点击“我的”窗口中的“我的任务”便可进入，里面会发布每日任务以及每周任务，完成任务可获得咸鱼币，咸鱼币可兑换为金鱼币用于商城购物
我的作品	在“我的”窗口，点击“我的作品”，会陈列出所有曾经上传的作品，可以按时间排序，也可以按热度排序
问题反馈	点击“问题反馈”，可以向开发商发表建议以及提出所遇到的问题
设置	点击右上角的“设置”按钮可以进行账号安全设置、账号切换等操作
我的粉丝	在“我的”窗口中可以在头像下方看见“粉丝”人数，点击进入可以看见粉丝详情
我的关注	在“我的”窗口中可以在头像下方看见“关注”人数，点击进入可以看见关注者详情

(2) 线框图制作

在开始进行线框图制作之前，先来简单介绍几个基本工具和基本快捷键。

Adobe XD 的基础工具栏如图 6-42 所示，包括选择、矩形框、椭圆框、直线、钢笔工具、文字、画板和缩放 8 个基本工具。

基本快捷键如表 6-6 所示。

表 6-6 Adobe XD 的部分快捷键

功能	快捷键	功能	快捷键
后退	Ctrl+Z	缩放适应窗口	Ctrl+0
重做	Ctrl+Shift+Z	缩放至 100%	Crtl+1
剪切	Ctrl+X	缩放至 200%	Crtl+2
复制	Ctrl+C	图层	Ctrl+Y
粘贴	Ctrl+V	拖动画面	空格
全选	Ctrl+A	网格	Ctrl+’
组合	Ctrl+G	资源	Ctrl+Shift+Y

图 6-42 Adobe XD 的基础工具栏

图 6-43 “热门”“关注”线框图

① “热门”“关注”线框图制作

制作如图 6-43 的线框图，首先打开 Adobe XD 软件新建一个画板，根据需要制作界面的手机型号建立与之尺寸相符的画板(图 6-43 尺寸为安卓手机 360×640 像素)。

点击画板工具按钮，在右边可以看见常用的尺寸，按住 Alt 可以复制多个画板备用，记住要点击 Android 手机-1 蓝色的“Android 手机”按钮才可以复制画板，包括画板上的所有图层。接下来需要使用到的工具为矩形框工具、椭圆框工具、直线工具以及文字工具。

建一个矩形点击矩形中间“ ”这个按钮，长按进行拖拽可以制作出圆角，制作线框图时需要有清楚的边界线，填充 边界 大小 2 虚线 0 间隙 0 中把右边边界颜色改为黑，大小根据个人喜好可改为 2 或者 3，调整更改后如。

接下来使用直线工具，在适当的位置进行点击，按住“Shift”键可以建一条横向或者纵向的直线，同样用选择工具点击直线，在右边把边界改为黑色，大小改为 2，便可以建出所需要的图形，接下来按照相同的方法就可以把线框图制作出来。在没有底板的时候可以直接用鼠标选择这两个物体来进行复制，选择两个及以上物体的时候，可以先点击一个物体然后按住“Shift”键再选择其他需要选择的物体即可。

在制作线框图的时候为了方便排版，可以按住“Ctrl”键后再点击画板，再在右边点击网格工具(如图 6-44)进行辅助。

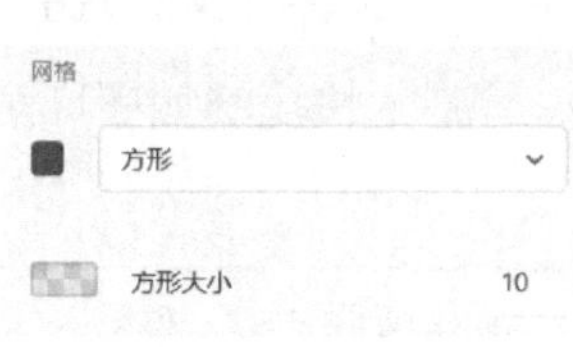

图 6-44　网格工具

按照这样的方法便可制作出如图 6-43 中的线框图了。

② “我的分类”页面制作

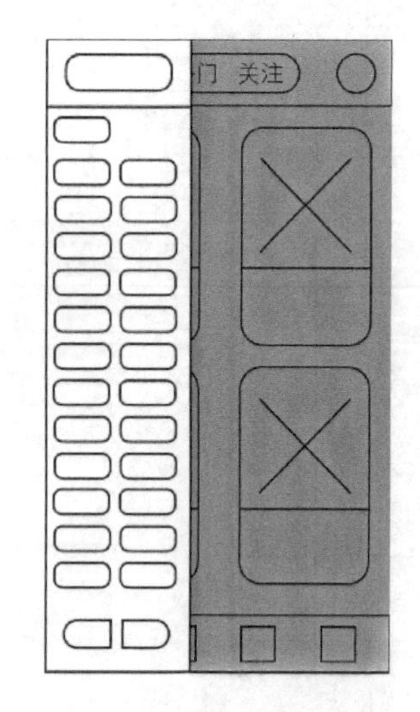

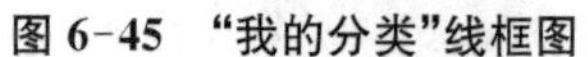
图 6-45　“我的分类”线框图

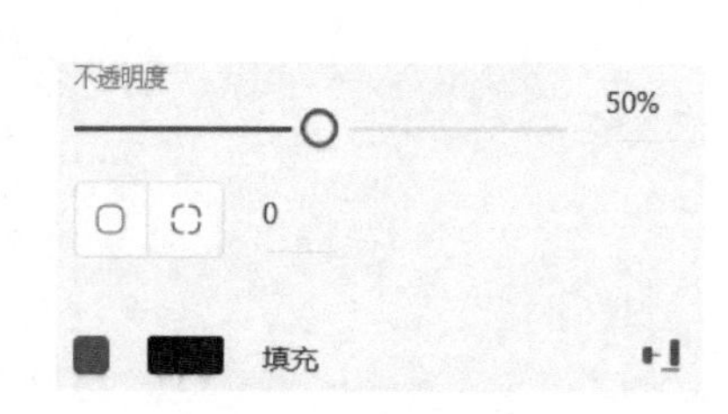

图 6-46　填充工具内容

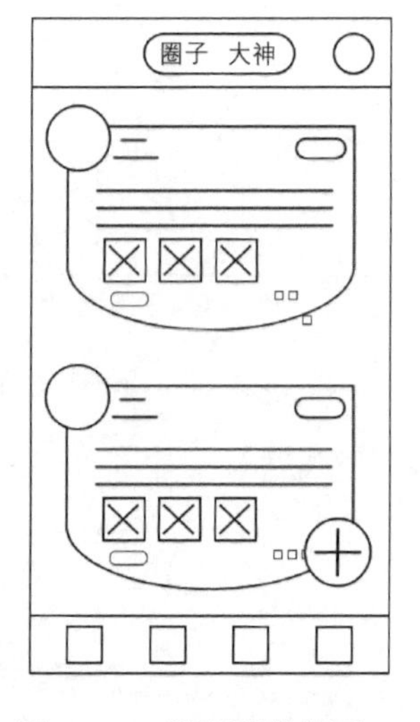

图 6-47　“圈子”线框图

复制上一张线框图，再在上一张线框图的基础上进行制作，首先建一个 360×640 像素尺寸的矩形，填充颜色为黑色，不透明度为 50%。

然后在黑色的图层上建立矩形，记住边界为黑色，大小为 2，填充为白色，不然将无法覆盖住，下面按照之前介绍的方法建立如图 6-45 的线框，此时会发现在用“Alt”键进行复制的时候 Adobe XD 会提醒间距，这使制图在很大程度上更加方便了。

③ “圈子”线框图制作

制作图中的线框图首先需要把这个形状的图形制作出来，通过一个矩形与一个椭圆的叠加，然后把这两个物体全选，右边就会出现，点击第一个添加便可得出所需图形。

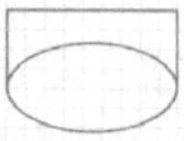

在这里介绍一下减去功能，表示由上层物体减去下层物体，所以在制作的过程中一

定要关注图层问题。例如 变为 ，这张线框图便可以通过之前所学内容进行叠加了。

④ “大神”线框图制作

制作这张线框图(图 6-48)，为了方便，可以直接从上一张画板中将页头、页尾使用“Alt”键复制过来，这也能保证线框图的框架位置不变。在后面制作高保真图像的过程中，也要注意位置的一致性，所以在相差不大的画板上，建议复制后直接修改。这张线框图与之前所讲的线框图最大的差距就是这个小三角，由于 Adobe XD 没有三角形工具，所以有两种方法制作图 6-48 中的这个形状。

图 6-48 “大神”线框图

方法一：首先，建造一个正方形，点击矩形工具，按住“Shift”键即可建立一个正方形，然后将正方形旋转至适当的角度，这里旋转了 45°如 。

其次，再建一个矩形将它的上半部分挡住，如 ，将两个形状全部选中，在右边点击“ ”减去键(快捷键：“Ctrl+Alt+S”)，得到一个倒三角形 。如果对所得形状不满意，可以在 选择键的基础上，双击三角形即可重新裁剪 ，而且之前建立的矩形也没有消失。

最后，再建一个圆角矩形将三角形覆盖，得到 ，全部选中后点击右边“ ”添加键(快捷键：“Ctrl+Alt+U”)即可。

方法二：当需要一个灵活度高不死板的图形时，可以使用钢笔工具。

使用钢笔工具直接画出一个三角形 ，图中这三个点都只需双击就可直接拖动，以便调整到一个合适的位置。

和方法一一样，建一个圆角矩形之后点击添加便可得到图形 。这张线框图剩下的部分按照之前的方法来进行制作便可。

接下来介绍一个在线框图里表现得不明显，但是在制作高保真图像的时候十分关键的两个要点。

向下滑动

当需要制作一个可以上下滑动的页面时，首先需要思考哪些是需要固定在相同位置不变的，哪些是要进行变动的。思考不全面也没事，点击屏幕右上方的 ▶ 桌面预览按钮，可以在制作过程中预览制成的效果。当然，在这之前需要先点击所需要预览的画板，否则会默认为从首页开始播放，一整套完整的作品里只会有一个首页 ，可以根据个人需要进行调整。

制作一个可以滑动的页面，需要对最开始所建的底画板进行调整。按住“Ctrl”键，点击底画板(不一定是最下面的那个图层，在制作的过程中可能使用过“置为底层”按键，所以一定要是画板)进行调整，画板的大小和宽度不动，只把高拉长制作成如图 6-49 所示的样子。

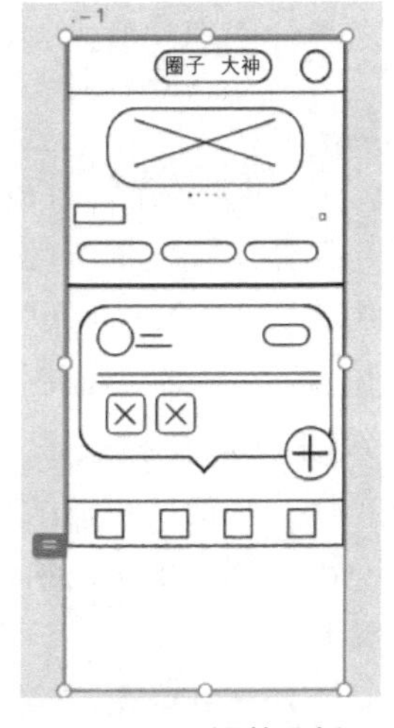

图 6-49 调整画板

当然，还是需要拉动更长，这里只是做个范例。

然后把页头、页尾、浮标各自建组(注意重命名)，再依次选中选项右边的☑ 滚动时固定位置，接下来进行预览测试，直到完全符合要求便可。

重复网格

和制作外框架一样，内容需要做改变。如果是在 Ps 中，需要一个个进行复制，并且需要不停地用标尺确定位置、间距等，但是在 Adobe XD 里有个非常方便的工具叫作重复网格，可以快速完成该任务。

这个部分是需要不断重复的，所以先建个组，然后选中，点击右边添加键上方的 重复网格 按钮，会出现图 6-50。可以根据自己所需，向右、向下拖移得到图 6-51。

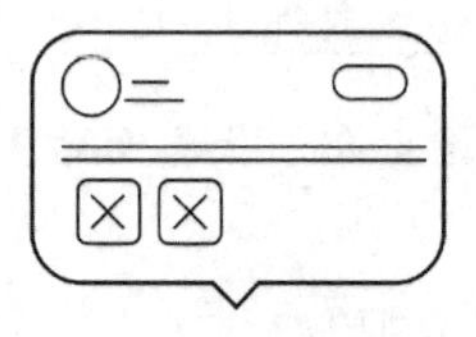
图 6-50 元素成组

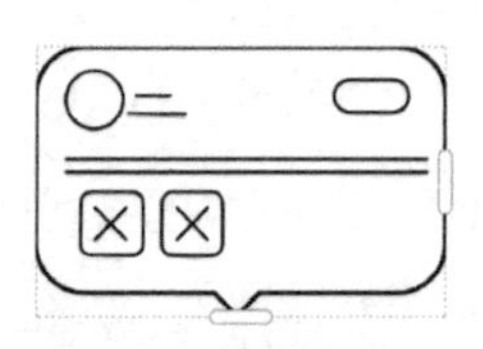
图 6-51 重复网格 1

图 6-52 重复网格 2

需要多少重复网格便建立多少(如图 6-52)，完成后点击 取消网格编组 即可。如果要对里面单个物体进行修改，可以先取消组，修改完再重新建组，以方便浏览和整体移动。最后预览如果出现覆盖，则要开始检查并把所有滚动时固定位置的组置为顶层，完成后再整体检查一遍，确认无误后做下一个版，预览效果如图 6-53，设计效果如图 6-54。

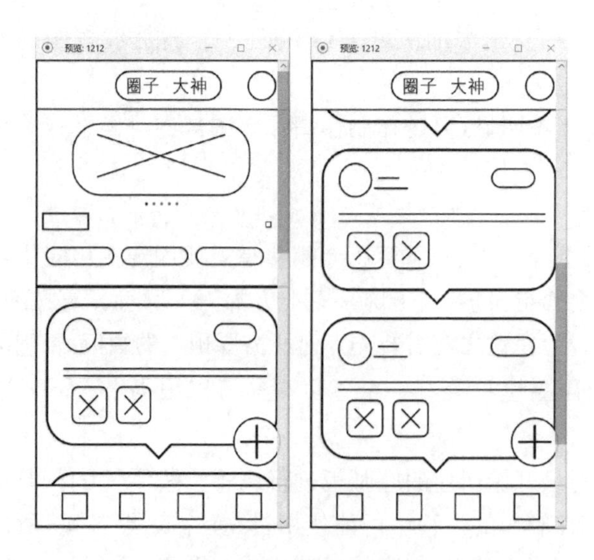

图 6-53 预览效果

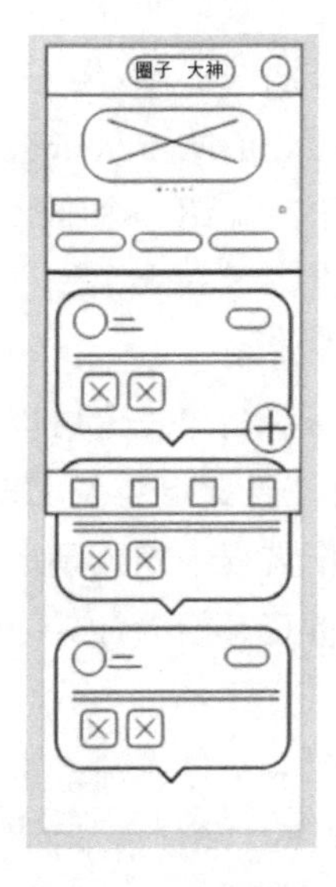

图 6-54 设计效果

(2) 高保真图像(如图 6-55)制作方法

方法一：由于 Ps 与 Adobe XD 同为 Adobe 公司的软件，所以两者之间是可以互通的，在 Adobe XD CC 以上版本的 Ps 中可以使用画板工具，然后在 Ps 中制作好图保存为 PSD 文件，再导入 Adobe XD 里进行交互制作也是可行的。但是大部分的时候 Adobe XD 会改变 Ps 中文字的尺寸，所以这只是办法之一。

方法二：在 Ps 中制作好图片保存为 JPG 格式，然后拖拽图片进入 Adobe XD。但是这个办法要想清楚需要展示的动效，然后把所有会动的物体单独保存成 PNG 文件，再把 PNG 文件拖入到所需要的画板中。

方法三：当在制作一个不需要有纹理和花样的版时，可以选择在 Adobe XD 里直接制作，Adobe XD 的钢笔工具比较人性化，上手也是比较容易的。

接下来是以上三种方法的示范：

图 6-55　高保真图　　　　图 6-56　Adobe XD 制作高保真图像 1

方法一：先在 Ps 中把需要的图层制作好，保存在桌面上方便使用，然后打开 Adobe XD 单击 ≡ 按钮，再点击“打开”，选择制作完的 PSD 文件，打开后将会出现一个独立的版，如图 6-56。

此时可以看见左边会像 Ps 一样显示所有的图层，可以对单独的物体进行编辑。

方法二：在 Adobe XD 中建立多个画板，然后将 JPG 格式图拖入画板中，为了制作动态效果，可以将已保存的 PNG 文件拖入画板中制作成如图 6-57 的效果。

由于需要的动效是由外向里弹出的，所以将 PNG 文件放在了画板的边缘。

方法三：在 Adobe XD 中直接作图与制作线框图一样，只不过这一次需要加上颜色。

如图 6-58(a)所示，Adobe XD 有一个非常棒的功能就是可以把图片直接拖进矩形框中，它们会自动适应矩形框的外形，如图 6-58(b)所示，双击矩形框可调节图的显示位置。在制作的过程中一定要明确图层问题，比如说浮标要浮于顶层，特别是展示长图页面时要固定位置，所以需要把要固定的图层都选上，然后再在右边框选勾上☑ 滚动时固定位置 。

图 6-57　Adobe XD 制作高保真图像 2

图 6-58　Adobe XD 制作高保真图像 3

(3) 交互动效制作

之前在制作高保真图像的时候是在设计页面制作的，但是制作交互时需要在“原型”中制作，即在 设计　原型 中选择“原型”。制作交互时需要思路非常清晰，在制作动效的时候一定要想清楚由什么按钮来触发，由什么按钮来返回，除了时间动效，其余的动效都是一个动作一个指令。虽然 Adobe XD 软件相对于新出来的其他软件能够使用的效果比较少，但基本可以完成需要的效果，其主要的交互动效制作按钮，如图 6-59。

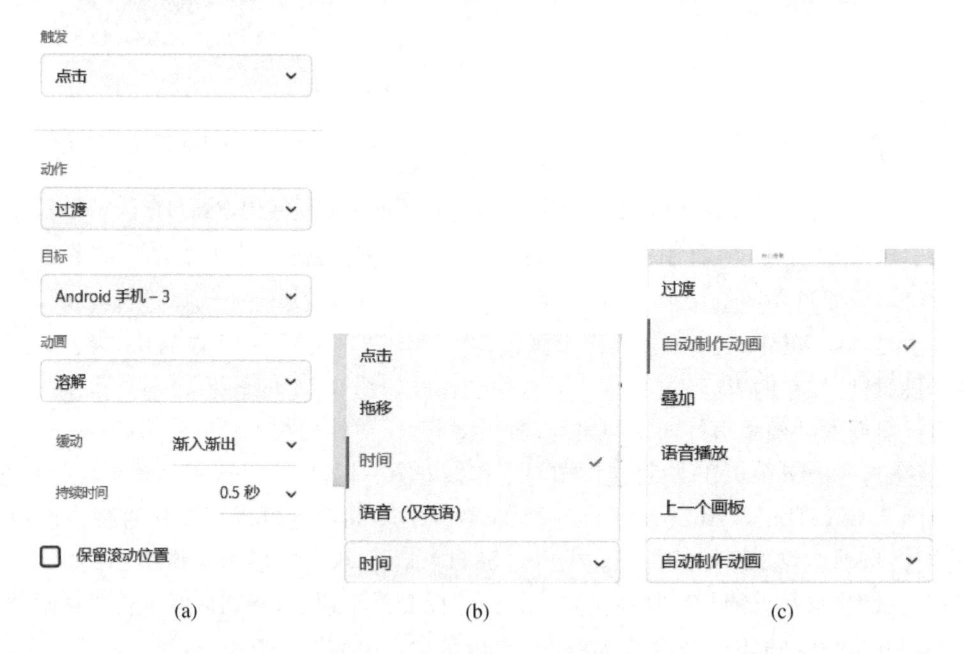

图 6-59　交互动效制作按钮

首先，介绍一下触发功能，触发条件只有 4 个，点击、拖移、时间和语音，由于语音只限英文使用，所以这里暂时不介绍。点击很好理解，就是点了一个键就会触发一个效果；拖移也很好理解，就是把一个物体拖移到另一个地方之后会触发一个效果；时间就是无需点击，到了一定的时间就会自动进行变化。

其次，动作模块主要有 5 个，同样在此只介绍前 3 个，即过渡、自动制作动画、叠加。其中最普通的就是过渡，动画效果表现为可以上、下、左、右滑动或者渐入、渐出。如果这些都不需要可以点击“无”，动画展示的持续时间最短为 0.2 秒，最长为 5 秒，不同的持续时间可能会展示不同的效果。最常用的也可以说是最有效果的就是自动制作动画，它可以将画面变得有趣生动。而叠加可以用到的地方相对较少一些，下面将会一一讲解。

① 过渡

当从第一个页面转化到第二个页面时，笔者会优先选择过渡，如图 6-60，然后将时间调至较快，效果就像一般 APP 一样发生页面的跳转。

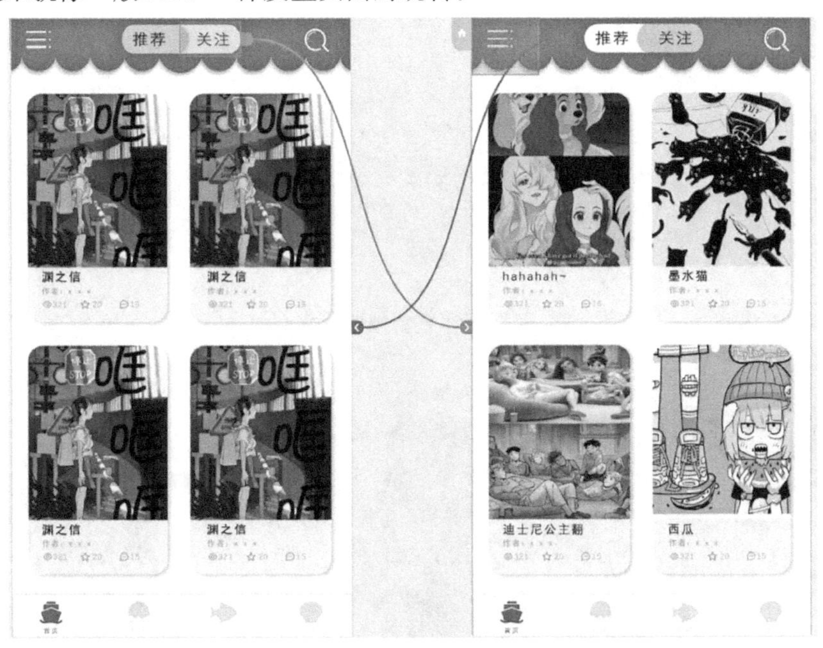

图 6-60　过渡

根据自己所适合的效果选择相对应的动画，这里笔者选择了溶解。

② 自动制作动画

有条漫画 APP 的进入页面做的是一条鱼向上抽拉的效果，触发条件是点击“有条漫画”界面的任意地方。第一块版和第二块版之间共存的那条鱼的图像由复制而来，所以无论是形状、大小还是名字都是相同的，自动制作动画动起来时版的颜色和大小都可以改变，唯一不可以改变的就是名字，必须要保持两个版的名字相同，然后再进行连线。由于进入页面后是单项页，所以不设置退回的连线。图 6-62 中所运用的是渐入渐出效果，其他几样效果也很有趣，例如比较常见的弹跳。

如图 6-62 中，当需要分类栏从左向右弹出时，就应该以“☰”为触发键，再从第一个版

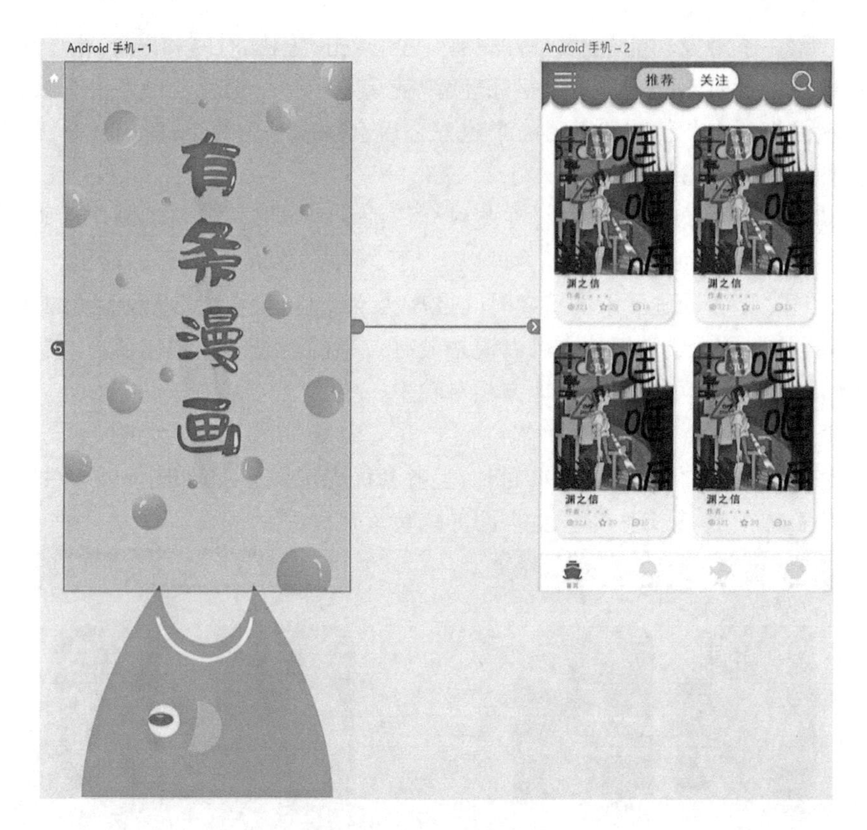

图 6-61　自动制作动画 1

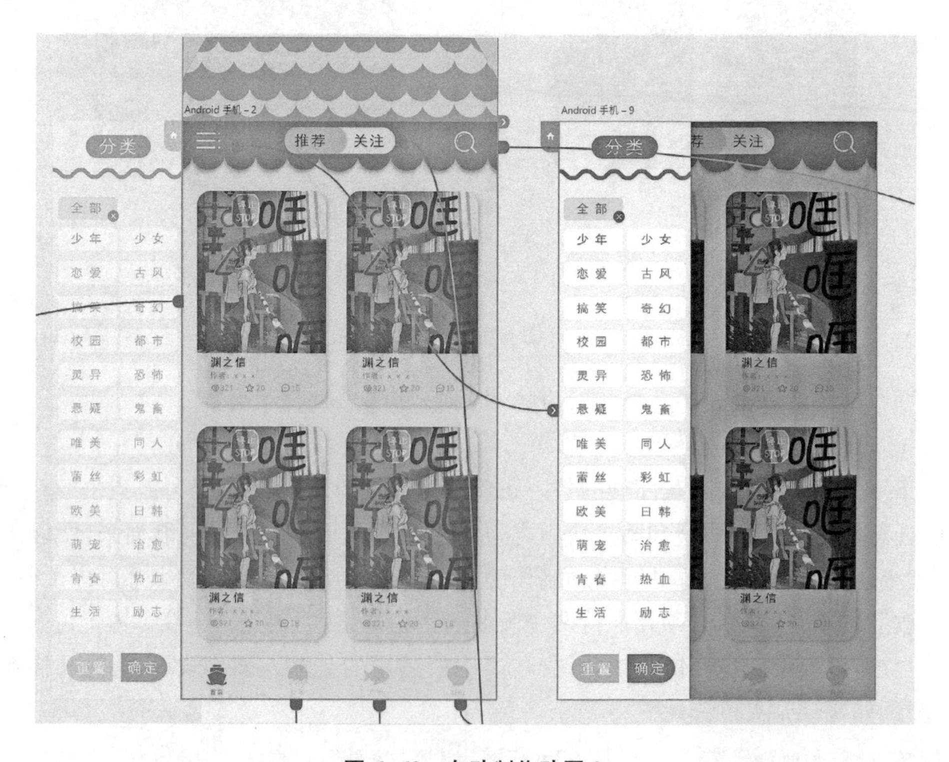

图 6-62　自动制作动画 2

连向第二块版即可，动作选择自动制作动画效果中的弹跳，时间设为 0.8 秒，将会出现所需要的动画效果。但是我们只做了由“1”到“2”却没有做由“2”到“1”的动画效果，所以我们应该把“确定”键设置为返回的触发键，这样在这两个版之间，就可以进行无数次的来回，而且同样都是自动制作动画效果。

③ 叠加

叠加效果在该 APP 上的表现为：页面中的画面可以进行上下滑动。当然，同样需要一个触发键。根据个人需要选择适当的触发键，叠加效果所形成的线为虚线，表示为覆盖在画面上的动效(图 6-63)。

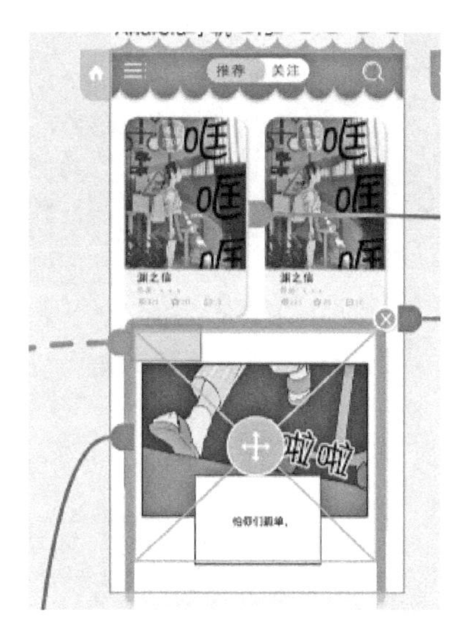

图 6-63 叠加

④ 时间(触发)

两个版基本上是一模一样的(图 6-64)，唯一的不同只是一个图层的摆放位置，将总画板中的 > 按钮连接到下一个画板，就可以进行时间动画的播放了。此处建议时间调为 5 秒，如此不至于过快。

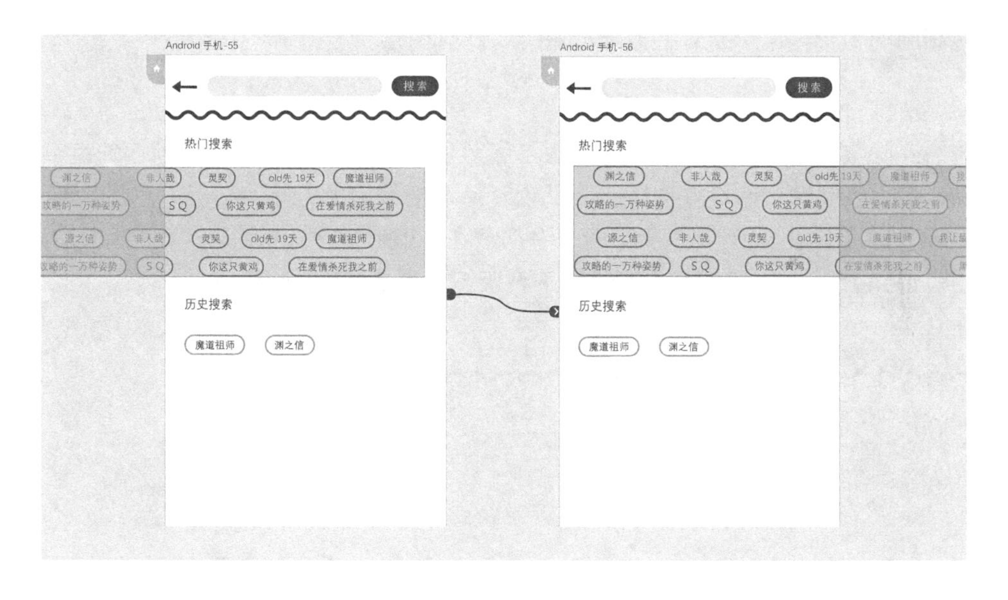

图 6-64 时间(触发)

⑤ 点击→从内弹出

在制作动效的时候，并不能全部都直接使用基础效果来进行制作，这会导致画面太过于单一、无趣，所以在很多小细节上需要有一点“小心机”。接下来看一下制作图 6-65 这个动效所用到的两张版(见图 6-66)。

这是很普通的两张版，触发线也就只有一根，那么要从什么地方把气泡弹出，这是需要考虑的问题。这两张版所有的图层都是一模一样的，那么版 1 比版 2 少的内容藏在哪里呢？这是制作这个动效的关键。要隐藏一样东西就会需要另一样东西来遮挡，此时可以建一个

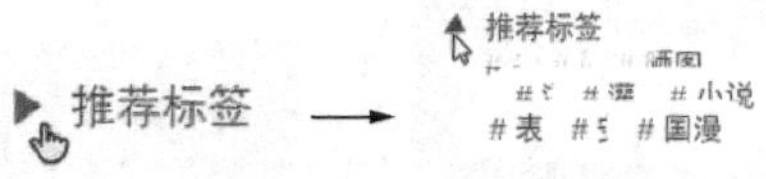

▶ 推荐标签 ⟶

图 6-65　点击→从内弹出

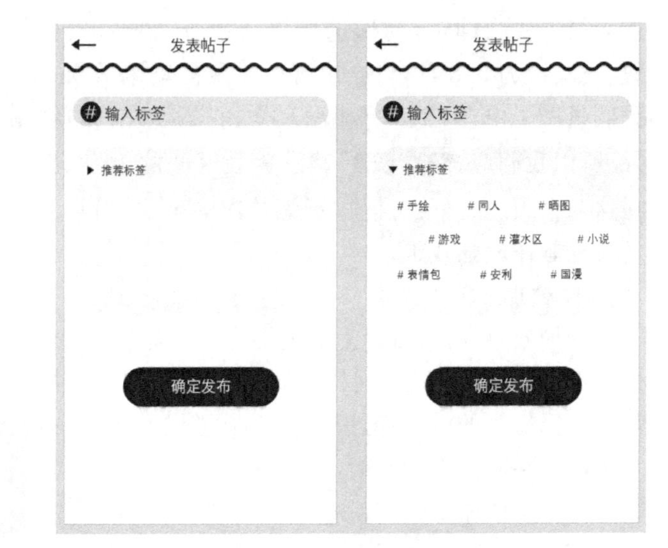

图 6-66　版 1 与版 2

与底色相同的矩形，然后将文字放于顶图层，目前图层为这个顺序排列：小三角 推荐标签 隐藏板 底蓝色。

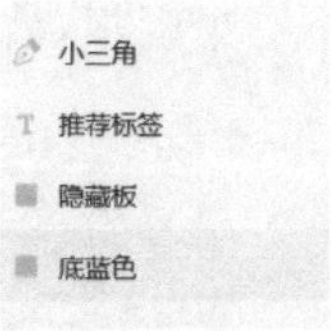

接下来需要隐藏的东西便要放置在隐藏版与底蓝色之间，将小气泡制作好后，各自打组（方便移动），然后复制这个制作好的版。为了较容易地把气泡藏起来，在另一个版里先改变隐藏板的颜色。接下来，只需要把所有的气泡都藏在隐藏版之下，然后调整小三角形的角度，这样便可得到图 6-67。我们在原型模式下将版 1 与版 2 相连，如图 6-67。

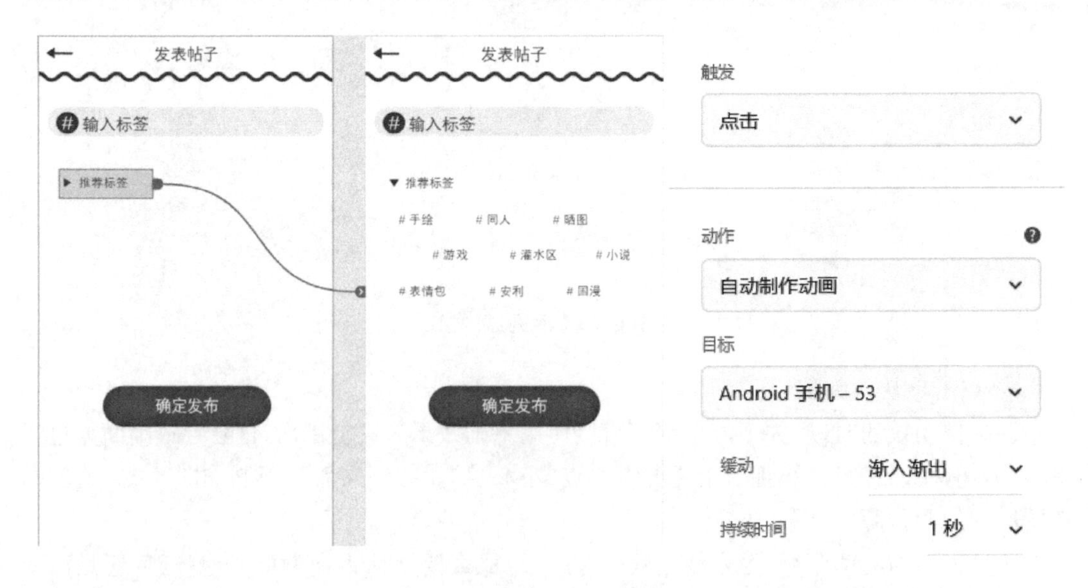

图 6-67　动态生成图

最后我们需要一个能来回点击的动效(图 6-68),所以要将这两个版制作一个来回,以此完成连接。制作完成后预览一下效果,确认无误后便可进入下一个步骤。

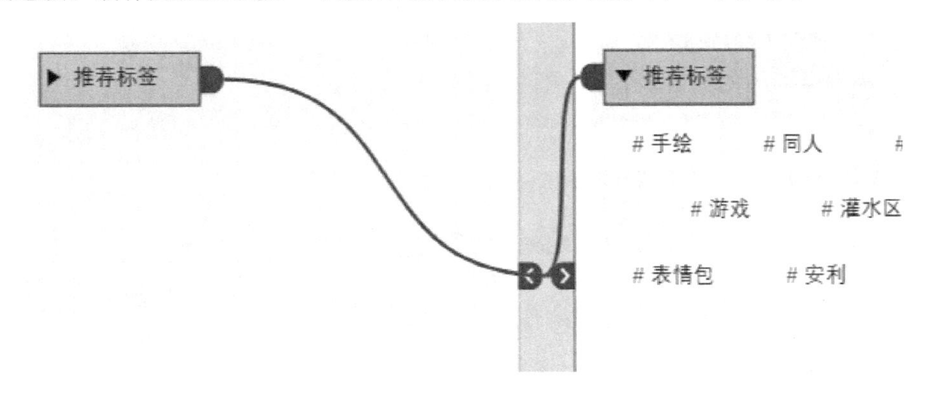

图 6-68 来回点击

当所有的高保真原型图都制作完成后要开始最后的交互汇总,之前在制作的时候可能已经连上不少,现在需要从头开始测试,哪里衔接不上哪里就需要更改。所以笔者的建议是按照线框图的顺序来制作高保真原型图,在制作高保真原型图的过程中要反复尝试交互,两样同时进行,一边做一边预览看效果(图 6-69)。这样设计师需要更改的内容就不会太多,自己对交互的理解也会更加深刻。

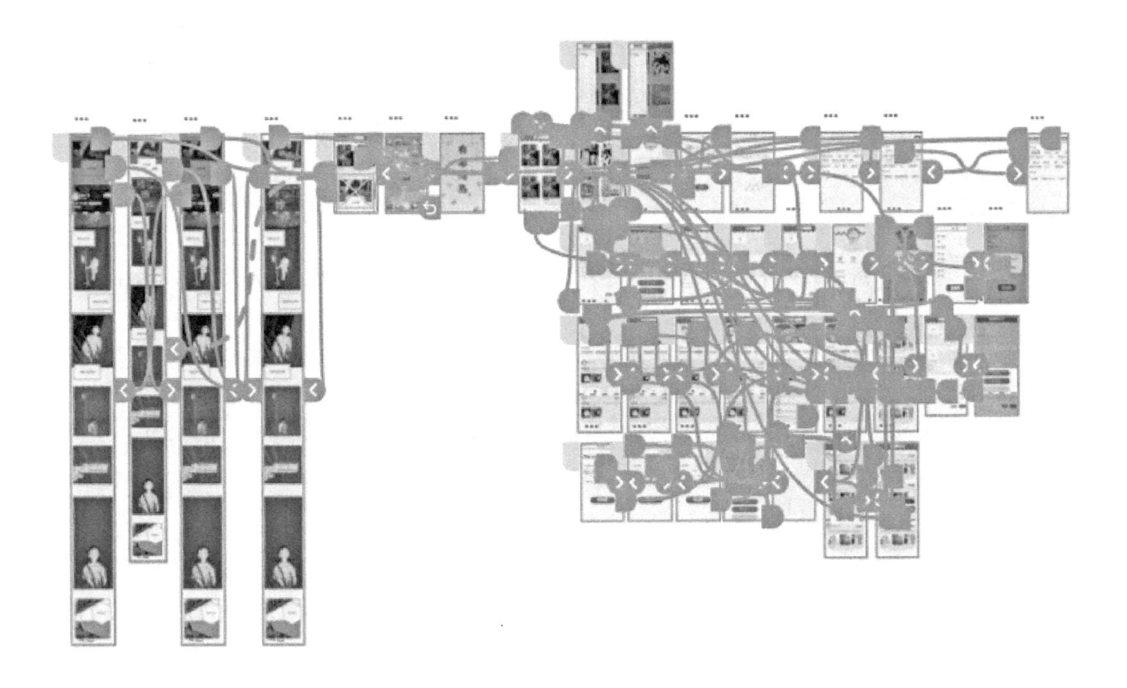

图 6-69 完整的动态生成图

当制作这样的高保真原型图时,思路一定要非常清晰,不然极有可能会出错,必要的时候,可以导入到手机上进行模拟测试▫。对于一个完整的 APP,在设计师自己能够进行操作后，可以找一些用户来试用一下，看看用户的感受如何，再进行迭代设计。

当全部的内容都在 Adobe XD 里完成之后，需要把做好的导出保存成 JPG 格式时，可以这样操作(图 6-70)：

点击选中要导出的画板，然后点击 ≡ ；

点击导出键；

根据需求选择，导出在建好的文件夹里。

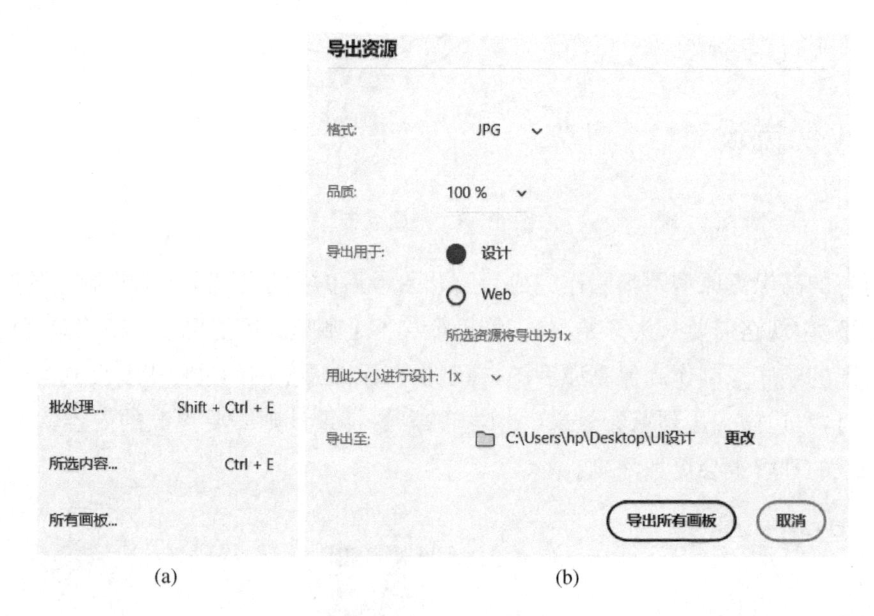

(a)　　(b)

图 6-70　保存操作

参考文献

[1] 赵璐，史金玉，郑童. UI 点击愉悦：情感体验介入的界面编辑设计[M]. 北京：人民美术出版社，2015.

[2] 廖宏勇. 数字界面设计[M]. 北京：北京师范大学出版社，2010.

[3] 李晓斌. UI 设计必修课：交互＋架构＋视觉 UE 设计教程[M]. 北京：电子工业出版社，2017.

[4] 陈丽，刘慧琼. 媒体界面交互性设计的流程和原则[J]. 中国远程教育，2006(4)：22-30.

[5] 李敏. 计算机游戏界面设计中的人机交互性研究[J]. 艺术与设计(理论)，2007(3)：99-101.

第 7 章　视 觉 设 计

界面中的视觉设计就像产品的造型一样，是一个重要的卖点。界面的视觉设计不是单纯的美术绘画，它需要考虑诸多因素，并且要为用户而设计，是纯粹的科学性的艺术设计。

7.1　UI 视觉设计风格

UI 视觉设计风格就像绘画艺术一样表现形式众多，本小节从造型、文化、类型三个角度去介绍当下一些常见和不常见的 UI 设计风格。

7.1.1　造型风格

(1) 拟物化风格

拟物即对实物的模仿，在界面中如果使数字对象更接近真实的事物，那么用户就会更容易懂得它们的含义，这样用户也会更易使用产品。

拟物化设计风格的特点：模拟真实的物体，包括材质、光亮等；喜欢提取真实事物的特性加入设计中，如图 7-1 和图 7-2 的拟物化风格 logo 与界面所示。

(a) 拟物化风格软件 logo

(b) 拟物化风格相机 logo

图 7-1　拟物化风格 logo

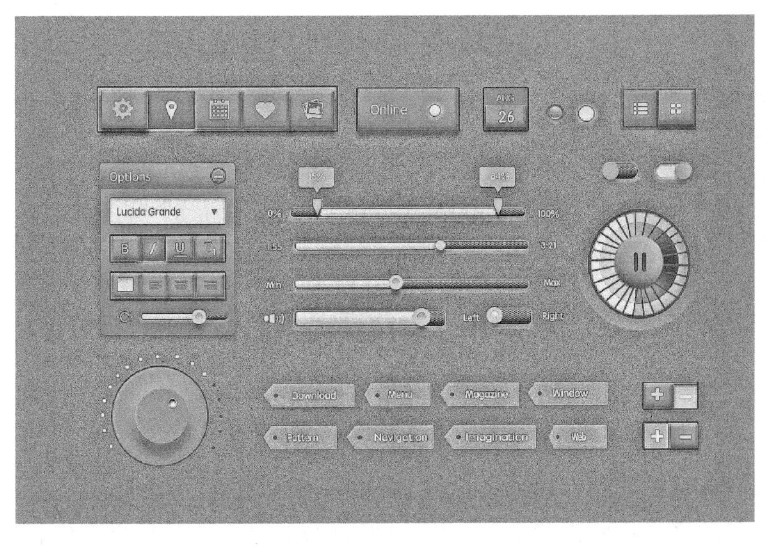

图 7-2　拟物化风格播放器界面

同样，拟物化风格也有着其劣势：拟物化会给人浮夸、复杂的感觉，对于质感追求较高的用户，这样的风格会降低信息传达的效率。

另外，当一个界面完全模仿真实事物的界面时，用户会希望二者之间能有同样的操作方式，但这并不是都能得到满足的，这就导致了用户的操作障碍。而且，同一套拟物界面面对不同的用户，也会有不同的影响。通常情况下，拟物界面在影响用户情感体验的本能层面具有较大的优势，它能够在视觉上吸引用户，但对交互功能并不一定有质的提升。

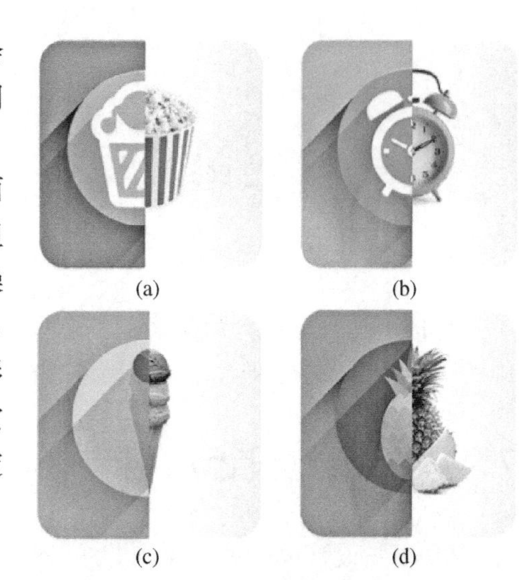
(a) (b) (c) (d)

图 7-3　扁平化和拟物化风格的 logo 对比

(2) 扁平化风格

扁平化设计是极简的设计，它使用最简单的设计来传递最核心的信息。与拟物化不同的是扁平化没有阴影、高光等多余的修饰，更突出其传达的核心信息。如图 7-3 和图 7-4 是扁平化风格和拟物化风格的 logo 和界面的对比。扁平化风格的优点可简单概括为：简洁、专注、清晰、兼容。

(a) 扁平化风格的书架

(b) 拟物化风格的书架

图 7-4　扁平化和拟物化风格的界面对比

扁平化设计风格的理念：放弃任何附加效果，突出重要的信息，简化交互的流程。从图 7-5和图 7-6 的扁平化风格的 logo 和界面可以看出，UI 扁平化设计的核心是强调信息本身。

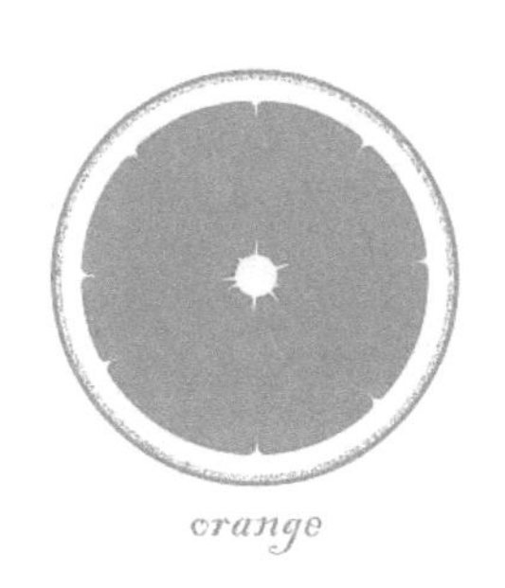

(a) 扁平化风格软件 logo

(b) 扁平化风格相机 logo

图 7-5 扁平化风格 logo

图 7-6 扁平化风格播放器界面

同样，UI 扁平化设计也具有局限性：UI 的扁平化设计正如瑞士国际主义风格那样，具有冷漠、理性和功能主义的特征，但过分的理性化与公式化导致其丧失了个性，忽略了用户的情感化需求，具有较大的局限性。

(3) 低面建模风格

低面建模风格又叫低多边形(low poly)风格，是在扁平化风格的基础上发展起来的一种抽象风格，也是最近非常流行的一种移动视觉设计风格，它的特点是低细节，面又多又小，容易形成一种简洁、抽象、冷硬的视觉形象，凸显复古未来派的特点。如图 7-7 和图 7-8 是低

图 7-7 低面建模风格 logo

面建模风格 logo 和界面。

图 7-8　低面建模风格界面

低面建模一词最早产生于计算机游戏的三维实时渲染，指在电脑三维图形中具有相对较少的多边形面。其中三维图形是计算机通过运算多边形或曲线，在各种媒体如电影、电视节目、印刷品中快速创建模拟三维物体或场景的视觉效果。而构成三维图形的基本单位就是多边形，对于三维模型而言，越多的多边形面意味着能展示越多的细节，但计算机的运算速度也会变得缓慢，在同等引擎和硬件条件下，为了缩短渲染时间，场景中的多边形面必须减少。在这种情况下低面建模也就应运而生了。

这种设计风格可以是 3D 模型，也可以是平面图案，如图 7-9。它已然成了一种新的审美倾向，开始冲击经典的审美标准。

(a) 低面建模模型

(b) 平面模型

图 7-9　低面建模模型与平面模型对比

(4) Material Design 风格

Material Design 又叫原质化设计，是谷歌在 2014 年推出的一种设计风格。原质化不属于拟物化或扁平化其中的任何一种，如果说拟物化与扁平化是两种极端的话，那么原质化则是处于拟物化与扁平化之间的某个平衡点。如图 7-10 是拟物化、扁平化和 Material Design 三种风格的对比，与其说 Material Design 是一种视觉风格，倒不如说它更像是一种设计语言。

(a) Skeuomorph 拟物

(b) Flat 扁平

(c) Material Design

图 7-10 拟物化、扁平化和 Material Design 风格的对比

Material Design 风格的特点：在色彩方面，使用大色块，色彩大胆但不影响内容的表达，一般包括一个主色和一个强调色；在版式方面，采用网格规范版式，每个网格都可以根据移动设备的适配情况有不同的宽高比。另外，它非常重视动效，通过动效将页面与页面之间以及页面与元素之间连接起来，表现不同的感觉。如图 7-11 和图 7-12 是 Material Design 风格的 logo 和界面。

图 7-11 Material Design 风格 logo

(a)

(b)

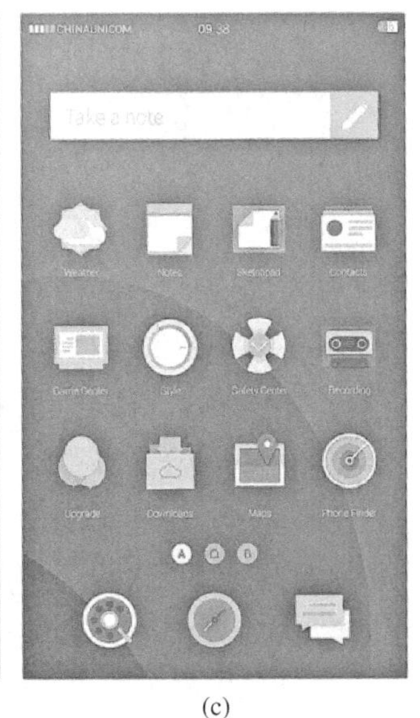

(c)

图 7-12 Material Design 风格手机界面

Material Design开阔了我们的思路，预计未来类似的设计将会大范围运用在PC网页平台和手机平台上，但Material Design也像其他的设计趋势、框架和概念一样，只是提供一种设计风格和思考方式，我们在做设计的时候要学会总结经验，从而打造适合自己产品的设计语言。

7.1.2 文化风格

(1) 东方文化

① 古典中国风格

古典中国风，也称作复古的中国视觉设计风格。它建立在中国传统文化的基础上，具有淡雅、古朴、传统、复古的特点。如图7-13是古典中国风格logo。

(a) 古典中国风格软件logo

(b) 古典中国风格输入法logo

图7-13 古典中国风格logo

古典中国风格的色彩主要有大红、粉红、蓝灰、黑灰、水绿、白、浅绛、深黑、淡蓝、淡黄、浅黄等，中国风传统素材常见的有中国结、青花瓷、水墨画、古代纹饰图案、书法、篆刻、印章、灯笼、茶具、古代器具、古式建筑、青铜器、青铜纹、龙、凤、灵兽、中国传统节日等，只要是中国传统文化中的元素都可以称为古典中国风格logo，如图7-14的古典中国风格界面。

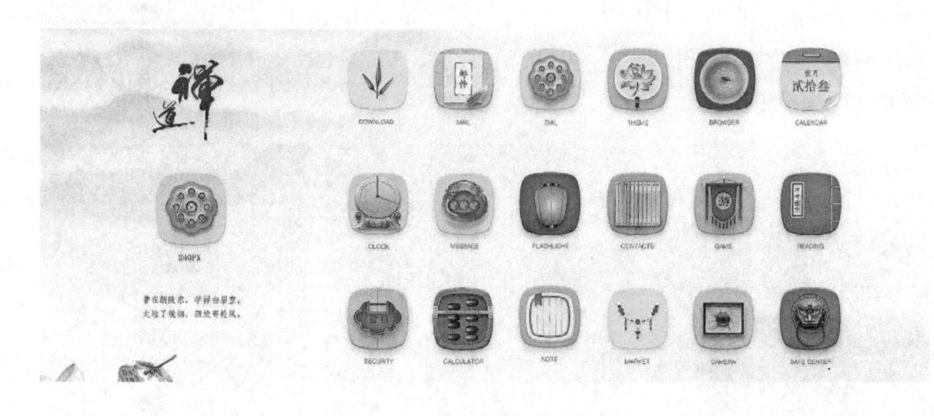

图7-14 古典中国风格界面

② 现代中国风格

现代中国风格建立在中国传统文化的基础上，将中国传统元素和现代设计自由搭配，成为一种新思路，引导了一种与众不同的审美思想。它具有现代、简约、大气的特点。如图7-15和图7-16是现代中国风格的logo和界面。

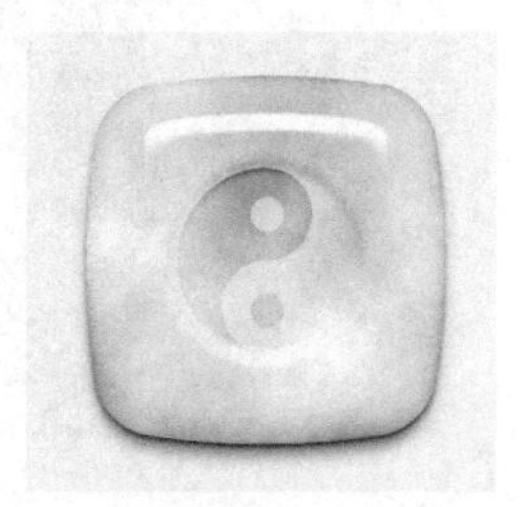

图7-15 现代中国风格logo

(a) 现代中国风格元素主题图标

(b) 现代中国风格手机桌面

图 7-16 现代中国风格界面

但是,现代中国风格并不是简单的元素堆砌,而是将现代元素与传统元素相结合,以满足现代人的审美需求来设计,让传统艺术在当今社会得以体现。

③ 日本浮世绘风格

浮世绘风格的灵感来源于日本的风俗画——版画,主要描绘日本江户时期人们的日常生活、风景等,是日本的一种传统视觉设计风格,也是当下非常流行的一种东方复古风格。如图 7-17 是日本浮世绘风格的 logo 设计。

图 7-17 日本浮世绘风格 logo

浮世绘风格把线条的流畅放在了极为重要的地位,具有很强的装饰性,富有韵味,营造出了一种神秘和唯美的东方感。在色彩方面,以色彩鲜明为特点,整个画面颜色分明、鲜艳,有着很强的视觉冲击力。日本浮世绘风格也可叫作日本风俗画风格,是具有独特民族气息的一种设计风格。如图 7-19 是日本浮世绘风格界面。

图 7-18 日本浮世绘风格手机桌面

(2) 西方文化

① 波普风格

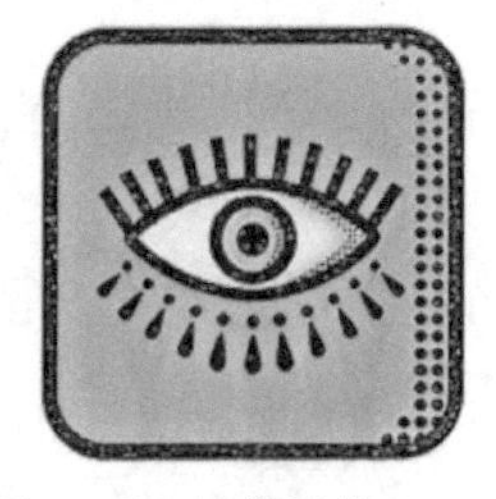

图 7-19　波普风格 logo

波普风格是西方早期的一种流行风格，也是当下非常流行的一种视觉风格，它具有夸张、视觉感强的特点。波普风格主要的表现形式就是图形，其追求大众化、通俗化的趣味，设计中强调新奇与独特的设计风格，在色彩方面喜欢使用大胆、艳俗的颜色。如图 7-19 和图 7-20 是波普风格 logo 与界面。

图 7-20　波普风格界面

② 欧普风格

欧普风格又被称为视觉效应艺术或光效应艺术。它喜欢使用黑白或者彩色几何形体的复杂排列、对比、交错和重叠等手法造成各种形状和色彩的骚动，通过视觉作用唤起并组合成视觉形象。欧普风格具有明亮、亢奋、刺激的特点。如图 7-21 和图 7-22 是欧普风格的 logo 与界面。

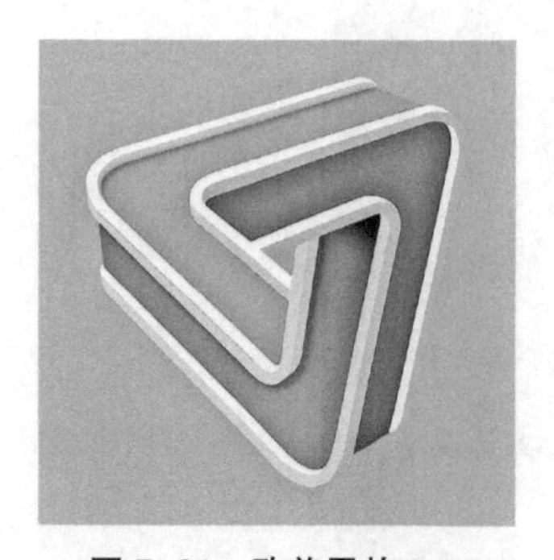

图 7-21　欧普风格 logo

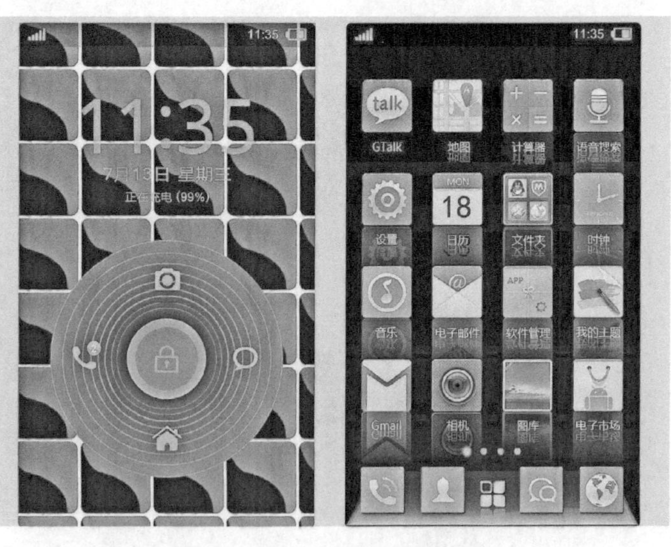

图 7-22　欧普风格界面

③ 立体主义风格

立体主义风格是西方现代艺术中的一种古典的流行风格，其主要特征是在画面上将一切物体破坏掉，然后再加以主观的重组表现出物体的不同感觉。立体主义风格有着古典、复杂、错乱的特点。如图 7-23 和图 7-24 是立体主义风格 logo 与界面。

图 7-23　立体主义风格 logo

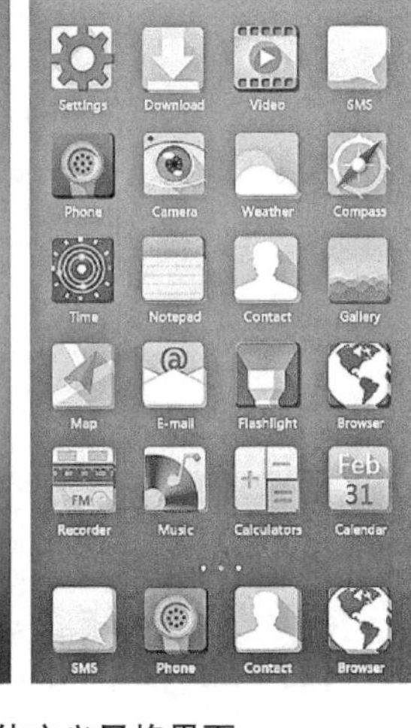

图 7-24　立体主义风格界面

7.1.3　类型风格

(1) 科技类

① 赛博朋克风格

赛博朋克风格，又称数字朋克、赛伯朋克、电脑朋客、网络朋客，是科幻风的一个分支，以计算机或信息技术为主题。它往往以暗冷色调为主，搭配霓虹光感的对比色，用错位、拉伸、扭曲等故障感图形体现电子科技的未来感。也常用在一些娱乐界面和游戏界面的设计中。如图 7-25 和图 7-26 是赛博朋克风格 logo 与界面。

图 7-25　赛博朋克风格 logo

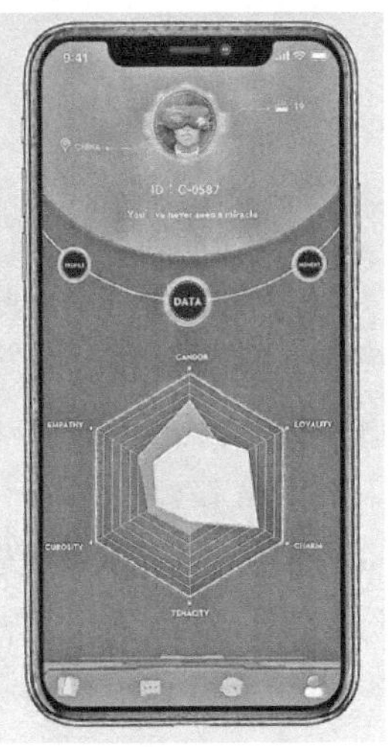

图 7-26　赛博朋克风格界面

② 镭射虹彩(蒸汽波)风格

镭射虹彩风格又叫蒸汽波风格，是一种诞生于网络的风格，它宣扬对复古文化、怀旧文化和批量生产的怀念。镭射虹彩风格的要素有很多20世纪80年代的元素，比如Windows的背景、廉价的3D效果、僵硬的渐变色效果、一些简单的拼贴和Lo-Fi低保真，再加以镭射(激光)作为视觉背景色。这种充满未来感的视觉风格受到当下沉浸于网络娱乐的年轻人的青睐。在很多视觉界面中都有着巨大的发挥空间，镭射虹彩风格有着荧光、流体、梦幻感的特点。如图7-27和图7-28是镭射虹彩风格的logo与界面。

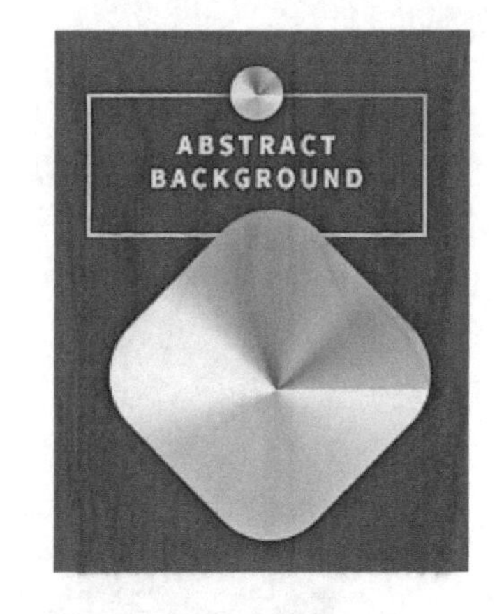

图7-27 镭射虹彩风格 logo

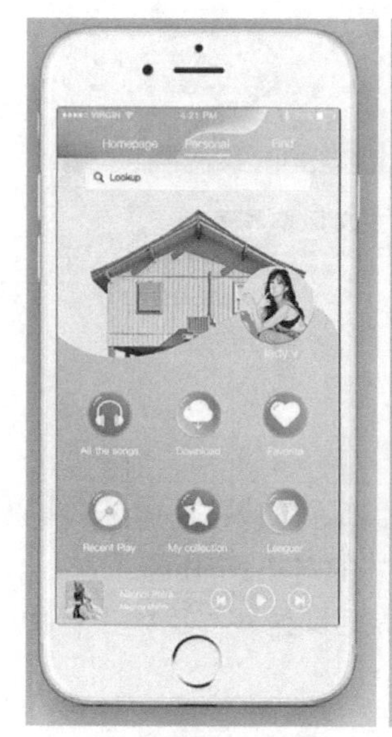

(a)

(b)

图7-28 镭射虹彩风格界面

③ 光感叠加风格

光感叠加是一种将光感的半透明度渐变叠加的视觉风格。随着科技的发展，人们不再满足于简单的颜色叠加设计，而光因为其剔透、纯净、反射的特性，一直被人们所青睐，增加光感的视觉设计将会为界面增添更多的未来迷幻属性。光感叠加风格具有光感、渐变、通透、迷幻、科技感、氤氲感的特点。如图7-29和图7-30是光感叠加风格的logo与界面。

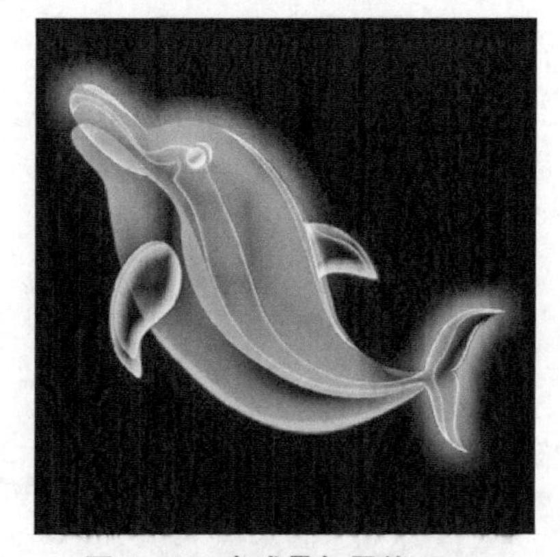

图7-29 光感叠加风格 logo

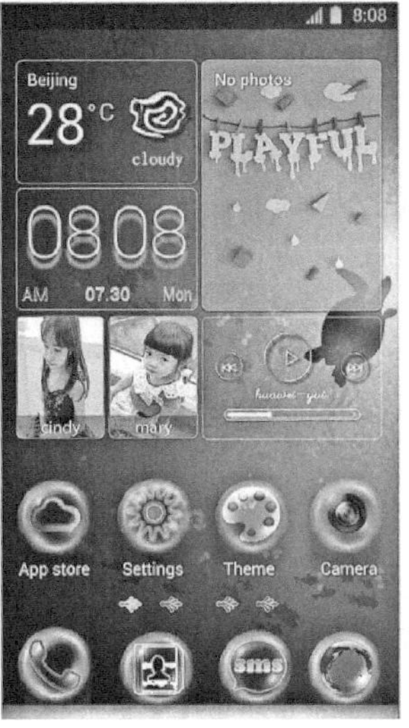

图 7-30 光感叠加风格界面

(2) 娱乐类

① 剪纸叠加风格

剪纸叠加风格是以剪纸艺术和矢量插画艺术为基础，通过色彩、投影的叠加，形成一种具有休闲娱乐特色的视觉风格。其特点是色彩明快，拥有多种颜色，在构图上强调图案的多样化。如图 7-31 和图 7-32 是剪纸叠加风格的 logo 与界面。

图 7-31 剪纸叠加风格 logo

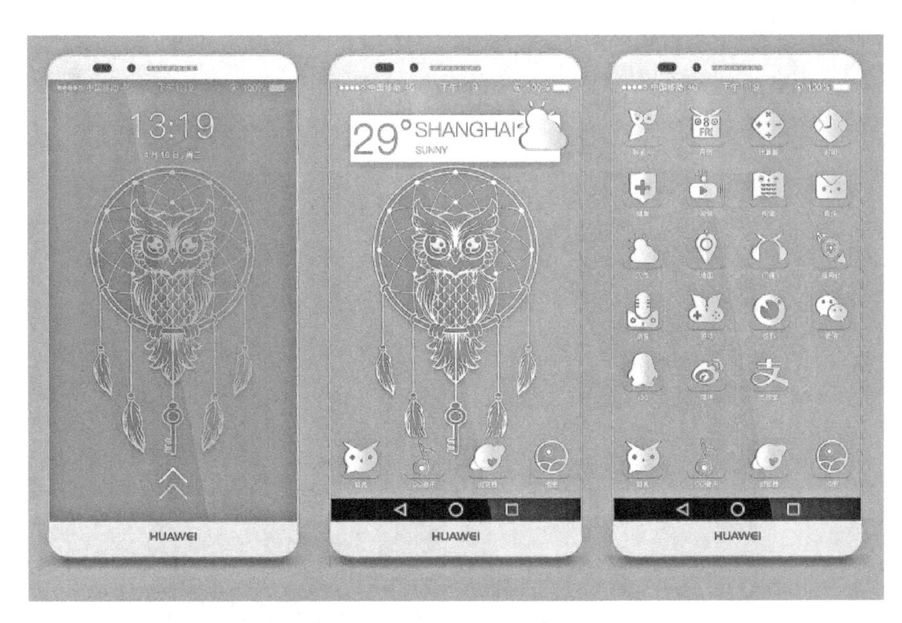

图 7-32 剪纸叠加风格界面

② MBE 风格

MBE 风格是法国设计师 MBE 于 2015 年创作的，这是一种卡通风格。这种风格设计十分特别，简约、有趣、好看，可以算是一种创新的风格。MBE 风格的特点可以概括为特粗的深色描线，Q 版化卡通形象，使其显得幼稚、可爱的圆滑线条，鲜明的颜色搭配，没有渐变颜色，能快速矢量绘制及快速创作动效。如图 7-33 和图 7-34 是 MBE 风格的 logo 与界面。

图 7-33　MBE 风格 logo

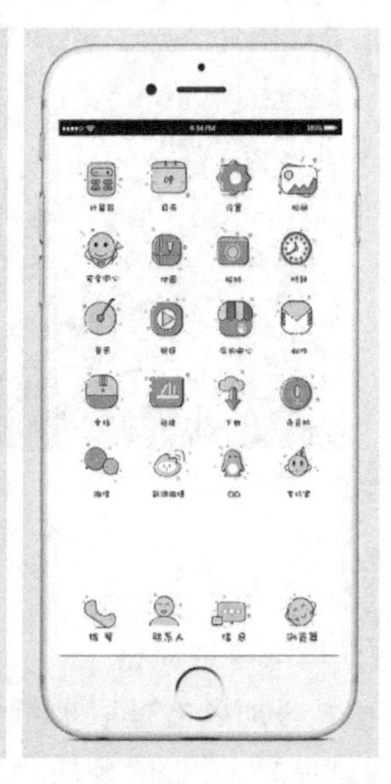

图 7-34　MBE 风格界面

③ 像素风格

像素风格属于点阵式图像，是一种当下比较热门的风格。它强调清晰的轮廓，明快的色彩，几乎不用混叠方法来绘制光滑的线条，同时它给人的感觉比较偏卡通，得到了很多年轻人的喜爱。如图 7-35 和图 7-36是像素风格的 logo 与界面。

图 7-35　像素风格 logo

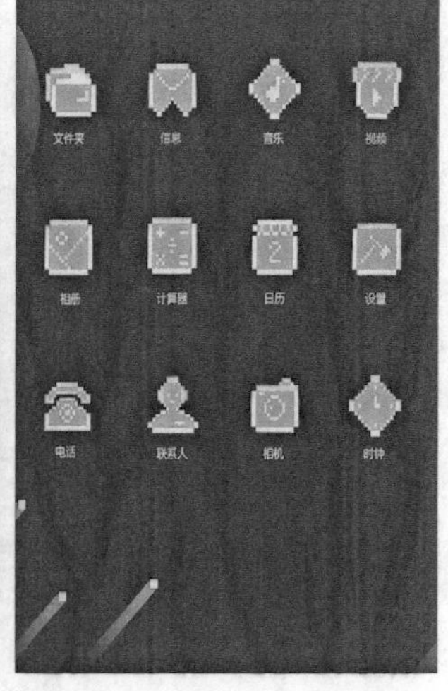

图 7-36　像素风格界面

(3) 工业类

① 轻工业风格

图 7-37　轻工业风格 logo

轻工业风格具有简洁、精致、优雅、高端、科技感、品质感的特点。配色上擅长使用浅灰和深灰两种色彩。排版上主文案永远处在最重点的视觉位置，使用大面积的留白给人带来充足的视觉延展空间，也对整体界面的气质提升有着巨大的帮助。在苹果公司产品的设计中常常能看到这种风格。如图 7-38 和图 7-39 是轻工业风格 logo 与界面。

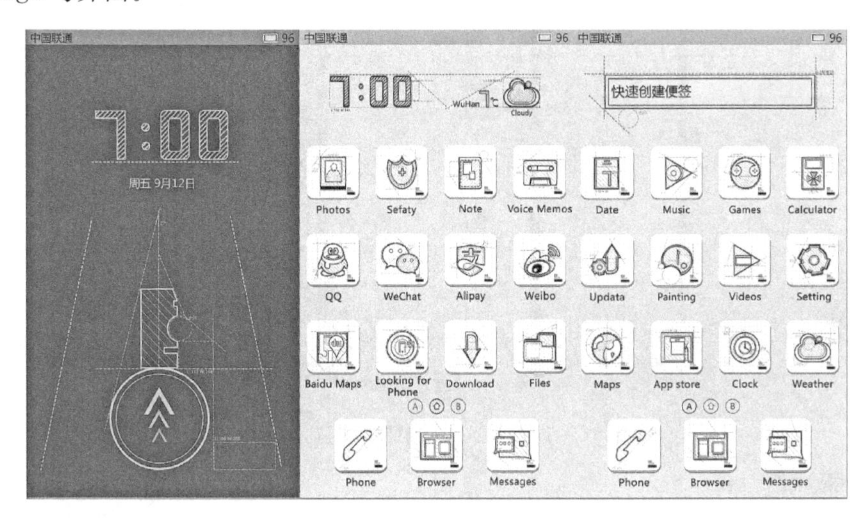

图 7-38　轻工业风格界面

② 重工业风格

重工业风格具有粗犷、个性、神秘、冷酷的特征，是时下很多追求个性与自由的年轻人的最爱。如图 7-39 和图 7-40 是重工业风格的 logo 与界面。

图 7-39　重工业风格 logo

图 7-40　重工业风格界面

(4) 其他类

① 极简风格

极简风格在颜色上以黑、白、灰等自然色为主，形式能简化就简化，不会出现任何哗众取宠的设计，强调朴素不奢华，设计简洁，高冷、文艺是其典型特征。如图 7-41 和图 7-42 是极简风格的 logo 与界面。

图 7-41　极简风格 logo

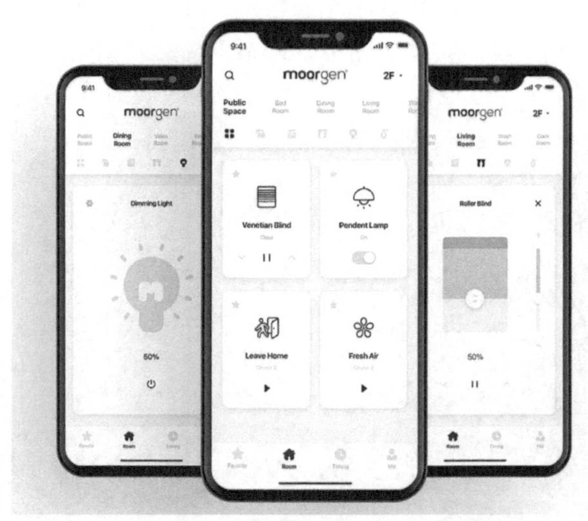

图 7-42　极简风格界面

② 极繁风格

极繁风格就是一切展现放肆、挥霍的设计风格，具有烦琐、华丽、复杂、奇幻的特点。重复是极繁风格最常用的一个设计手法。在色彩上极繁主义从不惧怕色彩的叠加，颜色越多、越离谱就越好。但由于其烦琐复杂的视觉感受，很少将其使用在手机 APP 的设计上。如图 7-43 和图 7-44 是极繁风格的 logo 与界面。

图 7-43　极繁风格 logo

图 7-44　极繁风格界面

③ 哥特风格

哥特风格的主要特征是阴森、诡异、神秘、恐怖等，是一种比较另类的视觉风格，它是夸张的、奇特的、复杂的、多装饰的。图7-45和图7-46是哥特风格的logo与界面。

图7-45 哥特风格logo

交互技术的飞速发展，赋予人类能力极大的延伸，但界面与信息都是服务于人的，人才是主体。UI设计师们总在探索和挑战新的设计风格，也热衷于看到不断变化的新趋势和进步。设计风格的选择取决于用户的需求、产品的定位和使用场景。风格的选择，是为了让用户更有效率、更舒适地与设备进行交互。例如扁平化与拟物化的取与舍，不能一概而论，需要以用户为中心，了解用户的不同需求。扁平化与拟物化孰优孰劣本不是非白即黑、泾渭分明的问题，脱离了产品功能与目标用户群类型之间的关联，好与不好根本无从谈起。因此，无论采用扁平化、拟物化还是其他新的视觉设计风格，界面设计要时刻关注用户的需求，以用户为出发点进行设计，才能构建一个舒适、方便、易用、高效的界面。如果兼顾用户需求的同时，也能符合用户的审美追求，则更有助于产品与用户建立一个稳定、和谐的关系，真正实现科学服务于人。

图7-46 哥特风格界面

7.2 UI视觉设计的风格要素

当用户第一次访问网站、APP或者某一界面时，首先会对其色彩、文字、图像建立识别，界面的风格将帮助访问者决定如何进行交互。笔者在以往的教学过程中发现，视觉艺术表现与个人的先天审美和后天对视觉规律的把控密切相关。先天对色彩、文字形态的感知方面，我们暂且无法通过短时间的训练得到很大改变，但是对视觉要素规律上的把控，我们可以通过一些前人总结的定律及一些例子让学习者尽快掌握它们，并运用在设计中。

7.2.1 色彩要素

作为一名设计师，如果你还在说“这种颜色比较好看，而另外那种颜色不好看”的话，说明你还不了解色彩。有时我们会认为色彩是独立的，而事实上，它们总是存在着某种联系，或互补或对比，只有当所有色彩合理地搭配为一个整体时，才能够准确地评价其好看与否、协调与否。本小节我们就一起来探索一下色彩对 UI 设计的重要性。

(1) 色彩的相关概念

色彩具有非常微妙的表现力，是人类最基本的需求之一。对于设计作品来说，色彩具有非凡的吸引力，合理地使用色彩，往往能够抓住用户的视线，诱发用户的购买欲望，让用户在潜意识中建立起牢固的商品形象。在 UI 设计中，色彩的搭配是经过精心设计的专业搭配，设计师借助色彩来增强图像的表现力，强化造型寓意，传递审美与功能的诉求，传达产品的设计理念。作为一名设计师，必须要熟悉色彩，了解色彩，把握色彩的特性。

任何色彩都具有色相、明度和纯度这三种基本属性，这三种属性也称为色彩的三要素。它们决定了色彩的面貌和性质，是界定色彩感官识别的基础。其中任何一个基本属性的细微变化，都会改变色彩的面貌和个性，是色彩最基本、最重要的构成要素。

① 色相：色相是色彩最直接的代表，是区别色彩样貌的唯一标准。在色彩学的研究中，色相的秩序是用色环来表达的，如图 7-47 所示为色相环。最简单的色相环是采用牛顿光谱色，即红、橙、黄、绿、蓝、紫组成的红与紫相连的色相。

② 明度：明度是色彩的明暗度，不同的颜色具有不同的明度，如图 7-48 所示为明度条。光波振幅的宽窄决定了色彩的明度，振幅越宽，进光量越大，物体表面的光反射率越大，明度就越高；振幅越窄，进光量越小，物体表面的光反射率越小，明度则越低。在任何色相中加入黑色或白色，都可以使明度发生变化，产生不同的色彩明度级差。

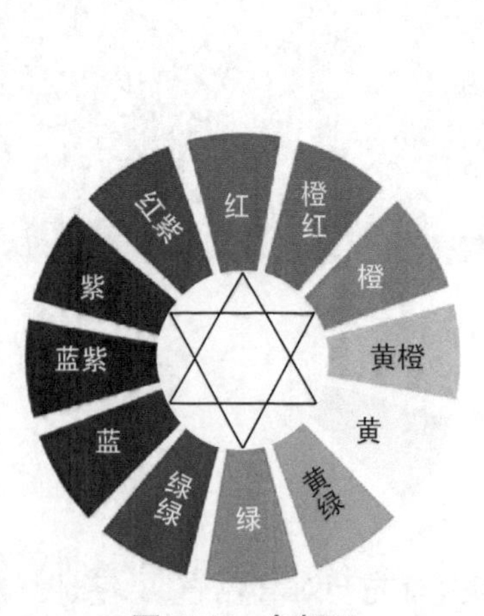

图 7-47 色相环

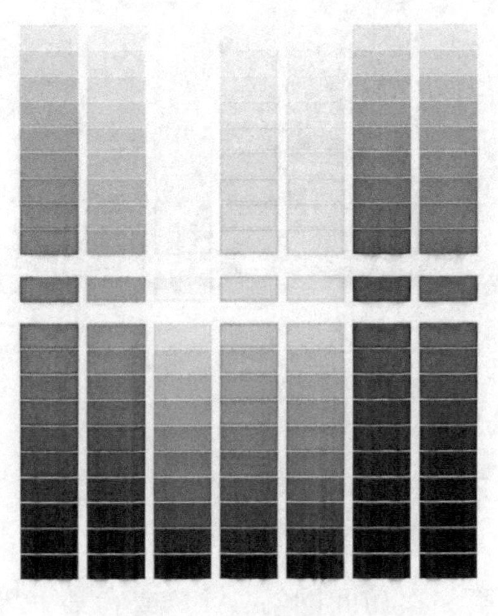

图 7-48 明度条

③ 纯度：色彩的纯度也称饱和度，是指色彩的鲜艳、纯净程度，是由色彩波长的单纯程度差异而造成的。纯度高的色彩纯净、鲜亮，纯度低的色彩清淡、浑浊。其中红色纯度最高，橙色、黄色纯度较高，蓝色、绿色纯度最低。在UI设计中，为了突出或减弱某些元素，可以通过调整颜色的纯度，使整个界面的色彩显得既统一又富有变化。

④ 互补色：互补色是指在色环中位置相对的两种色彩，如红色和绿色，蓝色和橙色、黄绿色和红紫色等。

⑤ 同类色：同类色是指在同一色相中色度不同的颜色，如红颜色中有紫红、深红、玫瑰红、大红、橘红等，蓝颜色中又有深蓝、钴蓝、天蓝、浅蓝等。在UI设计中，使用同类色系进行搭配是十分稳妥的做法，但有时也会产生单调感，可以通过添加少许相邻或对比色系来增加作品的活跃感。

⑥ 冷暖色：在色彩心理学中，色彩根据不同的色相分为暖色、冷色和中性色。暖色系的色彩饱和度越高，其温暖的特性越明显，如红色、橙色、黄色，给人以温暖的感觉。在UI设计中，暖色常常用于购物类、美食类的界面设计，表现出美味、活泼、温馨的感觉。冷色系的亮度越高，其寒冷的特性就越明显，如蓝色、紫色，常使人联想起寒冷的感觉，其中蓝色是最冷的颜色。冷色一般与白色调和能够达到一种很好的效果，常应用于一些高科技网站、商务网站、游戏图标、进度条等。

数字色彩与现实世界的色彩形成方式不同，数字色彩的生成与彩色显示器紧密关联，它是由计算机主机计算出的相关数据通过内存、像素发生器、扫描仪和显示器的电子枪发射红、绿、蓝三种光束，使屏幕内侧覆盖的红、绿、蓝磷光材料发光而生成色彩。不仅如此，通过这种模式来呈色的设备还有很多，如数字电视、投影仪、掌上电脑、数码相机等。由于计算机的显示存在偏色的可能，作为设计师要养成依靠色彩值来判断色彩的习惯，而不是依据显示器的呈色或其他的方式进行判断。

数字色彩的表达方式是依据不同的色彩模型而产生的。很多设计软件，如Photoshop、Adobe Illustrator、Flash等，常用的色彩模式有RGB、CMYK、Lab、索引色、灰度等。

① RGB色彩模式：通过对红(R)、绿(G)、蓝(B)三个颜色通道的变化，以及相互之间的加光混合来得到各式各样的颜色。人们通过实验发现，红、绿、蓝三种色光混合后会得到白光，因此也称作加色混合，同时，这三种色光也可以按不同的比例混合出自然界中的全部色彩，所以屏幕上所显示的颜色，都是由这三种色光混合而成的。只要是在屏幕上进行观看，那么图像的色彩最终都是以RGB的色彩模式进行显示。

② CMYK色彩模式：印刷色彩主要以CMYK四色为代表，C、M、Y、K分别为青色、品红色、黄色和黑色，四种高饱和度的油墨以不同角度的网屏叠印形成复杂的彩色图片。和RGB色彩模式相比，CMYK有一个明显的特点：RGB模式是一种发光的色彩模式，当在一间黑暗的房间内，仍然可以看见屏幕上的色彩。而CMYK色彩模式是一种依靠反光的色彩模式，必须借助自然光或人造光的作用才能显现出色彩，因此它是打印机等硬件设备使用的标准色彩。由于CMYK的色域要小于RGB屏幕颜色的色域，因此，当用电脑进行色彩设计时，所选的颜色如果超出了CMYK印刷颜色的色域，电脑就会用一个接近它的较灰暗的颜色来顶替它。

③ Lab色彩模式：计算机内部最基本的色彩模式。它不仅包含了RGB、CMYK的所

有色域，还能表现它们不能表现的色彩。

(2) UI 设计中色彩的作用

好的 UI 设计可以让软件的操作更舒适、更有品位。在所有的视觉元素中，色彩最能引起用户的注意，色彩对于界面的作用有以下几点。

① 塑造界面风格化：色彩是展现界面风格的一大要素。不同的色彩可以塑造不同的界面风格。如一些购物类软件，常常采用暖色、高明度的色彩。

② 提高功能引导性：不同的色彩可以帮助和引导用户浏览界面。界面中常用不同色彩、不同明度来引导用户按顺序浏览界面，比如高明度色彩用于提示用户点击，低明度色彩（如灰色）用于提示不可点击等。

③ 增强信息理解力：一些复杂信息的软件界面常运用色彩的重复、对比来强调、区分界面的信息，帮助用户更快、更准确地掌握信息的重要程度，让用户在浏览界面时感到更加清晰、有序、合理。

④ 加强信息记忆性：色彩的具体内涵与人类长期积累的生活经验息息相关。比如生活中，人们常用蓝色、红色区分冷、热水龙头，用红、黄、绿指挥交通，这都源于人们对色彩的感知和记忆。在界面设计中也可以使用不同的色彩来表示不同的功能，根据色彩的差异来记忆每个功能的作用。

⑤ 划分界面视觉区域：在界面视觉设计中可以利用色彩的识别性通过不同色彩进行视觉区域划分。尤其在网络界面中，各种视觉元素又多又复杂，利用色彩的这一作用，可以将元素分布排列，区分出主次顺序，从而帮助用户更好地识别。

⑥ 突出界面中的重点主题：在界面中，不同类型的信息用不同的色彩来表现，通过色彩的对比，突出重点信息，从而提高交互的效率。

⑦ 增强界面的美感与一致性：利用不同色彩使界面的功能与形式有机地结合起来，并营造整体界面的视觉美感和一致性。

因此，在 UI 色彩设计中，要了解目标用户的不同背景，并善于运用、发挥色彩的作用。

(3) UI 设计中色彩的类别

① 冷暖渐变类：这类配色在 UI 设计中运用得较多，这也是近几年产品界面用色的趋势之一。如图 7-49 是冷暖渐变类界面。

(a)

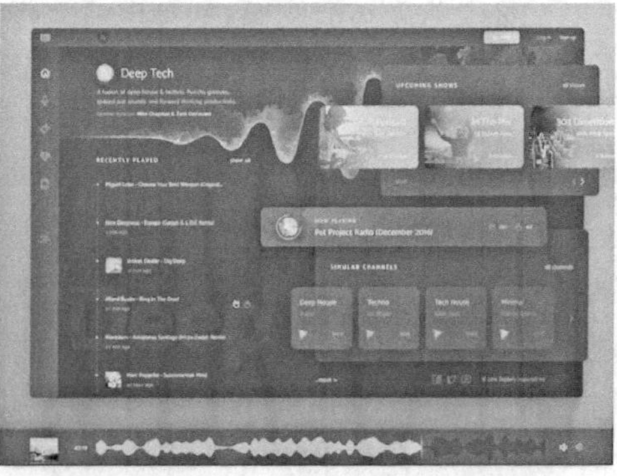

(b)

图 7-49 冷暖渐变类界面

② 高饱和纯色类：这类配色在品牌、插画等领域用得居多，现在在个人网站或 UI 设计网站上用得也多了起来，对于纯色的运用，如果把握不好色彩之间的平衡度，很容易适得其反。如图 7-50 是高饱和纯色类界面。

(a) (b)

图 7-50 高饱和纯色类界面

③ 邻近渐变类：这类配色在 UI 设计中用得也比较多。使用邻近色渐变，会给人很微妙的感觉。一般采用邻近色渐变，会以一种色彩为主，其他色彩为辅，这样看起来主次比较分明。如图 7-51 是邻近渐变类界面。

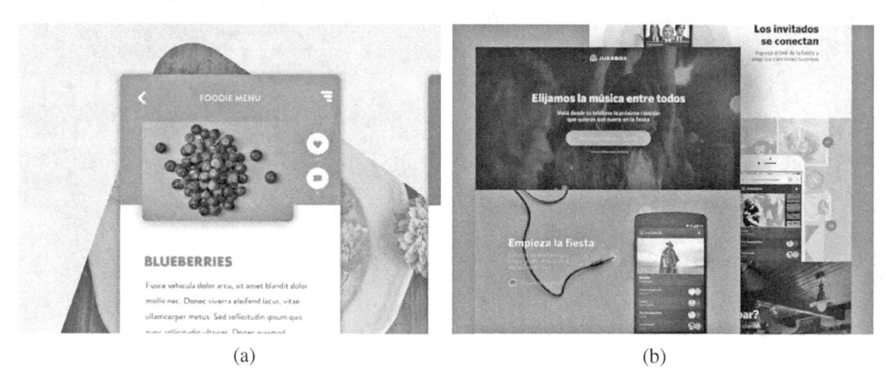

(a) (b)

图 7-51 邻近渐变类界面

④ 单一极简类：这类配色在 Web 端和手机端运用居多，此类用色跟“点线面”的几何形式配合使用，简直完美搭配。如图 7-52 是单一极简类界面。

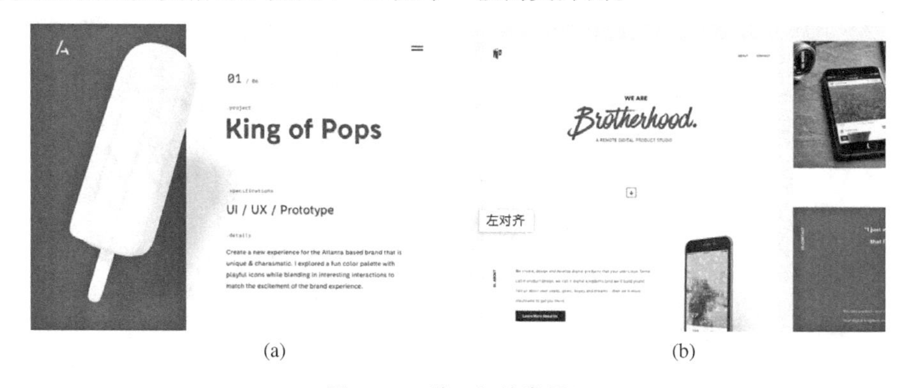

(a) (b)

图 7-52 单一极简类界面

⑤ 黑白简约类：这类配色跟上面的单一极简类很类似，不过灰色调属于中性色，采用极简的形式更有气质，所以现在不少小众 APP 采用单一的灰色调。如图 7-53 是黑白简约类界面。

(a) (b)

图 7-53　黑白简约类界面

⑥ 多色渐变类：多色相渐变在视觉上的表现力会更强一些，这类配色在 Web 端运用居多。如图 7-54 是多色渐变风格界面。

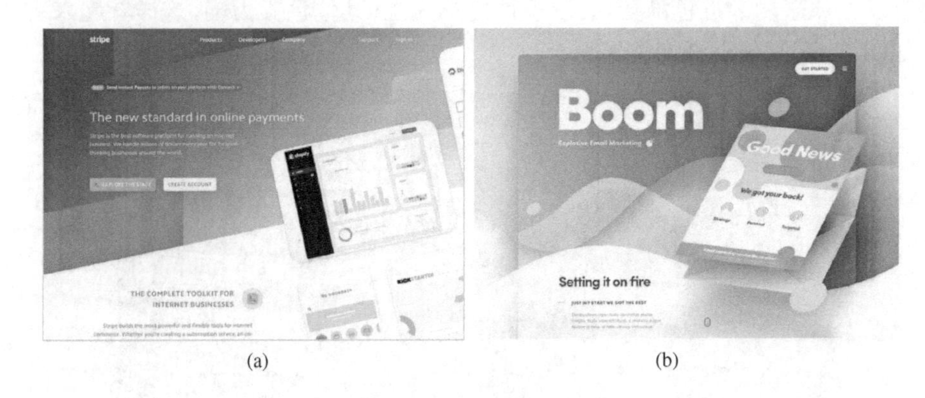

(a) (b)

图 7-54　多色渐变类界面

⑦ 强对比渐变类：此类配色在这几类里是最难掌控的，涉及对色相和色阶的掌控。此类配色会给人带来很强的视觉冲击力。不同色相搭配，加上色阶差异很大，所以视觉效果更加立体饱满，比如图 7-55(a)Instagram 的 logo 就是个很好的例子。

(a) Instagram 的 logo

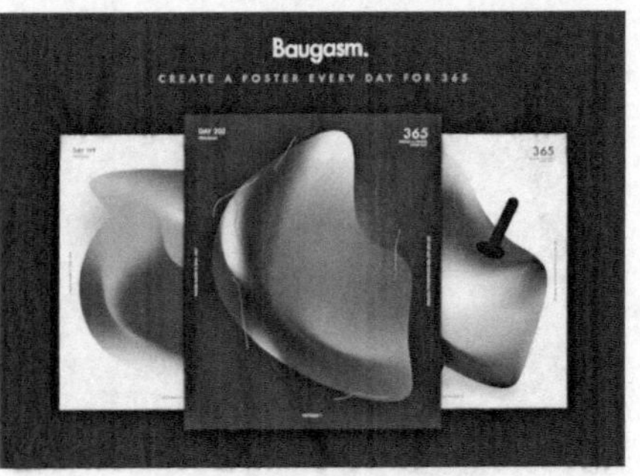

(b) 强对比渐变类 Web 界面

图 7-55　强对比渐变类界面

(4) UI设计中色彩的配色原则

① 色彩的识别性

色彩是具有共性特征的情感表达方式，是UI设计中决定视觉风格形式的视觉要素之一。UI设计中，利用色彩使视觉风格统一，有利于树立产品特有的形象，使其具有整体性和一致性。UI设计时，首先要确定其色彩基调，选择能体现产品形象的色彩。比如可口可乐的红色，还有诸如360安全卫士的绿色，这些色彩搭配都令人印象深刻。

② 色彩的整体性

通常色彩不宜过多，过多的色彩会给人杂乱无章的感觉。通常以一个标准色为主色调，可以给用户一种整体统一的感觉，再用其他少量颜色作为点缀和衬托。在UI设计中，不同的色彩搭配会产生不同的效果，要以适当的搭配满足用户的需求。

③ 色彩的平衡性

UI设计中色彩的平衡主要是指色彩的面积、位置、比例等，需要把握好色彩的轻重、明暗、进退的关系。在色彩的整体分布上注重色彩的呼应，如需要强调的界面重点图形logo、图标等，使用对比强烈、反差较大的色彩，能够使之醒目，但如果单独在一个界面中出现会显得突兀。因此，在其他地方使用同一色系的色彩来进行呼应，可以弱化视觉的冲击以及孤立的表现，平衡界面色彩。

(5) UI设计中色彩的搭配与技巧

色彩作为第一视觉语言，本身具有非常微妙的表现力，它刺激着人们的视觉神经，左右着人们的情感。在界面设计中，无论是网页界面、手机界面、游戏界面、软件界面或是其他界面，颜色的搭配都是非常重要的。UI设计的成功，在某种程度上取决于对色彩的搭配与运用，它直接影响着人们的视觉感受，左右着信息传递的效果。

界面中的色彩不会只有一种颜色，因为一种颜色会让人感觉单调、乏味；但也不会包含所有的颜色，那样就让人感觉轻浮、花哨了。为了使设计能够充满活力，关键在于对整体色调的把握。只有控制好整体色调的明度、色相、纯度和面积之间的相互关系，处理好主色调、辅助色、背景色、强调色和融合色等的关系，充分考虑到色彩的功能与作用，体现以人为本的设计思想，才能达到相对完美的搭配效果。

① 主色调：主色调决定着整个作品的色彩格调。就像乐曲中的主旋律，在营造特定的氛围上发挥着主导作用。那么如何分辨界面中的主色调呢？是界面中起稳定作用的颜色，还是面积最大的颜色？其实主色、主体色、主色调，这三者是同一意思，都是指界面中面积最大或远观时给人留下深刻印象的颜色。当打开界面时，人们的视线会不自觉地先落在主色上，一旦找到主色调，就会使人产生一种安定感和舒适感，然后才有精力进行其他操作。

② 辅色：辅色在界面中的面积较小，是为了衬托主色、支持主色而存在的，常常被放置在主色附近，通过对比、融合等方式提升界面的丰富感和细腻感，两者相互搭配，便会产生相映成趣之美。

③ 背景色：背最色有支配整个界面的能力。在界面中若隐若现的背景色，支配着界面的整体感觉，所以有时也称之为支配色。界面中足够分量的背景色，还支配着整个产品的文化定位，即便是小面积的背景色，只要包围主体，也能够发挥出预期的效果。如图7-56所

示，这款主题界面背景色支配着整个画面，给人以复古、怀旧的感觉。

图 7-56 复古风背景界面

④ 强调色：强调色可以使缺少变化、死气沉沉的界面变得活跃起来。根据不同的设计意图，可利用强调色来强调不同的内容。无论是图像还是文字，在画面中总有需要强调的信息，其中强调色的面积越小，视线越集中，色彩反差越大，效果越明显。

UI 的种类繁多，其具体的设计技巧包括以下两个方面：

● 颜色与用户关系的搭配技巧

颜色与用户性别、年龄之间的关系：不同性别和不同年龄层的用户所喜爱的界面也非常不同。大部分女性用户比较喜欢轻快、活泼的界面，而大部分男性用户偏爱明快、简洁的配色，这种配色给人以大气、简约的感觉，而大部分老年用户由于视力原因，其相对来说喜爱色彩对比比较强烈的界面。

颜色与用户情绪之间的关系：用户对不同颜色会产生不同的情绪。例如深蓝色、绿色、等冷色调的颜色，象征着轻松、冷静，适合一些理财类的软件界面使用；而黄色、红色这种暖色调的颜色，象征着活泼、明朗，适合一些游戏或儿童类的软件界面使用。

● 颜色与界面结构的搭配技巧

引导页与主页中的颜色搭配技巧：引导页有三种搭配方法，一是使用单色，这样可以统一页面，但也要避免过于单调，可通过饱和度、透明度、明度等让页面内容更加丰富；二是使用邻近色，这样可以使页面避免色彩杂乱，同时也让页面更加统一和谐；三是使用对比色，这样可以突出重点，起到画龙点睛的作用。引导页与主页之间的色彩搭配也可以使用互补色和同类色这两种方法，互补色可以让用户眼前一亮，而同类色则可以让界面更和谐，并且可以突出主题。

背景色搭配技巧：要注意背景色不可抢了主体的位置。背景色可分为无彩色和有彩色两类，无彩色即黑白灰系列，无彩色不影响主体内容，还给人一种高端、神秘的感觉，而有彩色背景也可营造出各种风格，但为了不抢主体的位置，应该适当地降低色彩的明度和饱和度。

UI 中的色彩搭配设计要考虑用户的心理以及需求，不同的界面色彩搭配会不同程度地影响用户的心情。所以要求设计师有扎实的色彩知识和搭配技巧，充分发挥不同色彩的作用，从而设计出优秀的界面作品。

7.2.2 文字要素

文字是信息传递的主要方式之一，文字因其自身能实现高效、精准的传播效果，所以仍是界面中其他任何元素无法取代的重要构成部分。若要 UI 中的文字精准地传达各种信息，必须做到精准编辑，并有序编排文字，去繁就简，使用户易认、易懂、易读。与图形相比，文字能够更准确、更深刻、更详细地传达信息。所以，界面中的图文是互补的，它们共同服务于界面，传达界面中的信息。同时文字也可以说是特殊的图形，文字有不同的色彩、字体等，这都有着图形生动直观的优点，而且还可以更加准确地传达界面中的信息。

拉丁文字和汉字是世界上使用人数最多、使用量最大的两个书写体系。拉丁字体分为两大字族：衬线字体(serif)和无衬线字体(sans serif)。衬线字体是指在字母的笔画起始及结束的地方有额外的装饰角，具有横细竖粗的笔画特点，通常给人以古典、优雅以及文化性的视觉感受。无衬线字体则没有多余的装饰角，具有横划竖划宽度基本一致的特点，通常给人理性、现代、大方、优雅和文化性的视觉感受。这种分类对应在汉字体系中相当于衬线字体——中文字体的宋体，它给人以古典、优雅的感受；无衬线字体——中文字体的黑体，它给人的感受是理性、现代和大众。它们相互间有共通性，可以进行中、英文并排。

UI 中文字的设计主要包括标题文字、控件文字和正文文字。根据移动界面的具体情况，标题文字有所不同。如启动页中，标题文字通常也是界面的重要造型要素，它的字体(中、英文)、字号、色彩和排列对界面风格特点影响极大。设计师要充分发挥字体的图形性、装饰性的特点，让字体自身的造型趣味得以表现，能丰富界面视觉效果，增加浏览者的阅读兴趣。

(1) UI 设计中文字的作用

相对图像而言，文字传达信息更为准确、详尽。UI 视觉设计中，通过对文字的字体大小、色彩以及动与静等因素的把握均能提升界面的视觉感染力。在界面导航和功能性的交互元素中，配合文字可以避免单纯使用图像、色彩而产生传递信息不明所导致的歧义现象，避免用户出现操作错误。

① 文字是语言信息的载体

视觉设计构成要素中的两大基本元素：一个是图形，另一个是文字。在界面中，通过文字的传达可以在很大程度上避免单由图形、色彩、版式、动画等传达信息时产生的信息传递不明确甚至引发歧义的现象，从而使浏览者顺利、方便地接收信息，达到主题传达目的。

② 文字是具有视觉识别特征的符号

通过图形化的艺术处理手法，文字可以以视觉形象的形式来传递语言之外的信息。界面中文字的字体、规格及编排形式，就相当于文字的辅助表达手段。文字视觉形态不同，也一样能够引起用户的不同感受。

(2) UI 设计中文字设计的原则

① 适合性：文字内容要与界面主题相适应，要根据主题的内容和传达的信息含义来选择文字的字体、色彩等，如图 7-57 的电影宣传界面就体现出这一原则。

图 7-57　电影宣传界面

② 明确性：文字应便于用户的识别，确保准确传递界面中的信息。因而在选择文字时须特别地注意，应优先选择一些易于用户识别的文字，同时在进行文字的字体设计时也要保证文字的明确性。如图 7-58 的阅读器界面就体现出这一原则。

图 7-58　阅读器界面

③ 易读性：界面中的文字设计要保证其易读性，不能让用户花费太多的时间去识别界面中的文字，这会大大降低用户的浏览效率。在界面中，合理的文字设计会提升用户的体验感。如图 7-59 的漫画 APP 界面就体现出这一原则。

图 7-59 漫画 APP 界面(制作：吴雪瑶)

④ 美观性：文字一样需要给人美的感受，文字的形态、编排等都需要有美观性的考虑，如图 7-60 的字体模拟器 APP 界面就体现出这一原则。

图 7-60 字体模拟器 APP 界面

⑤ 创新性：将界面中的文字进行创意设计，可以产生新的美感，进而加强整体界面效果的创新性，给用户带来眼前一亮的感觉，如图 7-61 的文本阅读器 APP 界面就体现出这一原则。

⑥ 适量性：字体种类不宜过多。在配色中，一个界面的颜色一般不宜超过三种。在字体种类的选择上，同样也不宜过多。文字的本质是传达信息的载体，字体种类太多会显得信息杂乱，给人本末倒置之感。

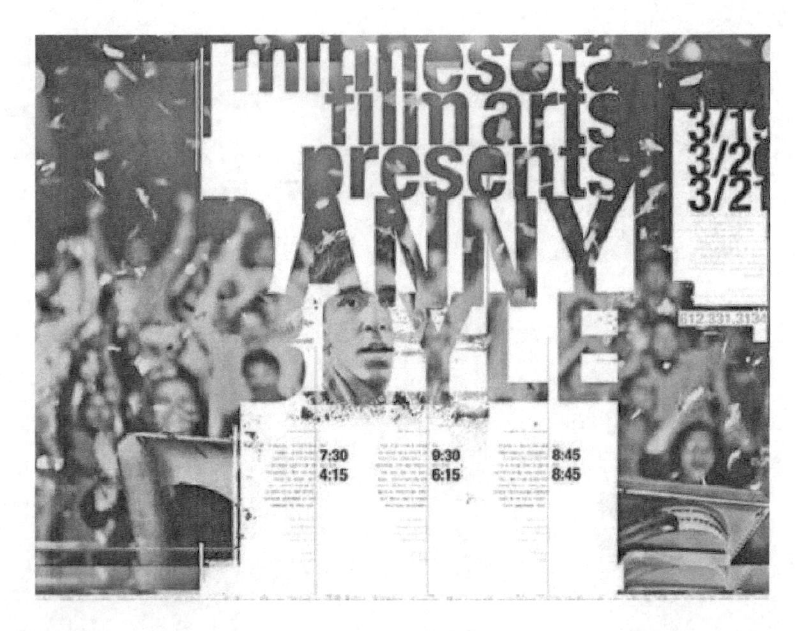

图 7-61　文本阅读器 APP 页面

(3) UI 设计中文字设计的技巧

① 统一文字方向，控制版面整体倾向

统一文字排列方向能有效地控制界面的整体倾向，加强版面的整体特征，使其具有明确的视觉走向，为读者带来一种整齐划一的视觉感受。如图 7-62 音乐类 APP 的主界面，所谓统一文字方向编排是指将版面的主体文字按照一个单一的方向进行排列，使其与界面中图形元素保持一致，赋予版面整体的视觉倾向。

图 7-62　音乐类 APP 主界面

② 统一字体斜度，使版面更具动感

将版面中的文字以统一的字体斜度进行排列，能使版面具有较强的动感和活力。字体斜度是指文字笔画偏左或偏右所产生的倾斜度。如图 7-63 旅游类 APP 的主界面，其具有统一倾斜度的文字字体，不仅能够有效地加强版面的整体性与美观性，而且在一定程度上还可以提高版面的注目度，加深用户对其的印象。

图 7-63　旅游类 APP 的主界面

③ 统一字体笔画粗细，增强版面平衡感

在进行界面设计时，设计师为了使作品呈现出均衡、统一的画面效果，通常会从统一文字的笔画粗细方面入手，将字体的笔画按照一定的比例和规格编排设计，以增强界面的平衡感，使其符合人们的阅读习惯。如果界面中文字笔画出现过于杂乱的视觉效果，会给读者阅读造成一定的阻碍，因而保持字体笔画的粗细统一，能在一定程度上提高页面的易读性。统一字体笔画粗细，能使版面具有规整感与视觉整合力，如图 7-64 的游戏类 APP 的信息界面。

图 7-64　游戏类 APP 信息界面

④ 统一字体整体风格，表现版面独创性

使作品具有独特个性化的风格特征是设计师们一直追寻的目标，而统一的字体风格能够形成完整的视觉体系，使版面具有独创性与视觉感染力，并将作品的设计主题直观地展现出来，如图 7-65 的抖音 APP 的宣传界面。

图 7-65　抖音 APP 宣传界面

⑤ 统一字体空间，保持版面形态

在对版面中的字体进行编排设计时，为了使版面具有较高的形态美感，可以通过把握文字字体间的间距，使其达到视觉空间上的统一。不同的文字字体，其文字所遗留的空间也不尽相同。为了解决这种视觉空间上的差异，可以通过设置不同的字间距、文字的排放位置等，使其形成空间统一，达到具有美感的视觉效果，如图 7-66 的唱吧 APP 的启动界面。

图 7-66　唱吧 APP 启动界面

⑥ 统一字体色调，强调版面第一印象

色彩作为设计中主要的视觉构成元素，在很大程度上决定了版面给予读者的第一印象，而版面中文字字体色调的编排也是版面主要的色彩构成之一。将字体色调进行统一的编排设计，能加强读者对版面的记忆度。当文字的色调选用了与版面图形元素同类的色调时，能使版面具有和谐统一的视觉效果，给用户以较为柔和的视觉印象，如图 7-67 的娱乐类 APP 的启动界面。

图 7-67 娱乐类 APP 启动界面

7.2.3 图像要素

图像是各种图形和影像的总称。图像是界面中必不可少的组成部分，图信息又可分成图形(graphics)和图像(image)。图形一般由线条和色块构成，通过计算机产生，如矢量图(vector-based image)就是指用一系列指令来描述和记录的图，这种图可分解为一系列点、线、面等。在界面中，图形占有非常重要的地位，同时图案还具有辅助文字说明的功能。例如音乐界面中常用到的图标(icon)——一台钢琴图案或一个音符图案，都足以替代与音乐有关的文字说明，而且不会像文字说明那样给人死板、缺乏想象的感觉。所以在一般情况下，多用图形来替代文字说明，或用以图形为主、文字为辅的界面设计方式，可达到很好的效果。图形与文本的配合，可使显示画面更加生动活泼，能更好地表达信息的内涵。但相对于文本而言，图信息要占用较多的存储空间。

(1) UI 设计中图像的作用

想要界面作品在视觉表现上更直观简洁，图形的设计是必不可少的(图 7-68)。

① 在界面视觉设计中，图形、图像比文字占有更重要的位置。首先，它是人类具有共识性的视觉语言，在认知上能够打破语言文字沟通的鸿沟，使不同文化背景、地域的人们能够通过图像理解界面所要传达的信息。如图 7-69 的网页界面，通过图像让人仅凭第一印象就能明白这是个倾向于流行音乐主题的网站。

② 首先，图像直观、感性、浅显的特点使其比文字描述更容易理解、更具有感染力，也更具有装饰性、视觉表现力和审美的意义。其次，在用户对界面信息的处理上，图像是整体感

图 7-68　界面中的图像

图 7-69　流行音乐主题网站界面

知和认知的并行处理过程，用户可以按照自己的动机从多角度感知和认知图像。因此，视觉和认知对界面中图形、图像的信息处理量较大，图形、图像的直观性、形象性也能够减少用户的记忆负担。

③ 界面中的图像有其独特的魅力，它能直观、亲切地向用户传递信息，图像能够使界面所表达的含义一目了然。

(2) 图像的分类

对于不同主题的界面设计，图像具有特定的功能。按照功能来划分，图像大致分为以下4种类型。

① 艺术性图像：艺术性图像是对根据主题文本内容中提炼出的视觉形象进行艺术性加工和表现的图像，其比较接近绘画作品的风格。艺术性图像最大限度地融合了图像创造者的个人风格和审美意识，具有视觉表现的独立性。艺术性图像往往适用于例如小说、诗歌、散文、童话等具有创造性的文学类主题界面，正是因为在这些类型的主题界面中有着诸多虚拟的情节而无法以准确的、真实的视觉形式来还原，而艺术性图像则可以通过比喻、夸张和象征等多种手法营造出视觉形式与文本内容之间的关系，这种主观性和表现性能引发观者对文本描述的视觉联想和心理感受，是其他类型的图像所无法调动的感官体验。

② 情节性图像：情节性图像是与界面主题内容结合最紧密的图像类型，它配合界面主题中实际的情节发展，还原或表现了情节发展中的人物和场景，是从属于文本叙述的视觉说明。相比于单纯、直白的文字描写，情节性图像通过具象和细节的视觉表现，使文本的叙述具有真实性、连贯性和丰富的想象空间。

③ 说明性图像：说明性图像基本采用图表、图标、三视图等手法来满足功能性的要求，是一种最为客观的图像形式。在常使用这一类图像的主题界面中，说明性图像将组成、结构、原理和流程等抽象的文字叙述归纳成更清晰易懂的图像语言，从视觉上弥补了专业性和学术性文字的枯燥，从而提高观者的阅读兴趣。说明性图像在保证事物原理和原貌的基础上进行视觉提炼，通过简化描述对象中带有矛盾性和复杂性的细节，勾勒出图像对象最典型的视觉特征。在界面设计中，尽管说明性图像大多遵循着严谨和科学的创造态度，但艺术性的表现手法往往能为图像带来独特的视觉风格，满足当前人们特殊的读图趣味。

④ 装饰性图像：装饰性图像更多的是从装饰性角度出发，对界面设计进行修饰和美化。虽然与当今理性主义和功能主义美学不符，但将追求复古情节的、装饰主义的图像样式作为一种符号化的视觉语言仍然屡见不鲜。

(3) 图像的表现形式

从图像的创造手法来看，界面设计上的图像可以分为手绘形式、摄影形式和数字合成形式。

① 手绘形式：手绘形式是指以手工方式完成图像创造。手绘图像具有更多的表现形式和视觉风格，如线描、水彩、水墨、木刻、剪纸等，类似于绘画的创作。手绘图像是所有图像中人情味最浓的一种形式，它最大限度地保留着形态、肌理、笔触等个人化的信息。在文学类型的主题界面中，手绘图像常常通过浪漫主义的方式创造与主题界面关联的视觉形象，并使界面设计具有古典和唯美的气质。而在儿童类型的主题界面中，手绘图像以接近于儿童涂鸦的视觉形式，通过比喻、夸张和拟人等手法建立虚拟与现实世界之间的美好映像。

② 摄影形式：摄影形式的图像客观地记录了描述对象的视觉信息，是写实性或具有纪实风格图像的创作手段。在视觉特征上，摄影图像建立了视觉形象与主题界面内容之间最直观、最准确的联系，在描述对象的色彩、形态、质感、肌理、体积和空间等视觉要素上，相比手绘图像，摄影图像显得更为真实和细腻。在摄影图像的选用上，场景化的摄影图像能更好地表现对象主体所处的环境以及情感气氛，而去底的摄影图像则突出了个体的形态特征，通过与主题界面中文本版面的混合编排以及其他元素的对比，可以起到活跃版式的作用。

③ 数字形式：数字形式的图像泛指利用计算机技术创作出来的图像形式，通过设计软件强大的视觉处理能力，图像创作者可以随心所欲地创造出虚拟与真实、抽象与具象相结合的多种样式。由于兼具了手绘图像的主观性和摄影图像的客观性，因此数字形式的图像在当今主题界面中有更丰富的表现空间。

界面中的图形是多种多样的，如图 7-70(a)所示为中国风，(b)图为现代简约风。在 UI 设计时要善于运用图形语言，让用户可以更清晰地获得界面中的信息。

(a) (b)

图 7-70 图像风格基调

7.2.4 图标要素

图标是界面中最活跃的视觉元素，是符号化的图形，如图 7-71。一般而言，图标是具有高度概括性的、用于视觉信息传达的小尺寸图像。图标常常可以传达出丰富的信息，并且常

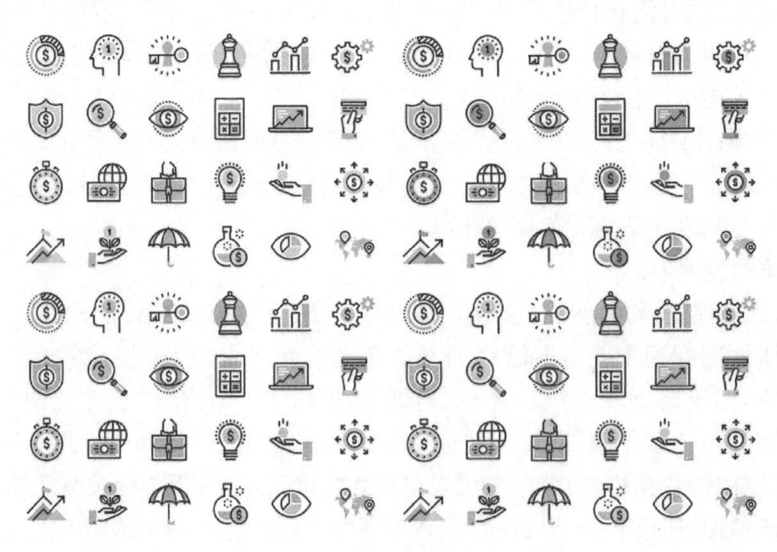

图 7-71 界面中的图标

常和文本相互搭配使用，两者互相支撑，或隐晦或直白地共同传递出其中所包含的意义、特征、内容和信息。在界面设计中，图标是不可或缺的元素。很多图标很小，甚至有的小到容易被人忽略，但是它们帮助设计师和用户解决了许多问题。

图标不同于普通的图像图片，图标有标准尺寸，但通常较小，如 16×16 像素、32×32 像素、48×48 像素、96×96 像素、128×128 像素、256×256 像素等。每个图标都有一套对应图像，随不同的用处、不同的状态有相应的变化。它们各自具有不同的大小、颜色和图像格式(BMP、PSD、GIF、JPEG、WMF 等)，所有这些格式都对应不同的属性(点阵图、向量、压缩、分层、动画等)，可以用来存储图片和决定其大小。图标还有另一个特性：它含有透明区域，在透明区域内可以透出图标下的界面背景。图标在人机交互设计中无所不在。随着用户审美的提高，图标的设计也越来越精美，很多新颖、富有创造力和想象力的图标大量地出现在用户面前。

(1) 图标的作用

首先，在界面中图标作为一种抽象、简洁的图形语言，它比文字更容易被感知，人们对图标的认知程度更高，而且有更高的感知储存。其次，人们对图标信息的感受和识别速度比文字更快，图标更容易引起视觉的选择性注意。最后，人们对图标的记忆能力强于文字，对图标传达的信息熟悉度更高，可以减少再次操作时的学习时间。

总的来说，图标是一个界面形象的重要体现。可以这么说，图标是界面设计的名片，一个好的图标是界面设计的灵魂所在。

(2) 图标的类型

① 解释性图标

解释性图标是用来解释和阐明特定功能或者内容类别的视觉标记。在某些情况下，它们并不是直接可交互的 UI 元素，在很多时候也会有辅助解释其含义的文案。它们还常常会作为行为召唤文本的视觉辅助元素而存在，用来提高界面中信息的可识别性。如图 7-72 中的“图文、文章、影音、电台”都为解释性图标。

图 7-72 APP 中的解释性图标(制作：曾丽琪)(见彩插)

② 交互性图标

交互性图标在 UI 中不只有展示的作用，它们还是界面中的交互元素，有时还是导航设计的组成部分。如图 7-73，它们可以被点击，并且随之响应，帮助用户执行特定的操作，触发相应的功能。

③ 装饰娱乐性图标

装饰娱乐性图标通常是用来提升整个界面的美感和视觉体验的，并不具备明显的功能性，但是它们同样是重要的。这类图标迎合了目标受众的偏好与期望，具有特定风格的外观，并且提升了整个设计的可靠性和可信度。更准确地说，这些装饰娱乐性图标不仅可以吸引并留住用户，而且可以让整个用户体验更加积极(图 7-74)。但是装饰娱乐性图标通常呈现出季节性和周期性的特征。

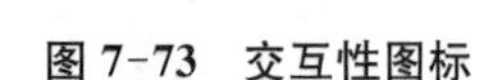

图 7-73　交互性图标

图 7-74　装饰娱乐性图标

④ 应用性图标

应用性图标是不同数字产品在各个操作系统平台上的入口和品牌展示用的标识，它们是这个数字产品的身份象征。在绝大多数的情况下，它们会将品牌的 logo 和品牌角色融入图标设计当中来。也有的图标会采用吉祥物和企业视觉识别色的组合。真正优秀的应用图标设计，其实是市场调研和品牌设计的组合，它的目标在于创造一个让用户能够在屏幕上快速找到的醒目设计，如图 7-75。

图 7-75　应用性图标

7.2.5　版式要素

UI 设计的核心视觉要素除了图标更离不开版式，交互设计时代的版式是对传统平面版式的继承和发展，交互设计的传达功能与平面设计的传达功能没有根本性的变化，交互设计除了载体性质——数字屏幕同平面纸质载体不同外，它给人们带来的依然是视觉感官上的享受。交互设计的版式与传统平面设计版式有着类似的构成元素，如文字、图形和图像等静态元素，除此之外增添了视频和动画等动态元素。静态元素和动态元素共同作用组合在互动设计的界面设计中，让信息更有效地传达给用户。而将所有元素有层次地布置，吸引观者的眼球，符合视觉流程，轻松、快捷地把信息传递给用户，这样的设计宗旨是不变的。

版式设计指在界面的版面中，将文字、图形、色块等信息因素进行组合排列，形成一个整体的风格。在界面设计中，版式设计虽然在视觉上不如色彩和文字设计明显，但其作用却是很关键的。一个界面如果没有好的版式设计，色彩、文字、图形这些元素就无法形成一个完美的整体，不能有效地进行信息的传达。

随着网络技术的快速发展，用户的要求越来越高，页面设计的一个基本特色就是要吸引浏览者，于是出现了由图形、字符、色彩等多元素组合的页面，充分体现了视觉的冲击力，内容更具设计感、新鲜感、趣味感，由此可以看出界面中版式设计的重要性。

在进行页面版式设计时，在各种功能要素充分实现的前提下，还要注重感性表达，突出页面的感染力和视觉冲击力，以吸引人们的眼球。在界面中，版式的设计很重要，可以说版式设计的好坏直接关系到界面的好坏。

(1) 界面中版式的类型

用户日常接触的界面布局中，主要包括以下 5 个类型的布局。

① 同字型界面布局：这种界面布局的优点是清晰、有层次，但它也存在一些缺点，就是这种布局过于大众化、缺乏个性，如图 7-76(a)所示。

② 国字型界面布局：这种界面布局的结构和同字型界面布局大致相同，但是其信息会更加集中。优点是可以提供更多的信息，增强操作的便利性和空间利用率，如图 7-76(b)所示。

(a) 同字型　(b) 国字型

图 7-76　同字型与国字型界面
(制作：蒋丽娟)(见彩插)

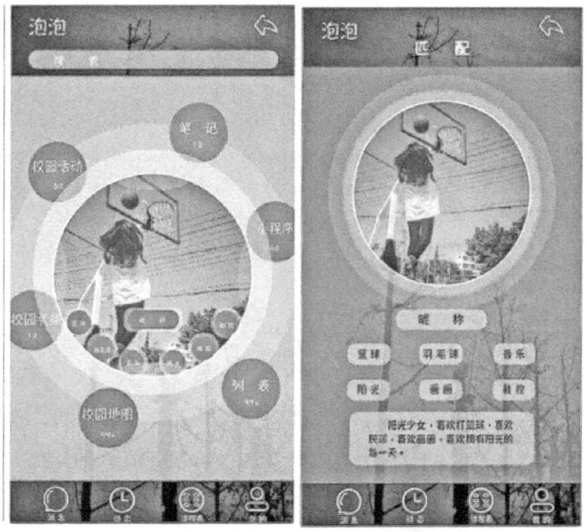

(a) 自由型　(b) 对称型

图 7-77　自由型与对称型界面
(制作：陈文荣)(见彩插)

③ 自由型界面布局：如图 7-77(a)所示，这种界面布局非常美观、时尚，但其缺点是丰富的图片会导致界面加载的速度变慢。

④ 对称型界面布局：这是一种个性化的布局风格，优点是可以更多地利用界面空间，界面中可以放置更多的图片、文字等元素，如图 7-77(b)所示。

⑤ 卡片化的多列版式布局：这种布局的特点是信息内容承载量较大，适用性强，丰富的界面让页面变得更具活力，且方便用户的使用，如图 7-78。

(2) 界面中版式的设计原则

① 思想性与单一性：版式设计是为了更好地传播界面中的信息。一个优秀的版式设计，要明确用户的需求和目的。版式设计离不开界面的信息内容，要体现界面的内容和思想。

② 艺术性与装饰性：怎样才能让版式设计达到统一、美观，这就取决于设计者的技能与内涵。可以说版式设计是对设计者的思想境界、艺术修养、技术知识的全面检验。

③ 趣味性与独创性：如果界面中没有多少精彩的内容，就要考虑版式的趣味性。一个

(a)

(b)

(c)

图 7-78　卡片化的多列版式界面(制作：林佳敏)(见彩插)

充满趣味的版式，可以起到画龙点睛的作用，让界面更加吸引用户，在考虑版式趣味性设计的同时也要注意设计的独创性。

④ 整体性与协调性：版式设计要强化整体的界面布局，同时还要强调版面的协调性，也就是强化版式中各种要素的关联性。通过对版面的文、图间整体协调性的编排，让版面获得更好的视觉效果。

⑤ 互动性：传统媒介的传播方式通常是单向的，而新媒体下的传播则可以是“多点对多点”式的交互传播。这主要体现在互联网和移动端上，用户可以随时参与其中，交互设计版式也由固定不变的呈现形式变为随时有来有往的对话性、变化性的版式样貌。

⑥ 持续性：新媒体不同于传统媒体之处在于它的信息更新和交互的及时性，它可以使受众随时登录并长期关注，在空间距离上缩短至不到 1 米，一旦操作起鼠标或触摸屏进行修改、反馈，距离消失为零。因此，版式设计者的工作不是作品发表后就结束，而是必须根据媒体各个阶段的运作目标配合不同时期的经营策略和用户的反馈信息，经常对界面的版式设计进行调整和修改。对设计者而言，UI 设计的版式是一个动态持续的过程，而用户的体验自然也随之不断地变化。

⑦ 多维性：版式构成元素在文字、图像等静态元素的基础上增添了视频和动画等动态元素。设计运动的标题文本或类似 GIF 格式的动态图片时，当图像运动变化时要考虑它在不同时刻与其他构成元素形成的版式样貌，同时音乐等听觉元素也要考虑在内。虽然听觉元素并不参与版式的空间排列，但听觉元素如何恰当地表现或辅助视觉元素的信息传达，来烘托整个版面的气氛却是设计者必须关注的。

⑧ 视觉连续性：视觉连续性是指从用户的注意力被捕捉起，通过视觉流向的引导，直至最后的印象留存的过程。画面中任何视觉形象都有其力动性和引导性，如水平线引导人

的视线做左右移动;垂直线引导人的视线做上下运动;斜向上的线让人兴奋积极,斜向下的线让人沮丧消极;射线引导人向四周看;圆形则引导人集中看等。设计师要利用这些原则去让界面更加美观、好用。

(3) 界面中版式设计的技巧

界面中版式设计的技巧主要有以下几点。

① 元素的对齐:要想实现界面中元素的秩序有条理、整齐划一,元素位置对齐是非常好的版式处理方法。利用辅助线可以使该对齐的内容严格对齐,但有些时候也不是永远的机械对齐,需要做到视觉上的对齐,这个时候就要靠眼睛的视觉经验来进行微调。

② 像素的精确:在很多图标、按钮、图片的边缘都会出现像素的虚化,使其外形略显模糊,可根据情况进行删减和保留。

③ 光源的一致性:现实生活中存在着光照和阴影。在视觉上,光影可帮助我们辨别事物,光影设计让界面更真实、更自然、更生动。界面中光源的一致性指界面中的文字、图标等元素要有统一的光源和阴影,这样才更加真实、美观。

④ 背景材质的选择:界面版式设计中对背景的处理通常有两种方式,一种是给定单纯的色彩,另一种是铺设带肌理的材质。有时单纯的底色看起来有些空洞、单调,而过于醒目且复杂的背景材质由于过度分散用户的注意力而使得整个界面设计品质降低,所以最好的策略是使用细微柔和的背景材质来保持和提升界面设计的品质。

⑤ 图标面积的一致性:这也是一个一直难以避免的问题,而且有很多主观的成分,但是面积一致的图标,可以让整体界面更加统一、美观。

⑥ 文案的正确性:严谨、完整的文案是界面设计的加分项,因此要注意界面中的中文错别字,英文的大小写、拼写错误等。

⑦ 不要拉伸变形字体:拉伸变形字体会像哈哈镜一样破坏字体笔画本身原有的比例,不要使用中文字体中自带的英文和数字,而要使用对应和谐的拉丁字体。

⑧ 统一的整体风格:界面要有统一的整体风格,无论是控件的设计使用、提示信息标签的样貌,还是窗口的布局风格,都要遵循统一的标准,使界面看起来赏心悦目。界面统一的整体风格主要体现在以下几个方面:

- 总体色彩搭配的统一。统一的色彩搭配,只以几个颜色为主的界面会给人留下深刻、独特的印象,因为人的视觉对色彩的感受是最直接的,最容易在大脑中形成记忆符号。色彩的统一包括文字、图标、界面等元素色彩的统一。

- 界面结构的统一。界面结构是界面的骨架,结构关系着用户的浏览习惯和界面的设计风格,所以界面的栏目内页和内容内页必须和首页的结构样式保持一致,也同时要求相应的界面版式设计风格要保持一致。比如导航条放置的位置及设计风格,选择按钮放置的位置及设计风格,内容描述正文的位置及设计风格等。

- 字体搭配的统一。界面中的字体种类通常情况下不宜过多,过多会有混乱的感觉,最好控制在两到三种。不同的功能内容使用不同的字体进行区别,相同的功能内容使用相同的字体进行同类合并。字体的编排还包括字距、词距、行宽、行距和文字排列样式的统一等。

- 界面风格的统一。统一的界面风格可以使浏览者使用时建立起精确的心理模型,熟练使用一个界面后,切换到下一个界面时能够轻松地推测出图标的功能和提示语句的意思,用户体验时心情愉快，支持度就会增加。界面风格的统一就好比五个手指握成拳头，力量感更强，视觉冲击力更强，给人留下的印象也更深刻。

界面版式设计中值得关注的细节还有很多，要想设计出卓越的版式，不断尝试和探索是必不可少的。

7.2.6 控件要素

UI 控件是可以用于交互式操作界面的图形对象。在应用程序开发时，不同的控件由于功能、交互方式、显示方式等各不相同，需要不同的程序代码来完成。但对于 UI 设计来说，这些都是视觉设计的呈现手段，在设计工具的使用方法和实现途经上是相同的。相对于传统界面，UI 界面的交互式操作更强，因此在界面中，UI 控件设计的合理性和美感直接影响用户的体验。

(1) 按钮

按钮是移动界面中被人们高度关注的设计控件之一（如图 7-79），它很大程度上决定了用户的点击欲望。对于按钮设计而言，色彩、形状、形式等都是决定性因素，所以很多 UI 设计师尝试不断改进按钮设计，以提高用户的点击欲望。由于屏幕空间的局限性，移动界面按钮往往用简短且含义明确的动词或者动词短语作为标签，这样可以很快告诉用户按钮的功能。

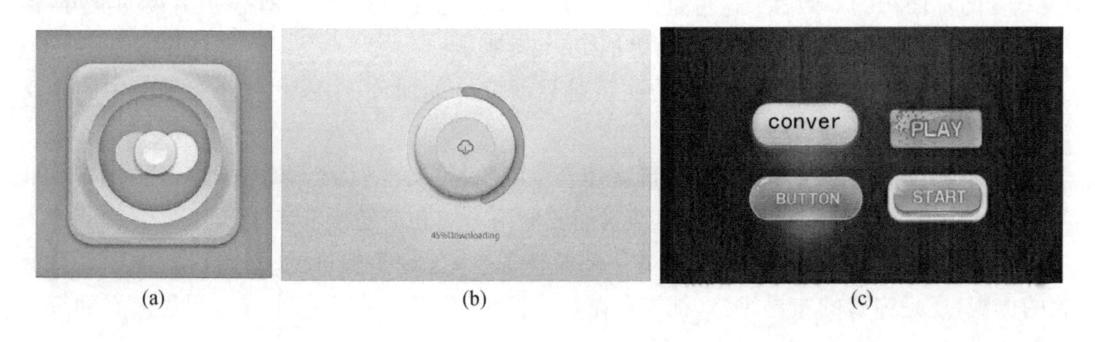

图 7-79 界面中的按钮

根据造型来设计，按钮的设计主要可分为扁平化按钮设计和拟物化按钮设计。扁平化按钮务求形状简单，不带有明显的投影光效以及渐变，色彩之间对比感强烈，从而提高辨识度。绝对禁止使用一些定义模糊、寓意不清的元素，或者某些行业特有的、某些领域专用的元素。在用户体验方面，圆角设计比直角设计更为友好，更加人性化。

拟物化按钮设计可以让所有人一看图标就明白其意思，认知和学习成本低，用户对这类按钮的视觉质感和交互效果有统一的认知和使用习惯。但是某些并不具有任何功能性需求的拟物化设计方式，有时会降低用户体验，也在一定程度上放弃了数字媒介的独特优势。

根据交互的方式不同，按钮最常见的形式为点击按钮和开关按钮。点击按钮常见的四种状态为：默认状态、选中状态、点击状态、失效状态。当然，并不是所有的点击按钮都会从视觉上设计这 4 种状态，但至少有默认状态、选中状态这两种形式。默认状态是点击按钮的常态，选中状态是为了提示用户当前点击按钮所处的状态情况。

(2) 导航

一款移动产品如果想让用户感受到良好体验，很大一部分取决于其界面布局的合理性。移动产品要想以最优的设计结构将其内容展现给用户，就涉及移动界面的导航设计。合理的导航设计，会让用户轻松达到目的而又不会干扰用户的选择。

由于移动界面屏幕较小，需要将移动产品的信息结构分层，把最主要、最核心、最根本的功能放在第一层级，次要内容放在第二层级甚至更深的层级。根据层级关系、结构关系确定导航的形式，这是导航设计首先要考虑的事情。由于移动产品的功能和需求的差异，导航形式也较多，我们来了解一下目前移动端常见的几种导航形式。

① 标签式导航

标签式导航也就是我们平时所说的"Tab 式导航"，如图 7-80，它是目前移动应用中最普遍、最常用的导航模式。标签式导航适合在相关的几类信息之间频繁跳转，彼此之间相互独立。通过标签式导航引导，用户可以迅速地在页面之间进行切换且不会迷失方向，简单而高效。标签式导航还细分为：底部 Tab 式导航、顶部 Tab 式导航、底部 Tab 扩展导航这三种类型。

(a) (b) (c)

图 7-80　标签式导航

② 抽屉式导航

抽屉式导航的目的是带给用户更为沉浸的体验，如图 7-81，它的特点是阅读为王，点击切换少，专注于主体信息本身。其最大的优点是节省界面空间，缺点是无法快速完成导航切换，操作成本高。

③ 下拉菜单式导航

下拉菜单式导航和抽屉式导航一样，是以突出内容为主的导航模式。下拉菜单式导航一般位于产品顶部，通过点击呼出导航菜单，如图 7-82。

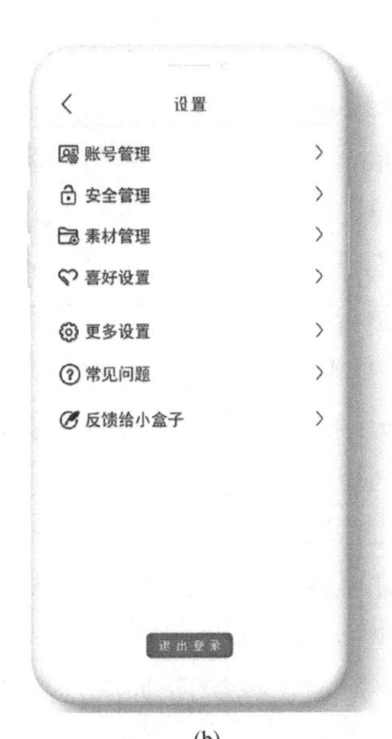

(a) (b)

图 7-81　抽屉式导航(制作：张奇文)

图 7-82　下拉菜单式导航(制作：钟朝秀)

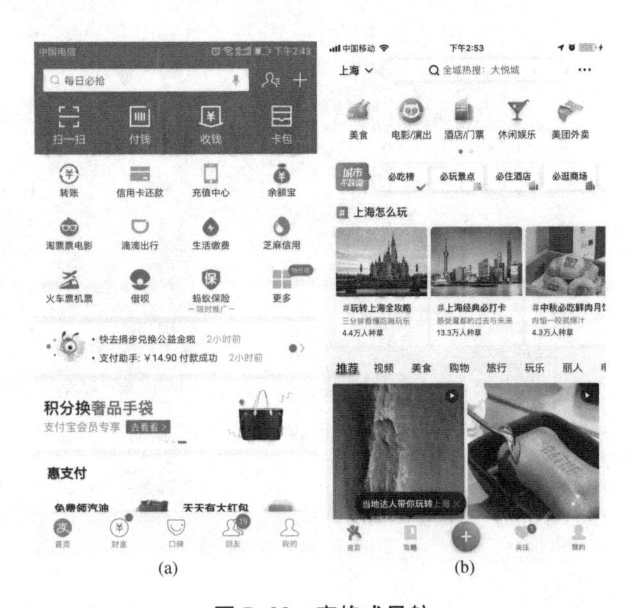

(a) (b)

图 7-83　宫格式导航

④ 宫格式导航

宫格式导航是一种类似于手机桌面各个应用入口的导航方式。这种导航经常用于工具类 APP 中，如图 7-83。它的优点是功能拓展性强，可增加多个入口。缺点是单页承载信息能力弱，层级深，不适合进行频繁的任务切换。

⑤ 列表式导航

列表式导航是常见的一种导航风格。列表中可以放置图片、标题等元素来展示信息，是一个传达信息效率很高的导航风格，如图 7-84。

(a) (b) (a) (b)

图 7-84 列表式导航(制作：蒋丽娟)(见彩插)

图 7-85 图示式导航

⑥ 图示式导航

图示式导航是一种更加可视化的导航，它能根据页面内容的变化及时更新图片，如图 7-85 所示。其缺点是加载时间较长，会耗费更多的数据流量。

(3) 表单

在界面应用中，经常会有多种多样的表单，表单设计是移动应用产品设计中必不可少的一部分。良好的表单设计可以大大提高用户的注册量或订单量等。表单由表单标签、表单域、表单按钮三部分组成。表单标签可以用文字或图标表示，它的作用是指明输入字段的内容。表单域包含了文本框、密码框、复选框、下拉选择框和文件上传框等。表单按钮包括提交按钮、复位按钮和一般按钮。表单的基本组成部分构成了表单的视觉元素，每个视觉元素都有其存在的意义。

图 7-86 注册登录界面

注册登录页是常见的表单界面。如图 7-86，注册登录界面是一款应用产品的门面，它的好坏直接影响着用户数量群的多少和用户体验的好坏。一个优秀的注册界面，应该具有清晰的操作流程、良好的交互细节和独特的视觉设计。

(4) 滑动条

滑动条的作用是控制某种界面中的一些变量元素，比如用来调节音量、屏幕亮度等，如图 7-87。通常很少让用户设置非常精确的数值，所以滑动条的设计并不需要对数值做精准的要求。用户需要设置准确数值时，可以考虑通过不同的视觉元素样式让用户通过点击或直接输入的方式来实现。

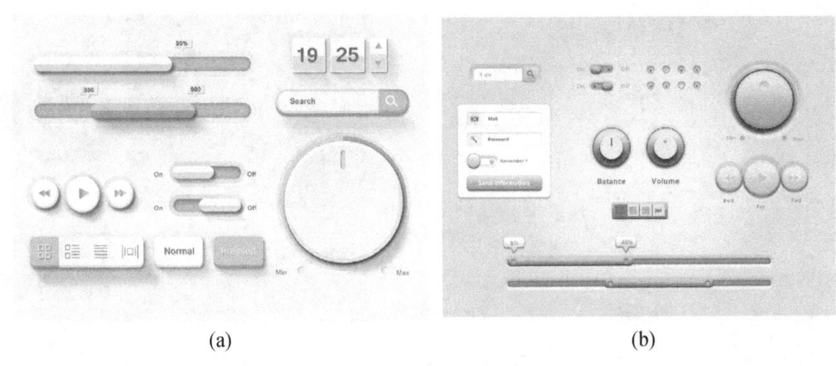

(a) (b)

图 7-87 界面中的滑动条

(5) 对话框

在移动设备上使用社交类 APP 已成为人们日常生活的一部分，对话框则是社交类 APP 必不可少的控件要素(如图 7-88)。实际上，APP 中的视觉设计沿用了人们日常的沟通模式。人们的社交方式无外乎两种，一种是直接沟通方式，另一种则为间接沟通方式。直接沟通类似于面对面交谈，呈现方式为对话形式。如移动设备上自带的短信功能，便具备了对话与交流的形式感，还有人们常用的 QQ 对话、微信对话，都是采用了对话形式。在视觉设计上，需要将这种对话层次表现得更加直接，以便让用户能够亲身体验社交的乐趣与交流的通畅。

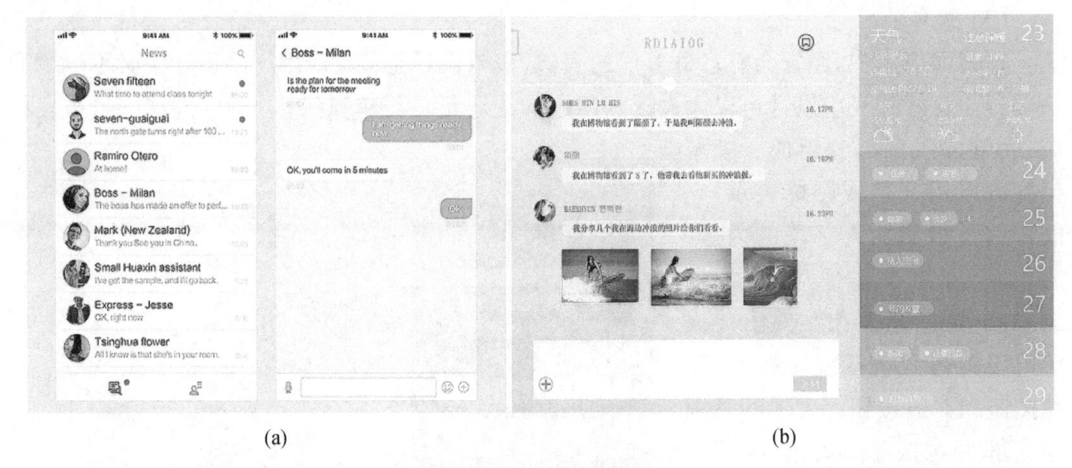

(a) (b)

图 7-88 对话框界面

间接沟通通常是指通过平台发布自己的心情、状态，其他用户浏览后反馈信息，如朋友圈、QQ 动态微博等。这样的沟通方式削弱了沟通的即时感和交流感。在视觉设计上与即时会话不同，须注意用合理的界面去展示记录者的心情或状态。

(6) 质感

质感是指用户对材料产生的生理和心理活动，是感觉器官对材料的综合印象。可以说，之前提到的拟物化设计和隐喻的视觉表现都离不开质感设计。质感的设计可以触发用户不同的遐想，使用户产生不同的感受，这也是质感设计的魅力所在，如图 7-89。

随着界面设计潮流的发展，人们对完全的拟物风格出现了审美疲劳，这时提出了“微质感”的概念。所谓“微”，可以理解为微弱、微小、微乎其微，“微”意味着尽可能少地添加内容便可实现目的。质感具有隐喻的意味，也就是说灵活运用一些隐喻的手段解决问题，而不泛滥，这点与日本著名产品设计师深泽直人的“这样就好”的设计理念有相似之处。

(a)　　　　(b)

图 7-89　界面中不同质感的应用

作为 APP 中的控件，它们起着跳转、变换状态的作用。所有的控件都是通过触摸得到反馈的，在设计时，可以通过光和颜色的反馈暗示用户哪些操作可用，哪些操作不可用。界面中的控件与背景色要形成强烈对比，没有明显变化的按钮，用户不能立刻感受到变化，就无法吸引人进行单击或触摸。只有形成强烈的对比，才能立刻吸引人的注意。所有的图标都应简单易懂，并易于理解和操作。一个优秀的 APP 绝不仅仅是因为设计得美，而应该使其转场快速清晰，排版和样式干脆利落。按钮控件导航的设计都应该追求漂亮、简洁，为用户创造良好的体验，满足用户的情感需求。

为 APP 设计任意控件时，建议最好使用形状工具绘制。因为与像素图像相比，矢量形状具有无限放大也不会模糊的优点，当需要适应各个不同尺寸的终端时，比较容易改变大小。可是当页面中形状交叉相对复杂时，调整就不是很方便了，使用 Photoshop CC 以上版本可以比较轻松地解决这个问题，只需要选择调整图层的形状路径并左键双击，即可打开形状路径进行单独调整。在绘制时，可以遵照以下规则：

① 图标尽可能地避免尖角，因为尖角会让人感觉不友好。

② 配色柔和、协调、清晰，尽量不要选用饱和度太高的颜色以避免造成用户视觉疲劳。

③ 简单而富有流线感，太多的细节会让图标显得笨重，难以辨认。

④ 不要与系统提供的图标混淆，绘制的图标应与系统中的标准图标区分开。

⑤ 易懂易理解，所绘制的图标应能被大多数人理解。

⑥ 外表美观，保持界面风格整体的协调统一。

⑦ 一致性，所有的图标间隔相等，大小体积大致相等，质量一致。一定不要将不同风格的图标放在一个栏上，这样会使界面看起来很杂乱。

7.2.7 多媒体要素

图 7-90 界面中的视频动画

在基于网络的界面设计中，多媒体要素的加入让界面设计更加丰富，比如声音、动画、视频，可以让信息更加具有感染力，动画和视频的应用增加了界面的空间性和时间性，动态图像具有的变化性能给用户带来意想不到的视觉冲击力，并且还可以丰富界面所要表达的信息，有助于营造气氛，刺激情绪。如图 7-90，满屏的动画更可以完全控制用户的视觉流程。

UI 中的动画还包括 UI 状态信息、功能元素的动态呈现，如载入进度条（Loading，如图 7-91）、动态按钮、动态图标、动画信息图表、动画及互动广告等。

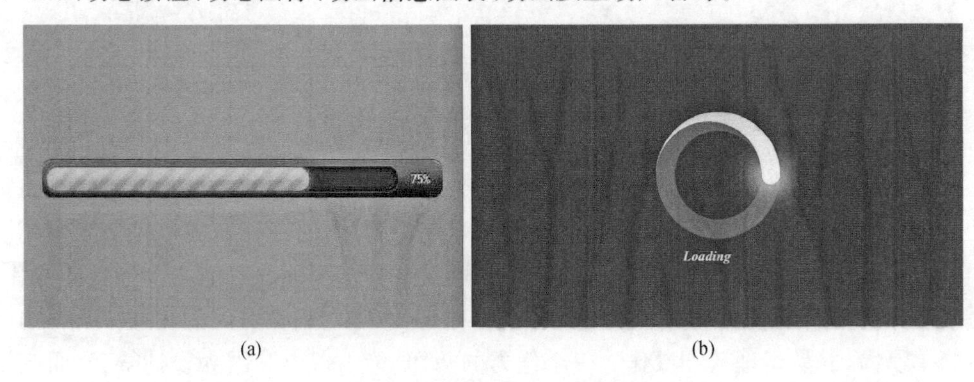

(a) (b)

图 7-91 界面中的 Loading 条

UI 中的视频主要用于表现更为具体和形象的视觉元素，以及具有真实效果的 UI 转场、广告等，这在游戏的界面设计中很常见，如图 7-92。

图 7-92 游戏界面中的过渡动画

UI中动画和视频追求的是信息的准确、意念的清晰。这取决于两个方面：一是视觉风格和表现手法；二是动画时间的把握，节奏的快慢。此外，界面中动画元素不能是无序的堆积，不恰当和频繁地使用动画反而会影响用户的注意力，传达错误的信息，造成视觉疲劳。

7.3 UI视觉设计的应用与发展

7.3.1 手机界面UI设计

随着科技的发展，智能手机的功能越来越多，多元化、人性化的手机软件层出不穷。手机已成为人们生活的主体，人们不仅期望手机拥有强大的硬件配置和绚丽的外观，同时也更加青睐于那些美观实用、操作便捷的图形化软件界面。

手机界面是用户与手机系统进行应用交互最直接的窗口。与其他设备界面相比，手机界面的设计有着更多的局限性和特殊性。这种局限性主要来自于手机设备的物理特性，即屏幕尺寸。要在这样小巧的屏幕上实现各种功能，就必须基于手机的物理特性和系统特性进行合理的规划。

(1) 手机界面的分类

在设计手机界面时，要对手机的系统性能和软件类别进行详细分析，熟知每个模块的应用模式，最大限度地利用现有资源进行研究和开发。手机界面可分为以下两类。

① 手机应用界面：指第三方服务商提供的应用程序。手机应用种类繁多，它们既有独特的一面，也有共性的一面。例如某些应用软件虽然功能相似，但在设计与使用上会有所差异。

② 手机操作系统界面：手机操作系统界面的设计需要从整体风格到细节图标和元素进行全面的把握，同时，还需要掌握一定的嵌入式技术知识。主流的智能手机操作系统有：专用于PDA上的Palm OS操作系统，基于Linux平台的开源手机操作系统Android，苹果公司iPhone的iOS系统，BlackBerry的黑莓系统，微软的Windows Mobile操作系统等。

iOS系统：iOS是由苹果公司为iPhone、iPod touch以及iPad等手持设备开发的操作系统，iOS系统的操作界面极其美观，而且简单易用，如图7-93所示。系统中极具创新的Multi-Touch界面专为手指而设计，用户可以通过滑动、轻按、挤压以及旋转屏幕等方式

图7-93 iOS系统界面

进行人机交互操作。总的说来，iOS 具有精致美观、简单易用的操作界面以及超强的系统稳定性。

Android 系统：Android 是由 Google 开发的基于 Linux 平台的开放源代码的操作系统，它包括操作系统、用户界面和应用程序，主要适用于智能手机和平板电脑，如图 7-94 所示。Android 系统为第三方开发商提供了一个十分宽泛、自由的环境。丰富的软件资源也使得运用 Android 系统的设备数量最多，如三星、小米、魅族和联想智能手机等。

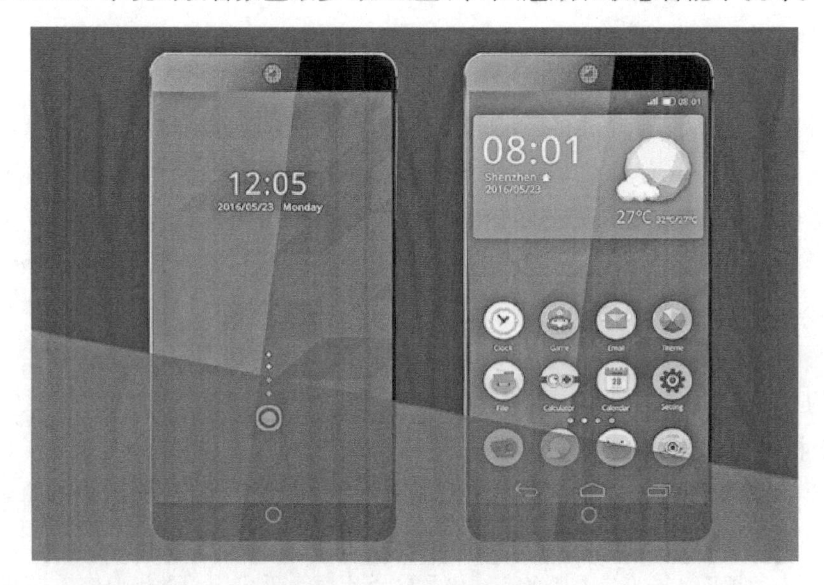

图 7-94　Android 系统界面

Windows Mobile 系统：Windows Mobile 是微软针对移动产品而开发的操作系统，如图 7-95 所示。Windows Phone 具有桌面定制、图标拖拽、滑动控制等一系列前卫的操作体验。

图 7-95　Windows Mobile 系统界面

(2) 手机界面设计的特征

手机界面最大的特点就是屏幕尺寸较小，能够支持的色彩也较为有限。受屏幕尺寸的限制，其界面元素的体量也不会太大，因此，无论是图标、文本、导航还是其他信息，都需要尽可能处理得简洁，避免在设计时出现不必要的麻烦，如因设计尺寸错误而导致不正常显示的情况。所以，手机界面设计的尺寸标准，如屏幕尺寸、分辨率等，都是事先必须要了解清楚的。

① 屏幕尺寸：手机的屏幕尺寸是指其物理尺寸，物理尺寸是指屏幕对角线的长度，一般用英寸(inch)来表示。英寸是英美制长度单位，1 英寸≈2.54 厘米。市场上主流智能手机的尺寸为 4～6.5 英寸不等。

② 屏幕分辨率：分辨率是指屏幕显示的像素数量，分辨率的高低决定着图像的精密程度。在屏幕尺寸相同的情况下，分辨率越高，画面效果就越好。如图7-96为分辨率为 300 像素与分辨率为 30 像素的手机界面对比。

(a) 分辨率为300像素的界面

(b) 分辨率为30像素的界面

图 7-96 分辨率为 300 像素与分辨率为 30 像素的界面效果对比

常用的分辨率单位有以下几种：像素/英寸(PPI)，适用于屏幕显示；点/英寸(DPI)，适用于打印机等输出设备；线/英寸(LPD)，适用于印刷报纸所适用的网屏印刷技术。因为手机的屏幕和分辨率是根据机型来决定的，所以为了满足不同人群，手机的屏幕尺寸和分辨率的种类要比电脑种类多得多。常见的手机屏幕分辨率(PPI)有1 920×1 080(小米 3、三星 GALAXY S4)、1 792×828(iPhone XR)、2 244×1 080(华为 Mate 20)等。

③ 屏幕密度：屏幕密度是以屏幕分辨率为基础，沿屏幕长、宽方向排列的像素。在同样的长、宽区域内，低密度的显示屏在长和宽的方向只有比较少的像素，而高密度的显示屏则能显示更多的像素。在其他条件不变的情况下，一组长、宽固定的 UI 组件(比如按钮)，在低密度的显示屏上会显得很大，而在高密度的显示屏上看起来就很小。

为了简化制作过程，将屏幕尺寸归纳为 4 种：小、正常、大以及超大，对应的屏幕密度分别为低(idpi)、中(mdpi)、高(hdpi)和特高(xhdpi)。表 7-1 列出了手机屏幕中一些较为常用的尺寸。

表 7-1　手机屏幕中一些较为常用的尺寸　　（单位：像素）

	小屏 QVGA	正常屏 WQVGA	大屏 WVGA	超大屏 SVGA
低密度 (120idpi)	240×320	240×400 240×432	480×800　400×854	1 024×600
中密度 (160mdpi)	—	320×480	480×800　400×854 600×1024	1 280×800　1 204×768 1 280×768
高密度 (240hdpi)	480×460	480×800 480×854	—	1 536×1 152　1 920×1 152 1 920×1 200
特高密度 (320xhdpi)	—	640×960	—	2 048×1 536　2 560×1 536 2 560×1 600

④ 屏幕色彩：手机的屏幕色彩指数从低到高可分为最低单色、256 色（即 8 位色）、4 096 色（即 12 位色）、65 536 色（即 16 位色）、26 万色（即 18 位色）、1 600 万色（即 24 位色）。

(3) 手机界面设计的布局

良好的界面布局和简单易用的操作方式有助于提高用户的操作体验，拉近人机之间的距离。本节将对 iPhone、Android 以及 Windows Phone 手机的界面布局进行对比（图 7-97），从而了解不同手机界面布局的差异。

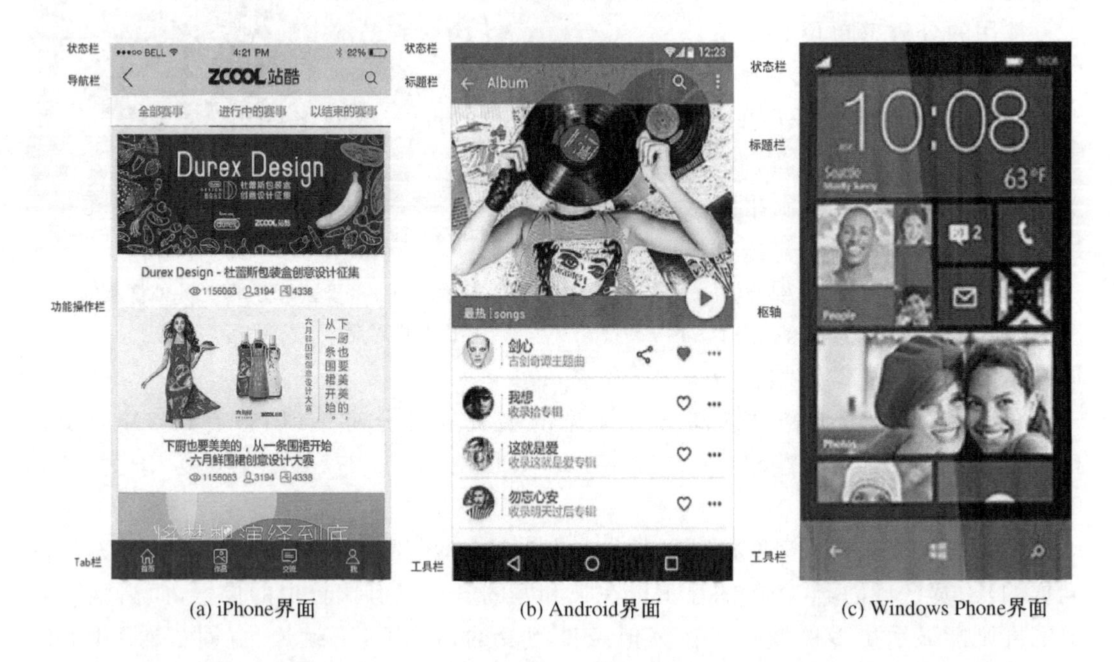

(a) iPhone界面　(b) Android界面　(c) Windows Phone界面

图 7-97　iPhone、Android、Windows Phone 的界面布局

① iPhone 手机界面布局

iPhone 的界面布局分为四个部分：状态栏、导航栏、功能操作区和 Tab 栏。

状态栏：用以展示设备和与当前环境相关的重要信息，可以显示电池电量、信号强度、运营商名称、未处理事件以及时间等。当运行不同的程序时，状态栏会自动显示成隐藏，为用户创建更大的操作空间。

导航栏：用于导航层级结构中的信息，有序地管理屏幕中的信息。文本居中显示当前APP的标题名称，左侧为返回按钮，右侧为当前APP的设置按钮。

功能操作区：APP软件的核心部分，也是版面上面积最大的部分，包含操作列表、滚动条、控件、图标等很多不同的元素。

Tab栏：在界面的最下方，用于切换视图、子任务和模式，并管理程序层面的信息。Tab栏的按钮一般不会超过5个，如果程序有更多的Tab栏，则只显示前4个，第5个位置显示为"更多"。

② Android手机界面布局

Android手机界面的布局一般分为三个部分：状态栏、标题栏、工具栏。

状态栏：标示手机的运行状态和事件的区域，位于界面的最上方。按住状态栏往下拖曳，可以进行查看信息、通知应用等操作。

标题栏：主要展示版本、名称以及相关的图文信息。

工具栏：工具栏中放置着一些与当前界面相关的操作按钮用来操纵当前内容。

③ Windows Phone界面布局

Windows Phone的界面布局一般分为四个部分：状态栏、标题栏、枢轴和工具栏。

状态栏：位于界面最上方，左侧显示信号强度，右侧显示时间、电池电量等。

标题栏：显示当前APP的名称或应用程序。

枢轴：由枢轴控件组成，枢轴控件提供了一种快捷的方式来管理应用中的视图或页面，其表现形式较为特别，可以通过划动或者平移手势来切换枢轴控件中的视图。

7.3.2 移动端主题UI设计

主题是一种智能移动端的应用程序，现在主流的手机、Pad等产品都会在线提供大量的主题供用户选择，用户通过下载安装实现设备UI的个性化设置。主题通常也被称为"皮肤"，但称为"主题"更为贴切，更能表达其作为一个整体、系统化的视觉表现，同时也更能表现其视觉风格中概念和内容上的主题性(背景故事、世界观等)。

从用户角度来看，UI是一种让产品易用、愉悦，有效传达信息的媒介。UI的主题化设计，源自用户对个人移动设备UI个性化、唯一性和愉悦感的内在需要。不同主题的选择能够标榜用户的审美趣味，避免长期面对单一界面的审美疲劳，更符合不同时间的情景和心境，具有非常强烈的情感作用。

UI主题资源的设计和丰富，也是系统平台吸引用户和增加用户黏度的增值服务之一，体现了"以用户为中心、以人为本"的设计理念。因此，移动端设备和系统平台开发运营商都非常重视主题界面的设计开发，华为、小米、OPPO等品牌都举办过手机主题设计征集大赛，为年轻的设计师提供专业化和广阔的展示平台。

UI的主题化设计按照智能手机的桌面形式，可分为传统桌面主题设计与自由桌面主题设计(小米MIUI对自由桌面的定义：自由桌面=传统桌面+场景桌面)。按照手机主题设计风格，从宏观上可划分为扁平化与拟物化两种类型；若按微观风格则可以分为清新、怀旧、时尚、古典、华丽、简约、Q版、科幻、重金属、蒸汽朋克、中国风等，不胜枚举。

(1) 主题设计的构成要素

主题设计主要由锁屏 UI、图标、桌面 Widget、壁纸、系统 UI 等组成，这些要素根据设计师特定的主题风格进行设计。

① 锁屏 UI：锁屏 UI 包括锁屏壁纸、锁屏样式及解锁方式的设计，不同品牌的设备和系统有不同的尺寸规格，如图 7-98。锁屏壁纸是锁屏 UI 的背景图像，主题化的锁屏壁纸可以与解锁方式高度融合。目前，最普遍的解锁方式是滑动解锁，但位置与操作略有不同。例如，iPhone 的锁屏 UI 固定在屏幕底部，向右滑动滑块；小米 V5 系统的锁屏界面通过上下左右四个方向滑动整合了解锁、照相、拨号、短信四个功能；三星 Note3 可以在锁屏壁纸的任何部位滑动，以图像液化流动的效果解锁。小米科技在手机主题设计的征集中提出了这样的口号："小米支持千变万化的锁屏样式，你不用担心自己的想法太出格，没什么能够限制住你的想象力。"

(a) (b) (c)

图 7-98 锁屏 UI

② 图标：图标包括界面常用系统图标、文件夹图标和第三方图标，如图 7-99。

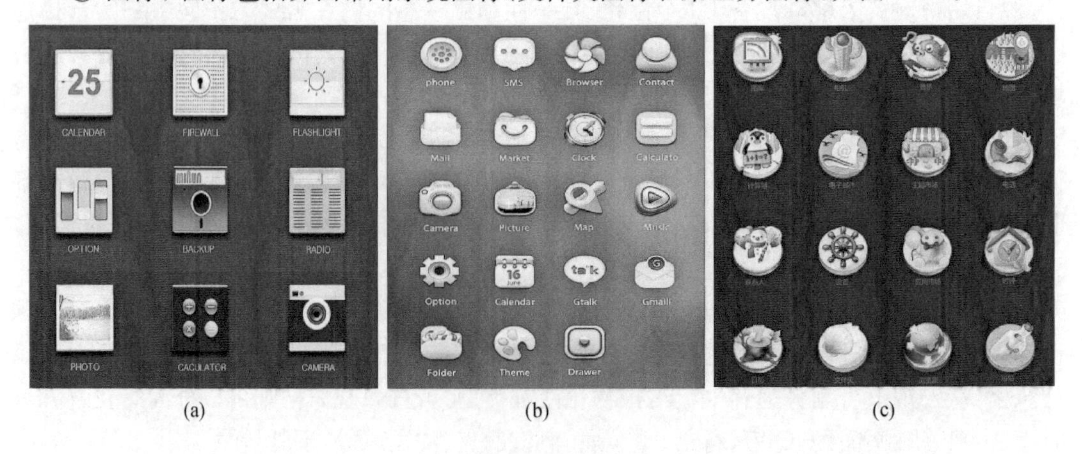

(a) (b) (c)

图 7-99 图标

③ 桌面 Widget：主题设计中桌面 Widget 主要包括天气 Widget、音乐 Widget 与时钟 Widget。不同品牌的设备和系统 Widget 中所体现的元素、呈现方式、视觉风格也各不相同，如图 7-100。

(a) (b)

图 7-100 桌面 Widget

系统界面设计中还包括桌面壁纸，它有静态和动态两种类型，其宽度通常大于屏幕宽度。在主界面横向切换时，由于前景图标和壁纸的运动速率不同，能够产生纵深的空间感。界面的主题化设计中，既要考虑锁屏壁纸和桌面壁纸的一致性，同时也要进行延伸性的设计。比如运用电影中的不同景别，从锁屏的特写到桌面的全景，既有细节表现又有空间感，也可以营造同一故事背景下的不同情景。

(2) 主题界面的设计原则

① 主题创意：主题的挖掘、提炼和设定最好能够植根于传统经典、主流或时尚文化，如以影视文学作品或地域、民族中典型的视觉元素来表现界面主题和世界观，这样更能够引起目标用户的共鸣，当然也可以进行天马行空的想象和表现。除了巧妙的主题创意外，独特鲜明的风格、强烈的视觉效果也是吸引目标用户的关键要素。

② 风格一致：视觉风格的统一和交互方式的一致对主题化 UI 设计非常重要。特别要强调图标设计风格的整体统一，并兼顾识别性。同一个主题中采用多种视觉语言来表现，会造成杂乱无章的视觉效果，无法形成统一的风格，并会造成用户认知方面的障碍。

③ 交互功能优先：主题设计的目标始终是要承载交互功能并为用户所使用，要准确无误地传递主题化设计之下的界面功能信息，要符合交互逻辑，符合常用的手势和使用习惯。主题的风格化的表现不能够凌驾于功能和信息之上，如果本末倒置，必然会被用户抛弃。

④ 清晰、简洁、有序：主题界面要结构清晰、简洁，并具有秩序感。不使用模糊状态的轮廓和文字，清晰的轮廓和文字更能塑造精致和有品质的界面，并有利于用户认知和交互。要主动割舍掉界面和图标中冗余的视觉元素，不要因为保留精心绘制的冗余界面元素而造成整体功能的使用障碍。强调整体设计的秩序感，能够使某些复杂的视觉表现呈现出理性和逻辑性。

⑤ 通用的规范：进行主题设计时，要遵守通用的设计规范，尊重用户的认知习惯和惯常的逻辑关系，比如播放界面中，播放、暂停、快进、快退等按键的分布有一定的规律，使用习惯和设计标准，比如接听电话和拒接电话的图形符号及使用的绿色和红色标志已经深入人心，不要轻易地改变类似这样的通用性的设计规范。

⑥ 情感共鸣：无论是简洁之美还是华丽奢侈之美，无论是怀旧的情绪还是科幻的遐

想，界面主题要给用户传递视觉的美感和内心的触动，才能实现主题化设计的目的和意义。

7.3.3 移动端 APP UI 设计

APP 是英文 Application（应用程序）的缩写，通常指手机或平板电脑等移动端的第三方应用程序。APP 作为一种萌生于智能手机的盈利模式，开始被更多的电商所看重，譬如新浪的微博开放平台、淘宝的开放平台、百度的应用平台、Apple 的 App Store、BlackBerry 的 BlackBerry App World、Android 的 Android Market、微软的 Marketplace，以及 Google 的应用商城。

(1) 移动 APP 的分类

市场上的应用软件种类繁多，用户花在选择应用上的时间也越来越长。正是因为它们的存在，手机才可以实现丰富多彩的功能，成为人们生活的伴侣。

APP 应用涉及生活中的各个领域，从内容功能上，一般可将其分为以下几类。

① 社交网络和即时通信类：社交网络和即时通信（Instant Messenger, IM）本属于 APP 中的两大类型，但如今跨平台即时通信与社交网络已经高度融合，其“线上应用”是实际线下活动在时间和空间上的自然延伸，是技术条件下人们需求的必然产物。基于时间和空间上的相对无限性，它们能够充分满足用户随机和即时性的社交通信需求，同时也具有成本更低、安全性更高、私密性更好等优势。在国内，这类 APP 的代表有 QQ、微信等。用户可以在这类 APP 中发群消息，发送和分享照片、声音、视频、链接等内容，能够更便捷地联系朋友，实现即时通信。而且，它们还进一步整合了如基于地理位置的服务（LBS）、查询服务和网络支付等功能。

② 地图导航类：地图导航类 APP 一直具有巨大的下载量和用户群，并随着汽车的进一步智能化，与车联网高度融合，其主要功能包括：路线导航、个人信息、POI 信息服务（POI 是“Point of Interest”的缩写，中文可以翻译为“兴趣点”，用户通过使用该服务可以在陌生的城市中轻松地找到要去的地方，POI 数量及信息的准确程度和更新速度，都会影响 APP 的使用和体验），其设计目标是对以上功能进行协调，并在此基础上探索可能的特色功能，为用户提供新颖的体验。

国内拥有用户较多的地图导航类 APP 有百度地图、高德地图、老虎地图等。其功能各具特色，如高德地图提供了实时路况及预测、违章查询等功能；老虎地图提供了热门餐厅、娱乐、酒店、展览演出、公共设施的详细介绍与点评等功能。

③ 生活辅助类：生活辅助类 APP 主要为用户的日常生活提供帮助和便利，包括两个方面：一是生活信息的查询、处理，为用户提供衣食住行等方面的信息；二是生活助理，比如为用户提供理财、定位、网购等服务，常见的 APP 有大众点评、携程、淘宝、支付宝、墨迹天气、快拍、航旅纵横、滴滴打车等。

④ 媒体资讯类：媒体资讯类 APP 是传统媒体集团、互联网门户网站争夺的第一焦点，主要包括整合门户网站新闻资源，并向用户推送信息的新闻类 APP 和行业咨询类 APP。热门的应用包括网易新闻、南方周末、汽车之家、中关村在线等。

⑤ 休闲娱乐类：主要为用户提供休闲和娱乐的 APP，以游戏类偏多。此外还包括图书阅读，如开卷有益、掌阅、QQ 阅读等；移动影音，如搜狗音乐、百度音乐、优酷、搜狐视频、爱

奇艺、PPS等；拍摄美化，如美图秀秀、美拍等。

⑥ 教育学习类：目前，在苹果App Store中，教育学习类APP成为仅次于游戏类APP的第二大类受欢迎的应用，越来越多的人除了在教室图书馆，或通过专门的学校及教育培训机构学习外，会更多地利用碎片时间、闲暇时刻，利用互联网、移动终端去学习。网上大量公开课视频的出现，突破了传统教育模式和互联网学习的局限，而相对需要大量时间学习的公开课教程来说，对碎片时间的充分利用，是教育学习类APP的最大优势。此外，相比传统的学习方式，利用APP学习更具有主动性，用户可以根据自身的需求进行选择性的学习，同时APP能对用户个性化的学习定制进行时间和效率管理，更具有趣味性和互动性。热门的教育学习类APP有网易公开课、慕课、掌上新东方、百词斩等。

⑦ 工具支持类：这类APP包括两个方面，一是为用户提供设备功能增强、管理、检测、安全等服务，如优化大师、电池医生等；二是为用户提供移动设备中网络浏览及各类文件的支持、管理、备份及传输，如UC浏览器、360云盘等。

⑧ 行业应用类：指能够支持用户进行指定行业工作的移动应用软件，如Office、手机Ps等。

(2) APP界面常用布局

① 平铺列表布局：平铺列表是最常用的布局之一，如图7-101所示。这种布局以横条状平铺的方式展现，界面中的文字是横排显示的。因此，在平铺列表中可以包含比较多的信息。平铺列表在视觉上整齐美观，可以图文并茂地进行信息的展示。

图7-101　平铺列表布局界面

图7-102　横排方块布局界面

② 横排方块布局：横排方块布局是把并列元素横向显示的一种布局方式，在屏幕宽度的限制下，其展现的内容十分有限，但可以通过左右滑动屏幕或点击箭头查看更多内容，如图7-102。

③ 九宫格布局：顾名思义，这种布局方式通常是在画面中以九个格子呈井状排列进行展示，但也可以是 8、12、16 等形式布局，如图 7-103。它的优势在于能使用户快速找到入口，展示形式简单明了，用户接受度高。此类布局适用于展现丰富的内容，且内容适合分类聚合的形式。

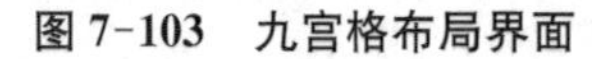

图 7-103　九宫格布局界面　　图 7-104　Tab 布局界面

④ Tab 布局：这种布局可以减少界面跳转的层级，将并列的信息通过横向或竖向 Tab 来展现，如图 7-104。与传统的架构方式相比，此类布局可以有效减少用户的点击次数，提高操作效率，用户点击界面上的信息便可看到隐藏的内容。

图 7-105　弹出框布局界面（制作：李吉冬）（见彩插）

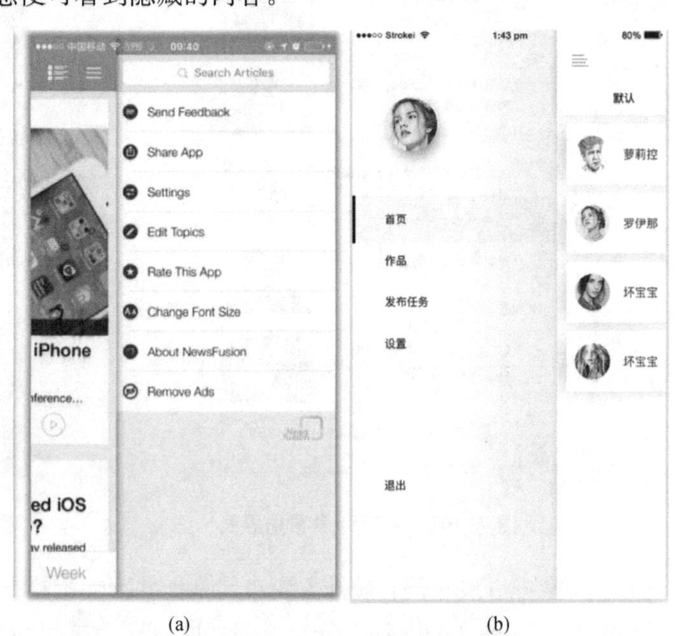

(a)　(b)

图 7-106　侧边栏/抽屉布局界面

⑤ 弹出框布局：弹出框是较为常见的一种布局方式，如图 7-105。弹出框可以将内容隐藏起来，仅在需要的时候才弹出，以节省屏幕空间。它最大的特点是可以在原有的界面上进行操作，不需要跳出界面，操作体验比较连贯。

⑥ 侧边栏/抽屉布局：从左右两侧拉出的为侧边栏布局方式；从顶部或底部拉出的为抽屉式布局方式，如图7-106。这两种布局方式都可在原有的界面上进行操作，具有流畅的操作连贯性。抽屉式布局在交互体验上更加自然，和原界面融合较好。

(3) APP 界面视觉要素

① 按钮：按钮作为最基本的交互组件之一，在 UI 设计中使用的频率非常高。按钮的风格多种多样，它可以是图标，也可以是文字标题，用户只需要触摸按钮，便可显示相应的信息，如图 7-107。

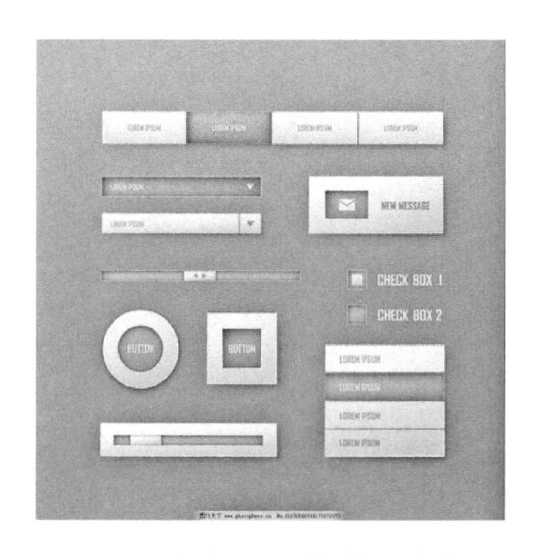

图 7-107　界面中的按钮

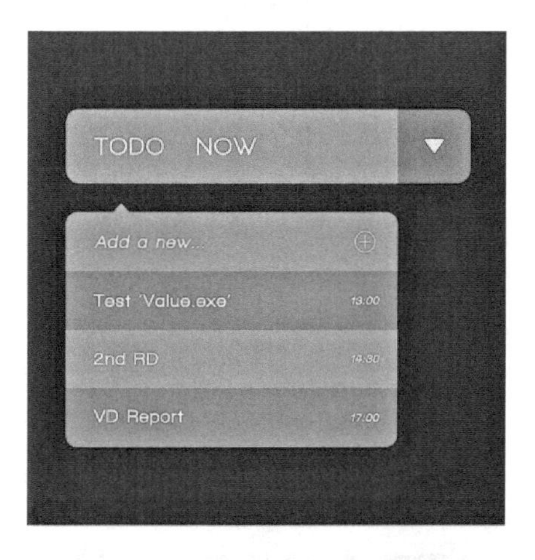

图 7-108　界面中的下拉列表

② 下拉列表：列表是在按钮的基础上改造而来，用户可以通过触摸列表框展示所有可选内容，如图 7-108。下拉列表可以分解成四部分，圈角矩形按钮、分制线、下拉三角和选项文字。因为下拉列表的长度比一般按钮要长，在制作时需要注意选项文字的摆放空间。

③ 滑动条：滑动条由一个带有轨道和滑标的小窗口组成。用户通过移动滑块可完成缩放图片或增减屏幕亮度、音量大小等操作，如图 7-109。

(a)

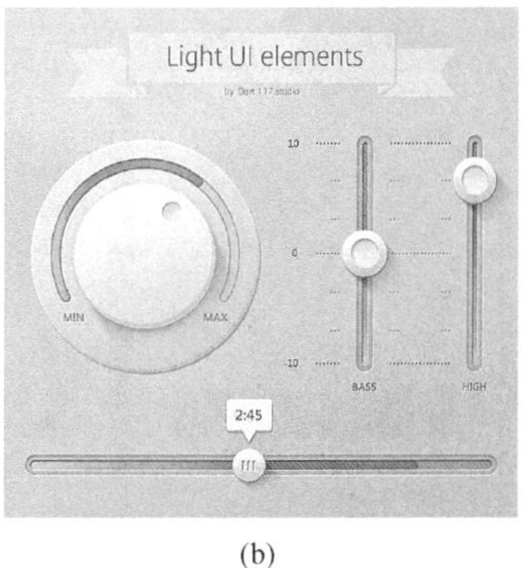

(b)

图 7-109　界面中的滑动条

④ 对话框：对话框的形式有选择确定、取消样式、调整设置、输入文本等。在微信和微博中主要用于文字内容的输入，如图 7-110。

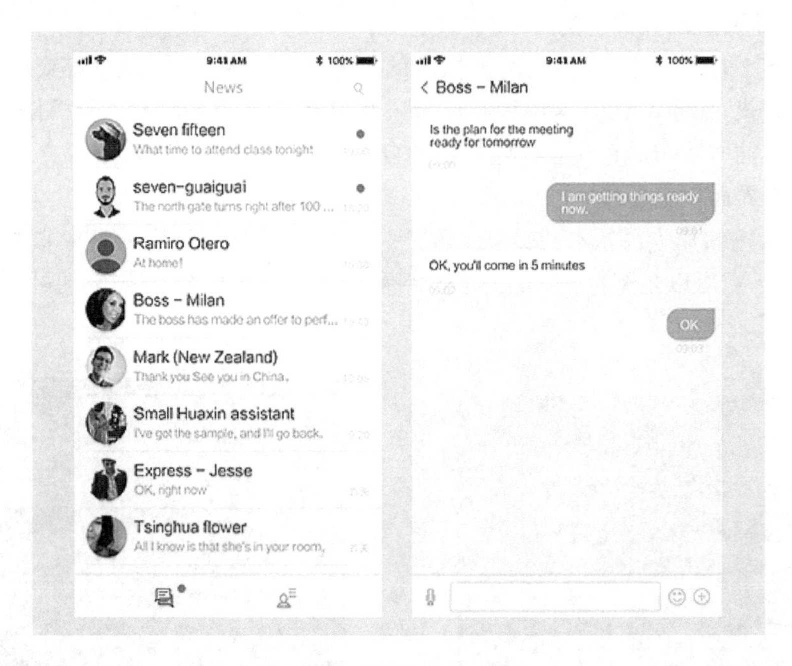

图 7-110　界面中的对话框

⑤ 文本框：文本框常用作资料填写、登录信息、搜索内容的输入等，用户通过触摸输入区域，就会自动放置光标，并显示键盘，如图 7-111。

图 7-111　界面中的文本框

⑥ 切换开关：切换开关是模拟用户打开或关闭选项的物理开关。用户可通过滑动或单击来实现开关状态的切换，如图 7-112。

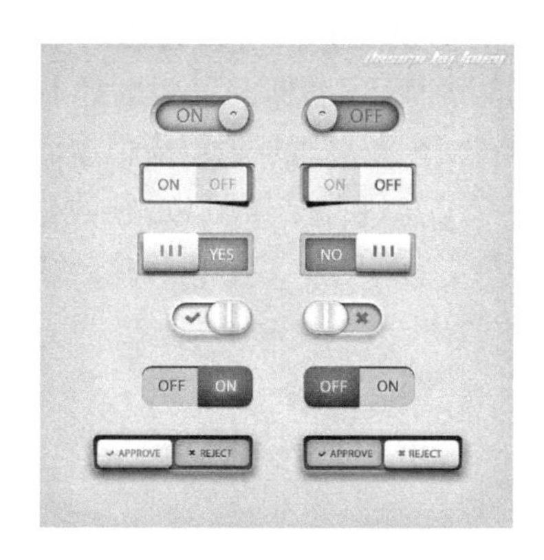

图 7-112 界面中的切换开关

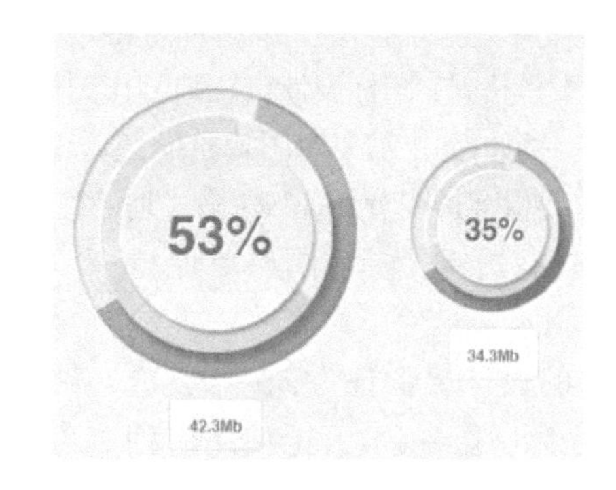

图 7-113 界面中的进度条

⑦ 进度条：进度条是以条状图的形式来显示处理文件的速度、完成度、剩余未完成文件的大小和所需时间，从而缓和用户等待的焦虑感。进度条的表现形式多以长条形和圆形为主，要根据界面控件的大小来选择适合的样式，如图 7-113。

(4) APP 界面设计原则

① 保证图标的识别性，紧抓用户眼球

为了帮助用户了解软件的功能，提高图标的可识别性是很有必要的。界面中图标的表意要清晰明了，能很好地诠释出产品的内容和所要传达的产品价值和形象。图标设计须具备经典的隐喻特征，要采用功能上与现实生活中相似的图形，保证隐喻的对象具有较强的排他性，降低用户的认知负担。当用户在 App Store 中搜索软件时，会发现有很多相似的图标，只有那些精致、美观、完整、视觉冲击力强的图标才会受到用户的关注。

② 形式风格要统一，让图标简洁通用

一套设计精良、外观风格协调统一的图标，不但能够引起用户共鸣，甚至可以进一步带动界面中其他部分的设计，以相同的效果统一产品的视觉感受，提升用户的满意度。图标设计的关键，在于让图标尽量简单，避免多余的烦琐细节。由于图标的功能各异，采用的图形也不尽相同，在界面中可使用共同的元素来统一设计风格，如图 7-114。

图 7-114 风格统一的图标

③ 图标设计紧随平台属性

主流的手机系统平台有 iOS、Android 等，不同的应用平台有着不同的尺寸和设计风格。

图标设计规格：针对不同的手机屏幕大小，需要设计不同尺寸的图标。iPhone 手机屏幕尺寸的设计，可以按手机型号和版本类型加以区分，如表 7-1 所示；Android 的图标不仅指应用程序的启动图标，还包括状态栏、菜单栏，或者是切换导航栏等位置的其他标识性图标。由于安装安卓系统的手机品种繁多，所以在不同的界面下，图标的尺寸也都不同。

图标设计格式：图标设计格式即制作图标的图片格式，图标格式的选择，应根据需要选取合适的格式。例如，如果需要对图片质量、色彩以及饱和度等信息进行保存，JPEG 格式是最好的选择；如果需要保存透明背景，PNG 格式是最好的选择；如果是动态图片，GIF 格式是最好的选择。

④ 方向、透视、光源、阴影要保持一致

图标的设计要保证方向一致、透视一致、光源阴影一致，无论使用何种光源，都要保证界面中所有图标的光源一致。只有这样才能得出统一的光影效果，否则会让人感觉图标是拼凑起来的，显得杂乱无章，如图 7-115。

图 7-115　方向、透视、光源、阴影统一的图标

⑤ 独特的色彩组合

为了让图标脱颖而出，要使用鲜艳的色彩和有趣的形状，让用户在第一时间就能看到并点击。除此之外，还可采用渐变的色彩和适当的阴影效果，使图标更加真实、立体。如图 7-116，在暗色的背景上，图标的颜色要以白色、黄色、绿色等艳丽的色彩为主色调。

图 7-116　图标的色彩搭配

⑥ 创建矢量格式的图标

图标的尺寸通常会随着界面的规格而变化。因此，创建一个可以放大缩小又不会磨损

像素的矢量图标是很有必要的。矢量绘图软件有 Illustrator、Fireworks、Sketch 等。

⑦ 注意文化差异,准确传达信息

对于设计师来说,总是希望自己的作品能得到最广泛的传播,被不同文化背景的用户理解和接受。因此,图标的设计要考虑不同国家的特征、语言、环境和差异性。

7.3.4 手游 UI 设计

随着移动互联网的崛起和手机软、硬件水平的快速提升,手游的市场需求不断增长。在手游 UI 设计的过程中,设计师要关注并考虑不同平台的特性,进行合理的设计。

(1) 手游界面的分类

① 登录界面

登陆界面是玩家单击游戏图标后,从程序启动到进入游戏主界面过程中所显示的界面,如图 7-117。其主要功能是引导玩家快速进入游戏。

图 7-117 手游登录界面

图 7-118 手游主菜单界面

② 主菜单界面

主菜单界面的主要功能是为玩家提供游戏的功能入口,帮助用户了解游戏功能以便快速进行游戏。用户在任何时候都可以调出主菜单界面,如图 7-118。常规布局中一般包含以下信息:开始新游戏按钮,主要负责开启新游戏;选项按钮:用来调出选项界面;退出按钮:选择后询问玩家是否退出游戏;制作组按钮:单击进入制作组成员介绍界面。

③ 加载界面

加载界面也称 Loading 界面,即玩家在进入游戏前,需要一定的加载时间,如图 7-119。加载界面的目的是通过有趣的进度条来拉近玩家与游戏之间的距离,调节玩家在加载界面等待时产生的焦虑心情。

图 7-119 手游加载界面

④ 选项界面

选项界面指的是游戏中设置的主要选项界面,即玩家的一些操作选项设置界面,玩家可以根据个人的偏好对游戏进行设置,如游戏的显示、操作、声音等,如图 7-120。

图 7-120 手游选项界面

图 7-121 手游主界面

⑤ 游戏主界面

游戏主界面指的是玩家进行游戏的主要窗口，它由主要游戏画面和多个工具栏组成，用来显示玩家的一些信息，如头像、等级、体力、法力、技能等属性信息，如图 7-121。

(2) 手游 UI 界面的视觉要素

手游 UI 界面中最为常见的视觉元素包括按钮、对话框、图标、指针光标、文本输入框等。

① 按钮

按钮作为玩家发出游戏命令的关键控件，在设计中是使用最多的元素。游戏界面中的按钮一般分为选择按钮和激发按钮，状态主要分为点击状态、未点击状态和无法点击状态，如图 7-122。例如，在一些设置关卡的游戏中，对于玩家尚未激活的关卡，其关卡按钮的颜色应以灰色显示或在按钮上用锁形图案来表示尚不可操作的状态。按钮的设计要易于识别，能够让玩家在操作时有好的体验。

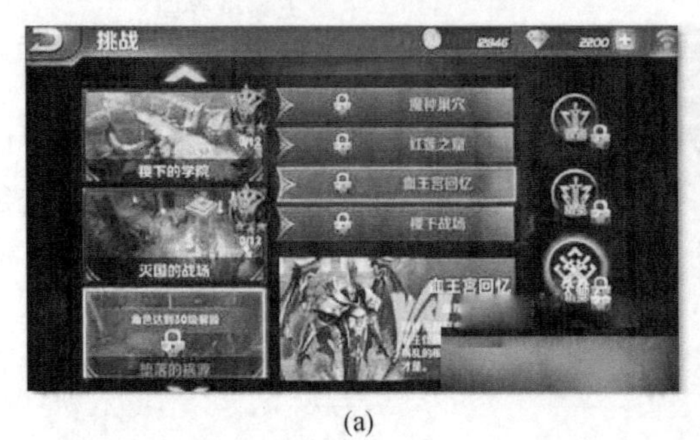

(a)

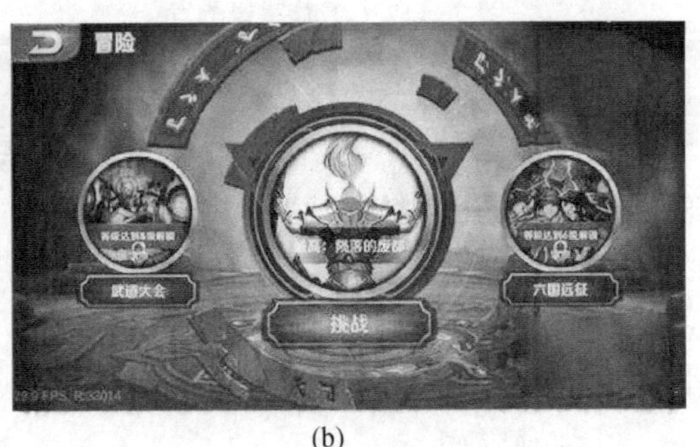

(b)

图 7-122 手游中的按钮

② 对话框

对话框是人机交流的一种方式。玩家在游戏过程中经常会见到消息对话框，用以提示玩家有异常情况发生或提出询问等，如图 7-123。其设计要与游戏的整体设计风格相统一，尽量节省空间，便于界面的切换。

③ 图标

利用图标可以在屏幕上同时排列许多窗口。游戏界面中的图标包括很多种类，比如属性图标、道具图标等。图标设计的色彩不宜超过 64 色，大小多为 16×16 bit 和 32×32 bit 两种。由于游戏界面图标是在很小的范围内来表现游戏内涵的艺术，所以不宜使用过多的颜色分散玩家的注意力。

图 7-123　手游中的对话框

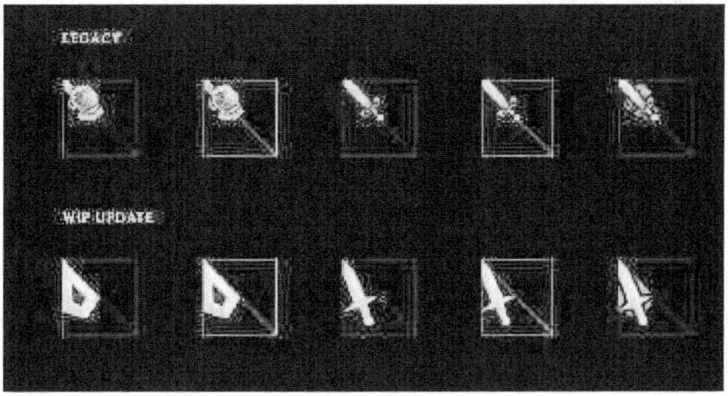

图 7-124　手游中的指针光标

④ 指针光标

鼠标是进行指点和选择活动的输入设备，以指针光标的形式在屏幕上展现给用户。指针光标在整个游戏界面设计中是很重要的一个部分，如图 7-124。游戏光标的视觉外观应与游戏的整体风格相统一，如果游戏的主题是以中世纪欧洲风格为主，那么光标的样式应采用中世纪欧洲的设计风格；若游戏的主题是以体育竞技类为主，那么光标的设计应采用相应的体育风格。

⑤ 文本输入框

游戏界面中的文本输入框通常分为两种：一种是在大型网络游戏中，玩家可通过游戏的人物创建界面，输入角色名称，使玩家能够定义自己的游戏角色，如图 7-125。另一种则是在一些竞技类游戏中，玩家通过排行榜得知自己所在游戏区域的各类分值，以此提高玩家的成就感。

图 7-125　手游中的文本输入框

(3) 游戏 UI 视觉设计原则

① 沉浸感：实践证明，移动平台的小尺寸显示设备同样能保持游戏的沉浸感。在进行界面设计的时候，要注意维持玩家的沉浸感，这是手游 UI 视觉设计最主要的原则，其他的原则都围绕沉浸感而展开。

② 一致性：界面视觉元素风格一致，光源、材质一致。

③ 简洁易用性：当玩家接触一个新游戏时，很少会在游戏开始前阅读大量的操作说明，他们会选择直接进入游戏。所以界面的设计要容易让人理解和接受，为此第一个目标便是让游戏界面尽可能的简洁、易用。

④ 功能优先性：功能优先性可以分成以下几点。

- 游戏功能的实现会决定 UI 的布局、设计形式、形状和颜色，UI 设计师要将视觉美感融入功能优先的 UI 中，保证 UI 的可用性。
- 对功能界面（如装备、背包、设置等）中的功能进行组织，将功能模块化，分而治之。

⑤ 颜色的有效性：重视颜色的使用，但不要过度使用，过多的颜色也会让界面主题分散、华而不实。此外，要考虑颜色的可读性及界面主体色彩在各种颜色环境下的通用性，因为游戏界面下场景的色彩、色相、明度是不断变化的。

⑥ 文字的可读性：保持文字内容清晰，这包含了两层含意——文字表述的概念清晰、简短，文字的显示状态清晰。

⑦ 容错性：游戏过程中玩家在判断和使用上出现错误在所难免。根据这一情况，在进行 UI 设计时应具有点错返回、反悔的相关设置。例如，在对游戏进程进行存档或删除时，应弹出相应对话框，请求用户确认是否删除或覆盖当前存档。

⑧ 反馈性：玩家对游戏的每一次操作后，从游戏本身得到的反馈信息是游戏对用户操作的反应，包括图像、声音等的反馈。简而言之，对用户的每次操作，游戏都要为玩家提供有意义、准确、简洁的信息反馈。

⑨ 习惯性：遵从玩家的操控习惯，不要轻易改变某种类型游戏共通的界面布局和视觉元素的表现形式。游戏的画面应尽量简单并且符合玩家在真实世界中的认知习惯，尽量保证在同类型游戏的操控中风格一致，如图 7-126 所示。

(a) (b)

(c) (d)

图 7-126　手游中的习惯操作

7.3.5　视觉界面的发展趋势

伴随科技的进步，交互和视觉界面设计也在快速地发展，从之前机械的操作方式到现在具有科技感的操作方式，人机之间的互动越来越多，也越来越智能，这给人们带来了更加愉悦的体验。

在一些科幻电影中出现的先进的交互界面数不胜数，下文简单归纳了未来交互界面发展的几个方向。

语音交互界面(VUI):语音交互界面是声音的视觉化表现,简单来说就是运用视觉的形式呈现声音的状态。从心理学的角度来说,这就是一个视听联觉的过程,如图7-127。

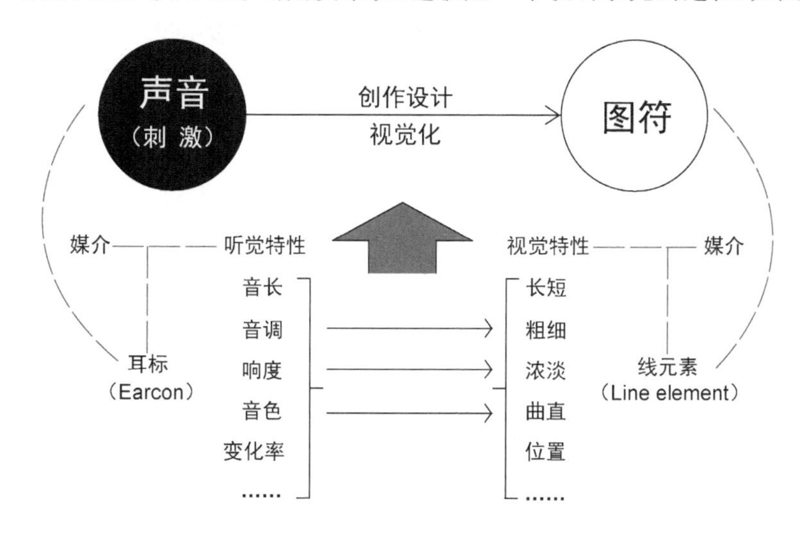

图7-127 声音视觉化

交互界面早已不再局限于我们平日所看到的屏幕上的图形化元素了,以Apple Siri为代表的VUI(Voice User Interface),即语音交互界面在日常生活中的作用越来越大。设计师正在力图创建更优秀的语音交互界面,为用户提供更加良好的体验。通常语音交互界面会以声音波形或者其他类似的可视化声音信息呈现,创作这样的界面可以参考音频播放器和后期合成软件中的音频的各种可视化。基于声音视觉化的交互界面设计,就是将声音的属性,如音长、音调、响度、音色等融入视觉特征之中的设计。语音交互界面(VUI)是近年来UI设计最重要的发展趋势之一,它不仅可以依托于智能手机而存在,而且可以和智能家居、智能电视等一系列其他产品结合在一起。越来越多的人正在更加频繁地使用Apple Siri、Google Home、Microsoft Cortana、Bixby以及小爱同学等智能化语音设备和应用,如图7-128。

图7-128 智能化语音设备和应用

设计VUI界面时的6个基本原则:

① 尽量避免信息过载的情况,提升用户体验。

② 人类对于音频信息的记忆是短期记忆。用户不可能一次记住大量新的信息,因此不要过度地利用短期记忆。

③ VUI的硬件载体应当准确地了解用户的主要需求,并且快速地提供相应的答案。举个例子,如果VUI设备询问用户:“你目前生病的症状有哪些?”而用户回答说是“发烧和感

冒”的时候，系统应当明确用户回答的是两种不同的症状，并且基于这两种症状和用户的实际环境，提供解决方案。

④ 信息和 VUI 的组件必须以用户可以感知的方式呈现给用户。

⑤ 创建足够简单、清晰的可视化布局，确保信息不会丢失且被正确传达。

⑥ 提供不同的方式帮助用户导航，查找信息，并且确定其位置。

总的来说，语音交互界面（VUI）是通过语音来进行交互的解决方案，它是一个有前景的全新领域，它的使用场景和交互方式还有许多值得探索的地方，如何优雅而恰当地为用户提供交互语境，在嘈杂而多变的环境下如何应变，是 VUI 所面临的主要挑战。通过将 VUI 和 GUI 进行结合，用户可以更加便捷地使用产品，而诸如 AI、面部识别、手势交互和音频输入等技术的加入，会使未来的数字产品充满可能性。

眼动交互界面：如果你看过《钢铁侠》，那么你一定有印象，男主角操作时界面就会跟踪他的眼睛，如图 7-129，界面中相对应的信息会根据男主角的视线聚焦放大。这种根据眼部动作，如转动眼球、平移视线、定点聚焦以及放大瞳孔、眨眼和闭眼等来控制界面的翻转、进入下一层、锁定界面、局部放大、跳转页面和关闭界面等的操作，在未来的界面设计中一定会大放异彩。

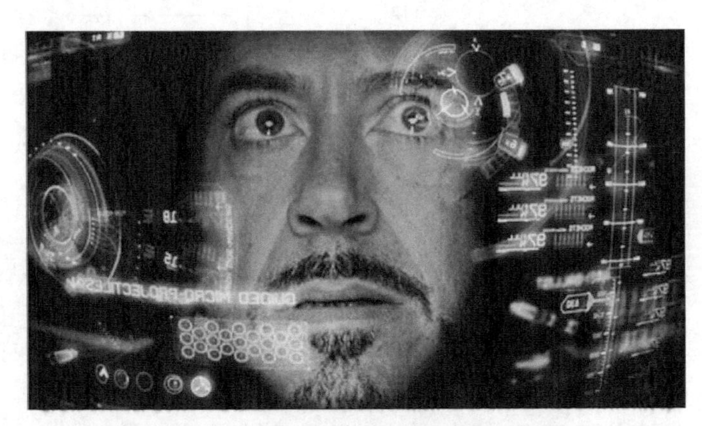

图 7-129　电影《钢铁侠》中的眼动交互界面

立体透明显示：立体透明显示在现代影片中多次呈现，如在电影《阿凡达》中，主角在和自己的“阿凡达”躯体连通时，工作人员可以通过一个空中悬浮、立体成像的界面直接看到他脑子里各部分的活动图像，能够随时发现异常。在电影《第九区》中，主人公驾驶的机器人的操作界面和外星飞船的操作界面都是立体透明的。立体透明界面很炫。现在，透明界面已经不仅仅存在于科幻影片中，已有厂商推出了透明屏幕的笔记本电脑和手机。2012 年微软公司申请了透明显示设备相关的专利，包括透明 3D 显示技术、如何使用 3D 手势和头部追踪在文件与应用之间实现导航；三星公司也在 2012 年夏天发布了一款透明屏幕。如图 7-130，这种立体界面将会成为未来一个重要的交互体验实例。但由于屏幕是透明的，界面上的元素很容易被后面的布景事物干扰。所以应用这一特点，立体透明界面可以作为飞翔器的操作界面，这样可以把当前的用户界面叠到后面的自然实景中去。

手势识别：目前，能识别手势的典型交互设备是数据手套，它能对较复杂的手势进行检测，包括手的位置和方向、手指弯曲度，并可根据这些信息进行物体抓取、移动、装配、操纵和控制，可应用于多种三维虚拟现实或视景仿真软件环境中。预计在未来，手势识别将无处不在，笔记本电脑、台式电脑、微波炉、电视机、仪表盘等常用设备中都会用到。

全息影像：全息投影技术是在空气中或者特殊的立体镜片上形成立体影像的技术。全息技术是利用干涉原理，将物体发出的特定光波以干涉条纹的形式记录下来，使物体光波的

(a) (b)

图 7-130 概念化立体透明界面

全部信息都存储在记录介质中，故所记录的干涉条纹图样被称为全息图。当用光波照射全息图时，由于衍射原理能重现出原始物光波，从而形成原物体逼真的三维影像。

当前，数字展厅展馆快速建设，数字展厅设计将展示展览行业带到了一个全新的发展轨道，在改变传统展览形式的同时，也给更多的行业创新发展带来了新的机遇。特别是在 4S 店、车展等汽车数字展厅设计中，虚拟现实、全息技术等各种新颖的技术吸引了广大观展者的眼球，如图 7-131。互联网发展到现在可谓是无孔不入，未来全息技术也一定会更好地应用在汽车领域。

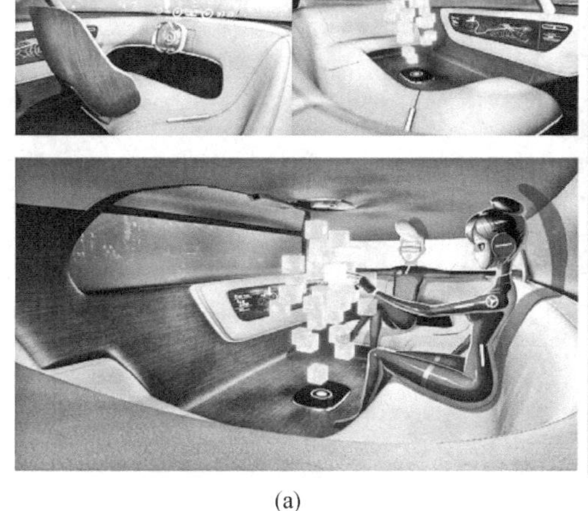

(a) (b)

图 7-131 全息影像应用

虚拟现实：虚拟现实使用户可以置身于计算机所表示的三维空间资料库环境中，并可以通过眼、手、耳或特殊的空间三维装置在这个环境中“环游”，创造出一种身临其境的感觉。它利用计算机生成逼真的三维感受，使用户作为参与者通过适当装置，自然地与虚拟世界进行交互，是多通道并行的界面，如图7-132。

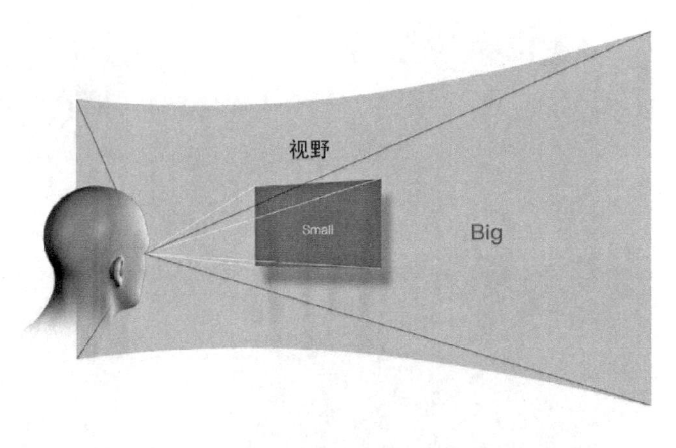

图 7-132　虚拟现实的视觉原理

VR 设计方法：

① 调节视场深度，让界面清晰。视场角指人眼能看到画面的角度，大致在 210 度。人眼能看到画面的角度越大，即视场越大，沉浸感则越强。

② 减少信息，让重要信息在视觉中心。在进行 UI 设计时，需要将可操作的信息聚集在一个范围，并且让重要信息处在视觉中心，即左右各 30 度、向上 20 度、向下 10 度的信息范围比较舒适。

③ 提供有趣、仿真的动效设计。在 VR 中，合理的动效可以提升沉浸感。VR 中的动效设计包括物件的进场、退场、响应态、过渡、加减速变化等。

④ 加入足够真实的立体音效。要打造良好的虚拟现实体验，还得加上听觉、触觉甚至嗅觉上的效果。相比后两者，听觉是娱乐必不可少的。

⑤ 增强现实：增强现实技术（Augmented Reality，AR），是一种实时地计算摄影机影像的位置及角度并加上相应图像、视频、3D 模型的技术。与虚拟现实不同的是，增强现实是在现实中引入虚拟的界面，比如在头盔护目镜上投射出一些文字和图表，以增强实景的信息，如图 7-133。

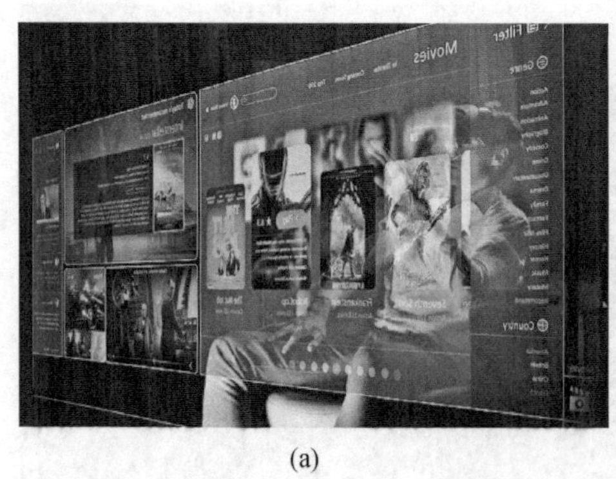

(a)

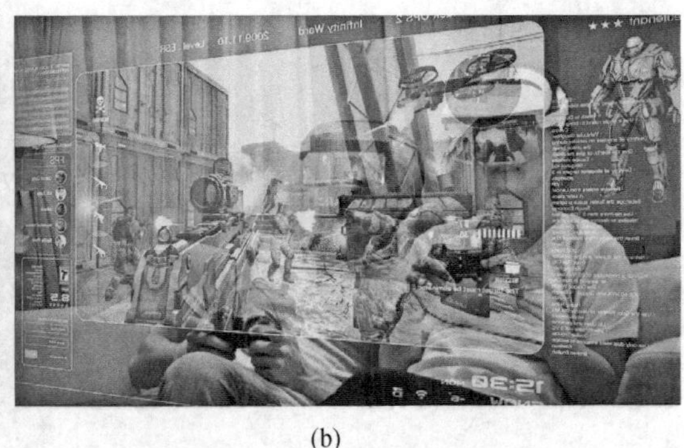

(b)

图 7-133　增强现实的概念界面

AR 技术具有三个特点：真实和虚拟的信息集成、实时交互性、三维空间中增添定位虚拟物体。AR 技术可广泛应用于多个领域。

7.4 UI视觉设计的制作与展示

切图是指将设计稿切成便于制作成页面的图片，并完成html（网页制作语言）布局的静态页面，以利于交互，并形成良好的视觉感。通俗来讲，就是利用切片工具把一张设计图中自己所需的部分切成一张张小图，然后完成静态页面书写，以完成CSS（层叠样式表）布局。其目的是为后端编程者带来方便，提高效率，让网页设计稿有了交互性，实现平时用户看到的各种各样的功能。画面浏览速度快，有利于优化。主流切图工具有Dreamweaver、Photoshop软件，还有Sketch、Firework等，低端的有QQ切图、网页切图等。

简单来说就是把一张大图裁成若干张小图。那么为什么要切图，而不是整张图都放到html中去呢？

一次性加载一张大图会比较慢，效果就是进去后看到一张图一点点地加载。而切图后，一些横向和竖向的重复性图案，只需要一个像素宽的源图就可以，能节省很多资源。如知乎头部和网易云音乐头部导航条，整个背景可以用一个像素宽的竖条，然后用CSS控制横向铺开就可以了。

一张完整的Web设计图包括很多元素，logo、图标、背景图等，设计师通常给的是Ps的分层设计文件，或者是AI，这时候就需要把我们需要的logo、图标、背景图这些单图一一提取出来使用到前端项目中，于是我们就需要用到Ps或AI中切图这个功能，如图7-134。

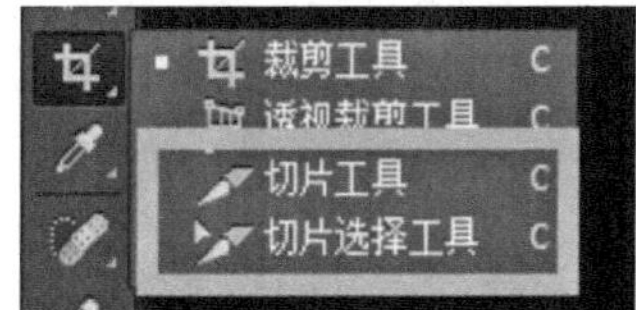

图7-134 Ps中的切片工具

7.4.1 APP图标制作

本小节，我们实际动手设计一款有趣的旅游APP图标，本图标案例的制作使用Sketch完成。

(1) 建立新画板

点击左上角“插入”，选择“画板”选项，在右侧菜单栏选择“Mac Icons”下的“512×512px”，如图7-135(a)(b)。

(2) 绘制背景图案

点击左上角“插入”，选择“图形→矩形”选项，绘制一个矩形，在右侧菜单栏中设置具体数据，数据如图7-136(a)所示，填充颜色为“E58124”，圆角设置为“100”，效果如图7-136(b)。

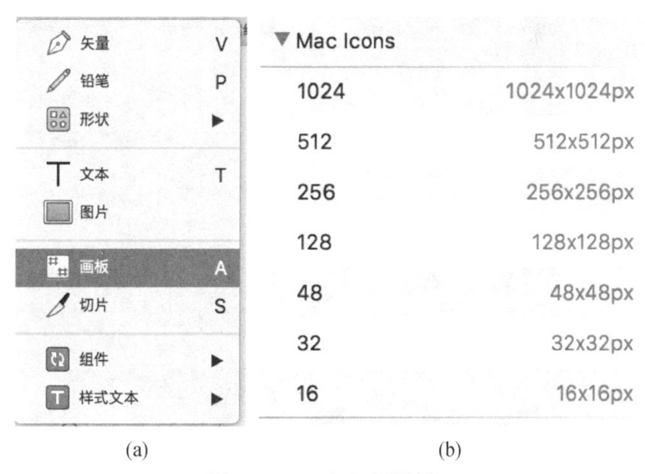

图7-135 建立新画板

(3) 绘制背包带

点击左上角“插入”，选择“图形→矩形”选项，绘制一个矩形，放置到背景的中央，在右侧菜单栏里设置具体数据，数据如图7-137(a)所示，填充颜色为“DF7325”，关闭描边，效果如

图7-137(b)。

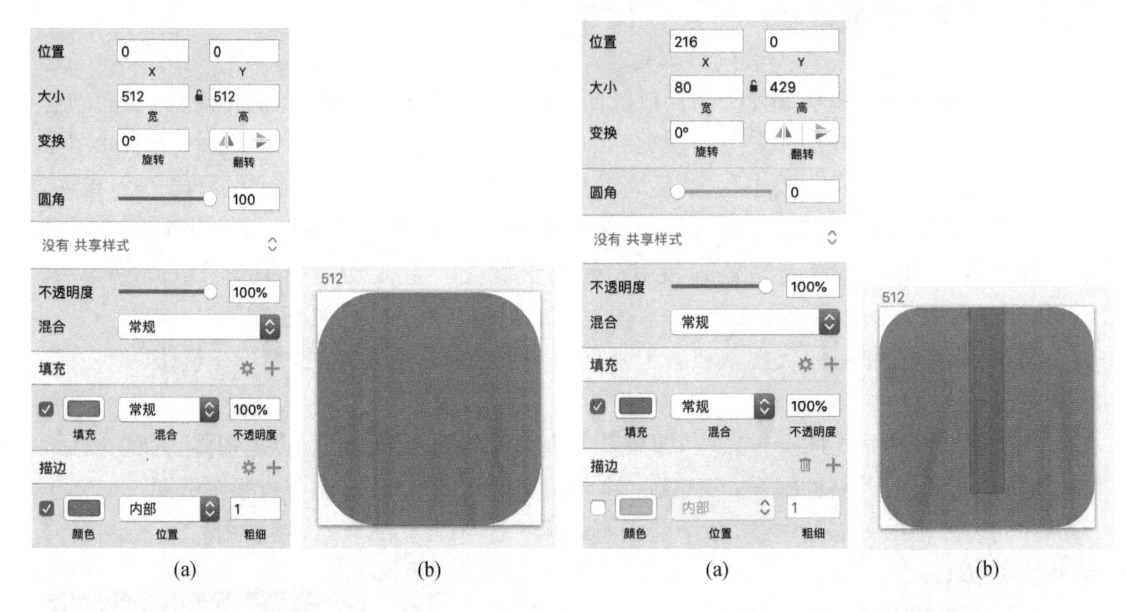

图 7-136　绘制背景图案

图 7-137　绘制背包带

(4) 绘制背包带高光

点击左上角“插入”，选择“图形→椭圆形”选项，绘制两个矩形，具体数据如图 7-138(a)(b)所示，关闭描边，颜色填充为“FFBD51”，效果如图 7-138(c)。

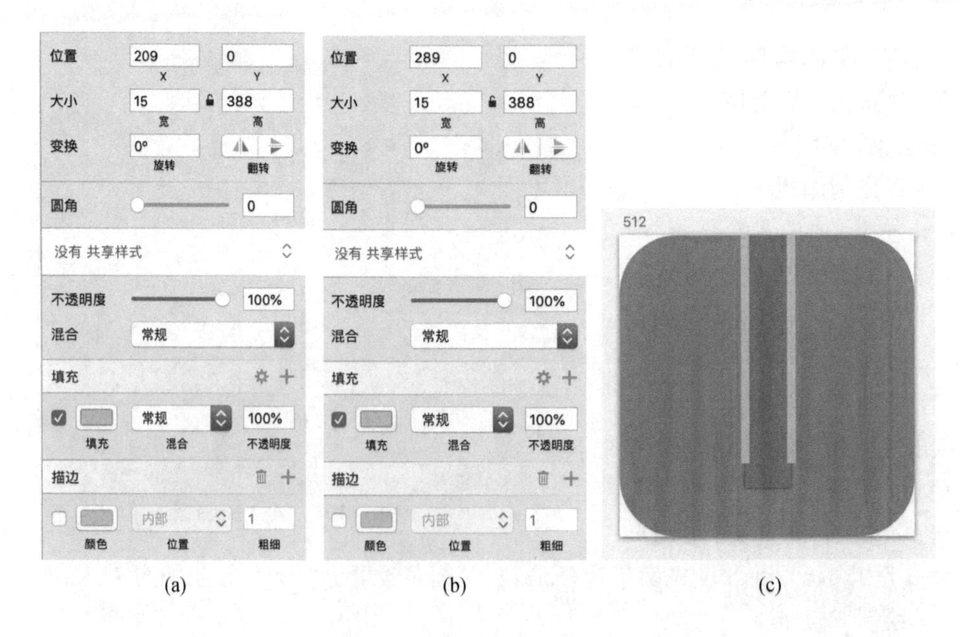

图 7-138　绘制背包带高光

(5) 绘制背包扣

点击左上角“插入”，选择“矢量”选项，绘制一个多边形，关闭描边，具体数据如图 7-139(a)所示，颜色填充为“B45836”，打开投影，效果如图 7-139(b)。

然后以同样的方法，绘制 4 个多边形作为压边，放置背包扣的上边和下边，具体数据如图 7-140(a)(b)所示，颜色分别为“F3B282”和“212121”，效果如图 7-140(c)。

(6) 绘制背包扣褶皱阴影

点击左上角“插入”，选择“矢量”选项，绘制两个多边形，关闭描边，作为背包扣的褶皱阴影，具体数据如图 7-141(a)(b)，颜色填充为“82352C”，效果如图 7-141(c)。

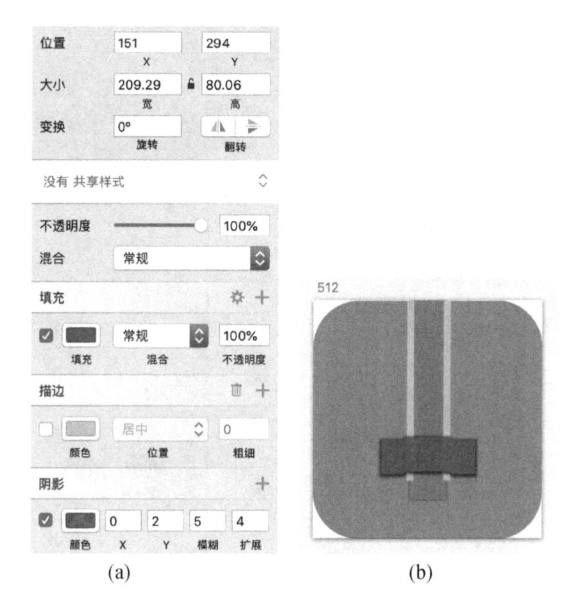

(a) (b)

图 7-139 绘制背包扣

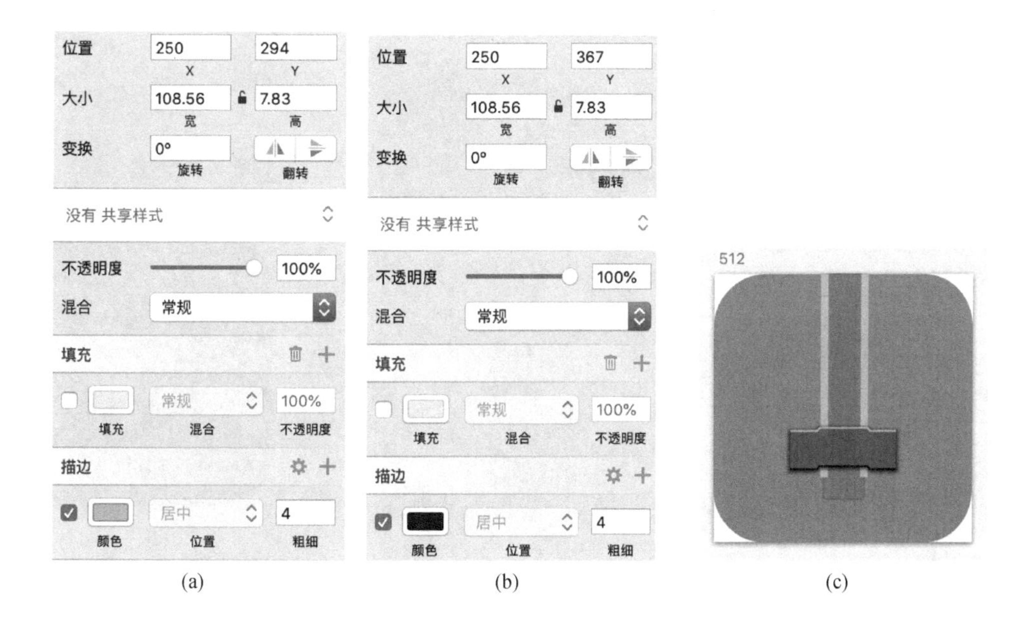

(a) (b) (c)

图 7-140 绘制背包扣的压边

(7) 绘制中间装饰条

点击左上角“插入”，选择“图形→椭圆形”选项，绘制三个矩形，具体数据如图 7-142(a)(b)(c)所示，关闭描边，颜色填充分别为“47211F”“BF9774”“5A4859”，打开“投影”，效果如图 7-142(d)。

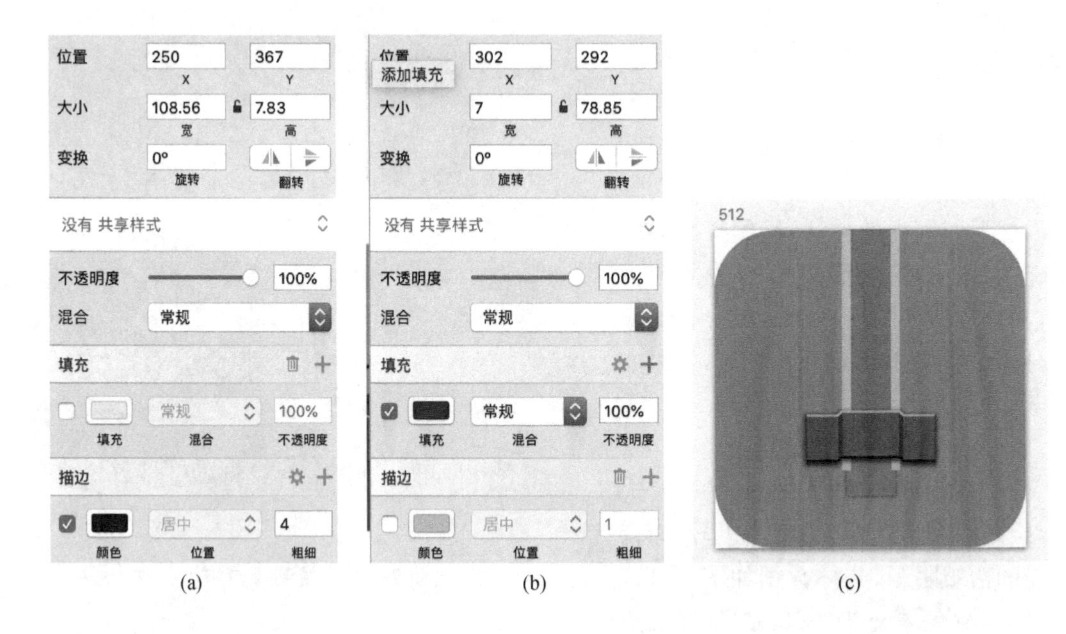

(a) (b) (c)

图 7-141　绘制背包扣褶皱阴影

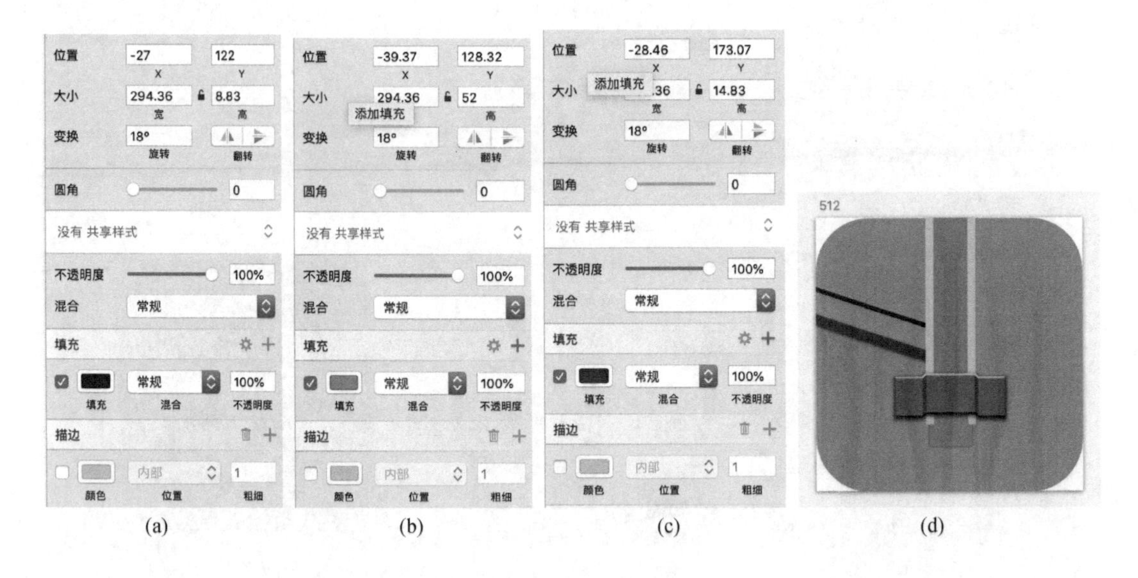

(a) (b) (c) (d)

图 7-142　绘制中间装饰条

复制这 3 个矩形，在右侧菜单栏中点击“翻转”，移动到右边的相同位置，具体数据如图 7-143(a)(b)(c)所示，效果如图 7-143(d)。

(8) 改变下半部分颜色

点击左上角“插入”，选择“矢量”选项，绘制一个多边形，覆盖中间装饰条的下半部分，具体数据如图 7-144(a)所示，关闭描边，颜色填充为“994025”，效果如图 7-144(b)。

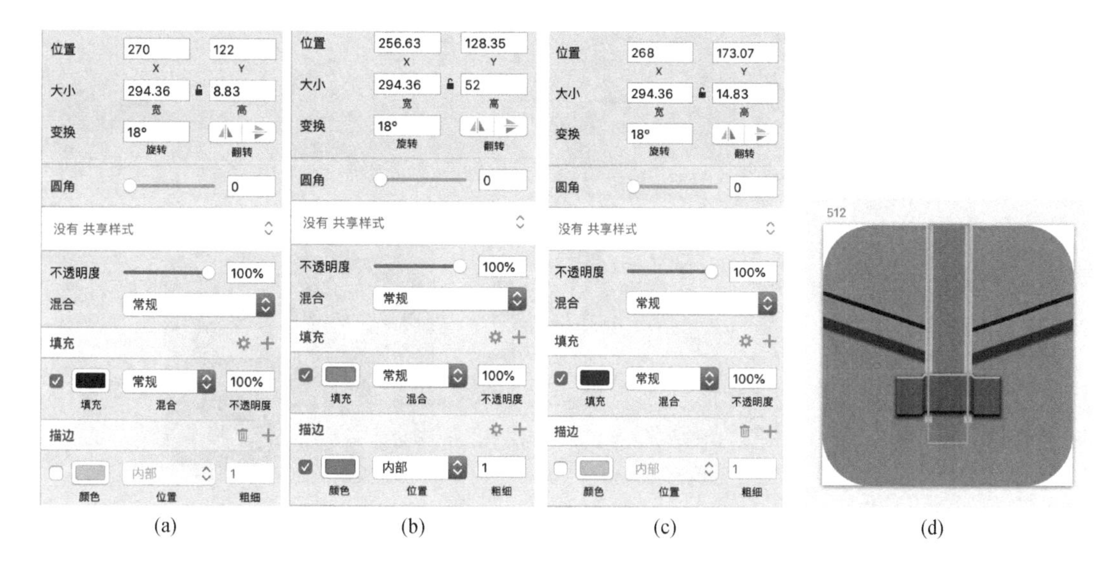

(a) (b) (c) (d)

图 7-143 复制翻转

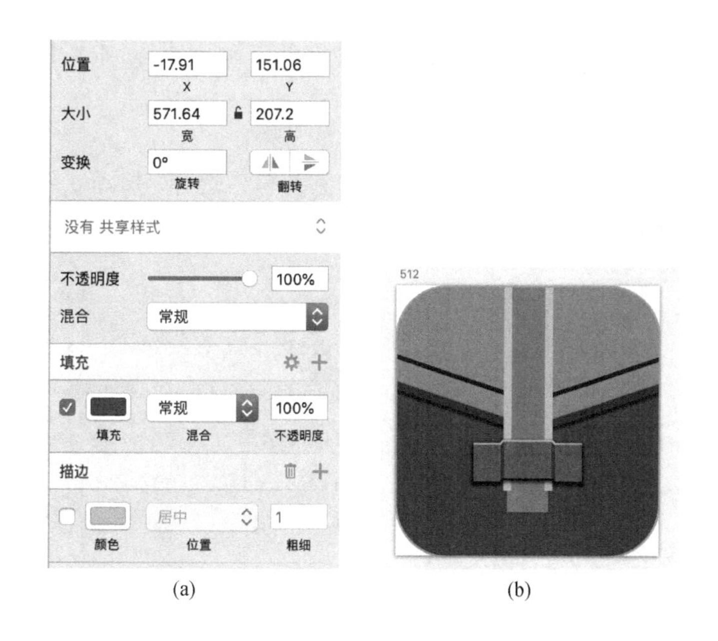

(a) (b)

图 7-144 改变下半部分颜色

(9) 绘制底部箭头

点击左上角“插入”，选择“矢量”选项，绘制一个多边形，放置底部，具体数据如图 7-145(a)(b) 所示，关闭描边，颜色填充为“A37C84”，打开“阴影”，同时在底部绘制一条压边，颜色填充为“CAA3B1”，这样我们设计的图标就完成了，如图 7-145(c)。

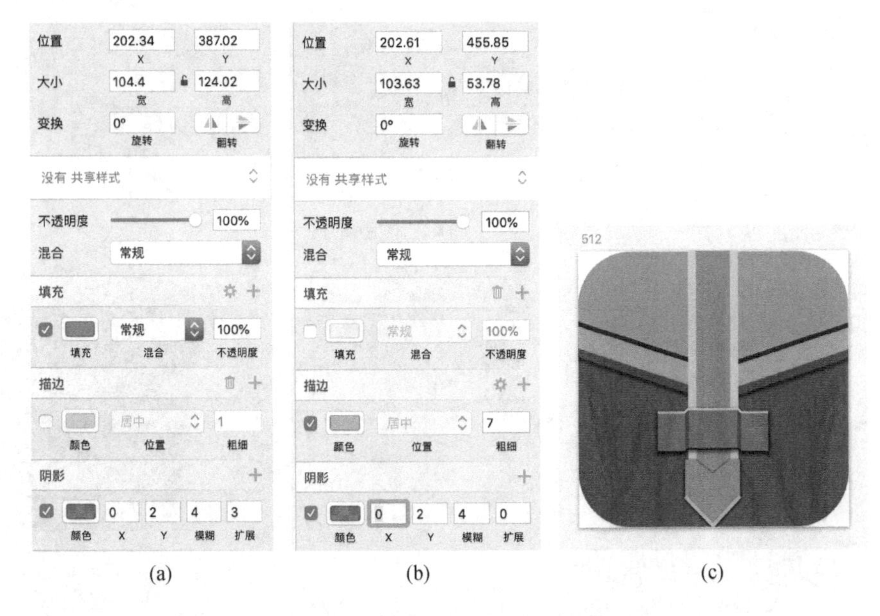

(a) (b) (c)

图 7-145　绘制底部箭头色和完成图

7.4.2　Loading 动态图标制作

本小节，我们将实际动手设计一款简单的 Loading 动态图标，本案例制作使用 Sketch 和 Principle 完成。

(1) 建立新画板

点击左上角“插入”，选择“画板”选项，在右侧菜单栏选择“iPhone SE(320×568px)”。填充颜色为“＃FFFFFF”，如图 7-146(a)(b)。

(a) (b)

图 7-146　建立新画板

(2) 绘制图案

点击左上角“插入”，选择“图形→椭圆形”选项，绘制一个 165×165 px 的正圆形，在右侧菜单栏里设置数据，具体数据如图 7-147(a)所示，关闭填充选项，效果如图 7-147(b)。

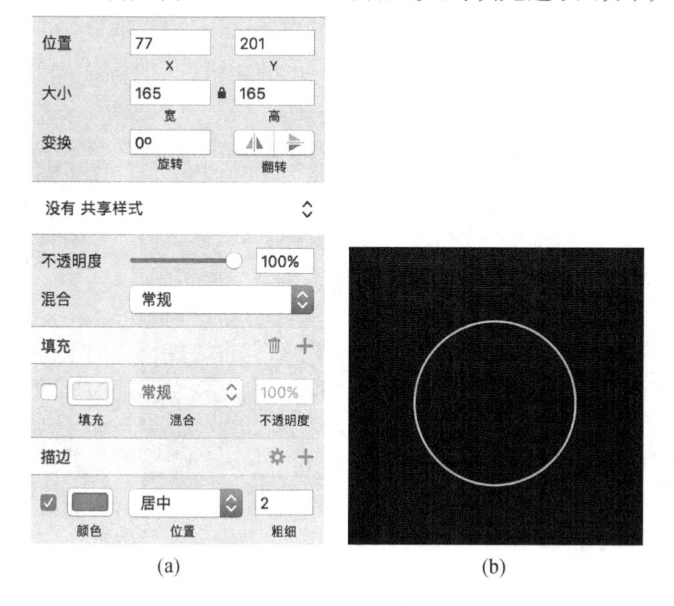

(a) (b)

图 7-147 绘制图案

同样的方法，再绘制两个实心正方形、一个实心圆形和一个实心三角形，关闭描边，填充颜色，并放置如图 7-148 的相应位置。

同样的方法，再绘制两个空心正方形、一个空心圆形和一个空心三角形，开启描边，关闭填充选项，并放置如图 7-149 的相应位置。

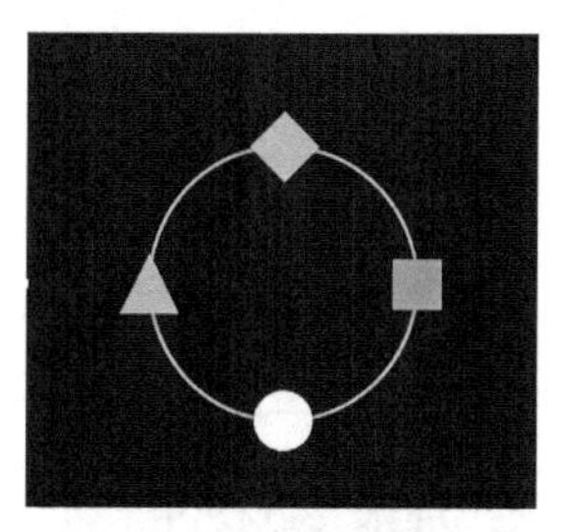

图 7-148 绘制实心图案

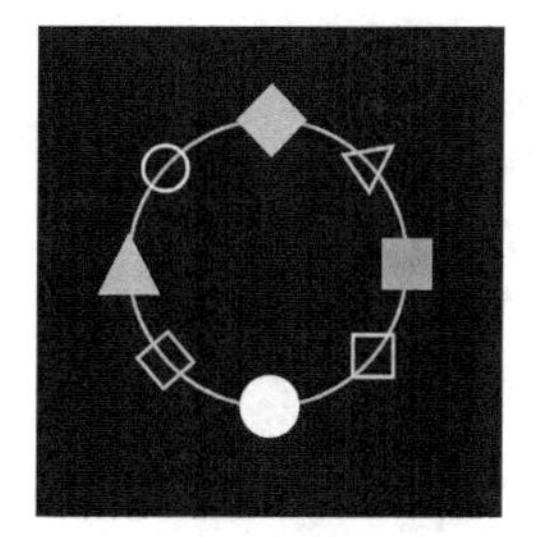

图 7-149 绘制空心图案

(3) 图案分组

把 4 个空心图案和 4 个实心图案进行分组，并命名。

(4) 导入 Principle

从该步骤开始，需要用到 Principle 软件。打开 Principle，点击上方“Import”键，在弹出的菜单栏选择“导入”，如图 7-150。

图 7-150 导入 Principle

(5) 复制画板

在原画版上按“Control＋C”键，在空白处按“Control＋V”键复制一个画好的画板。点击原画板旁的闪电标志，在弹出的菜单里选择“自动”，并按下鼠标拖向原画板，如图 7-151。

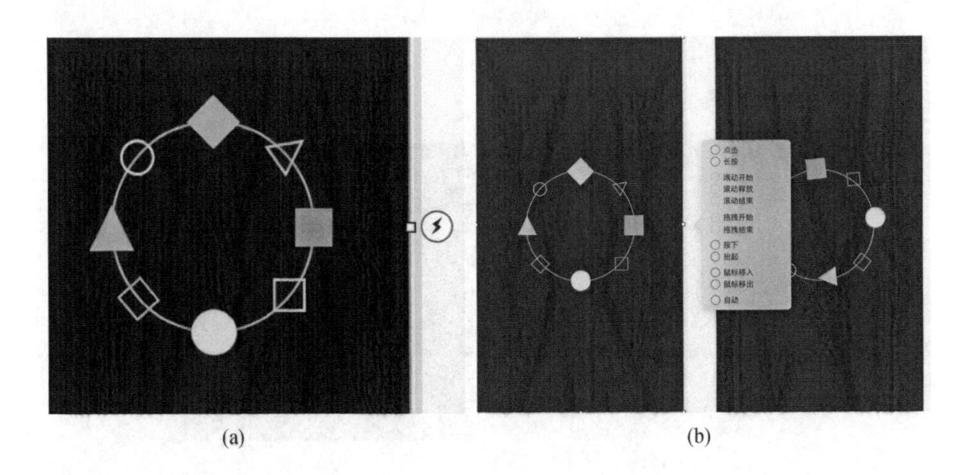

(a)　　　　(b)

图 7-151　复制画板

(6) 调整角度

在新的画板图层，选中“空心”和“实心”的分组，在上方菜单栏中把角度调整为“270°”，如图 7-152(a)所示，调整后的效果如图 7-152(b)。

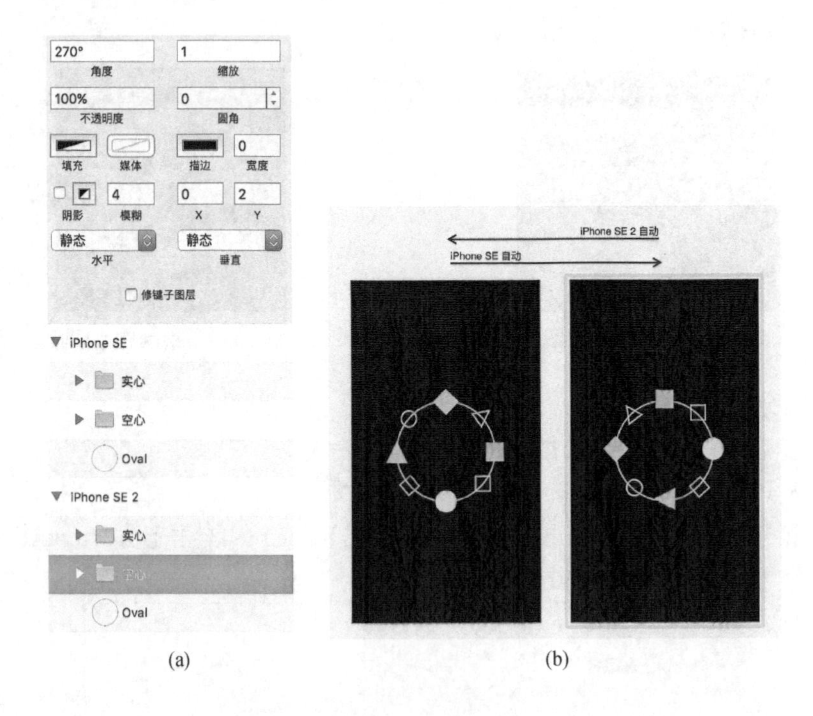

(a)　　　　(b)

图 7-152　调整角度

(7) 制作动态效果

首先,选中画板 1 到画板 2 的动画箭头,调出动画调节窗口,将动画持续时间调整到“1s”,如图 7-153。

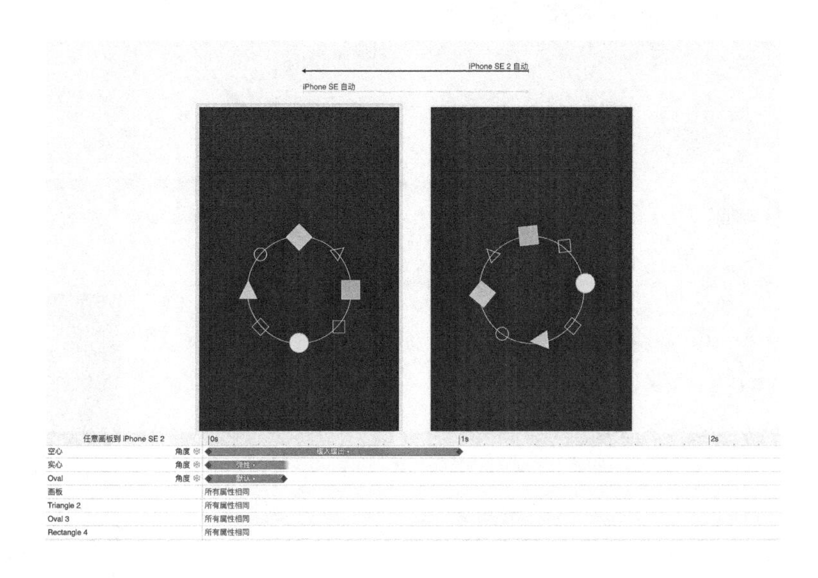

图 7-153　制作动态效果

其次,选中“线型图标”,并将其动画效果,调整为“缓入缓出”,“实心图标”的动画效果调整为“弹性”,如图 7-154。

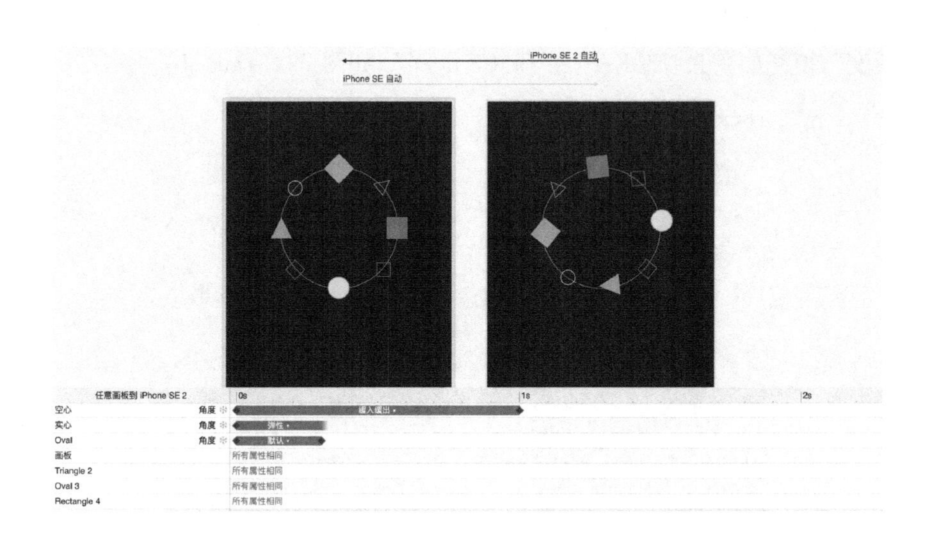

图 7-154　添加弹性效果

最后,同样的,选中画板 2 到画板 1 的动画箭头,将动画持续时间调整为“1s”,“线型图标”和“实心图标”的动画效果都调整为“缓入缓出”,如图 7-155。

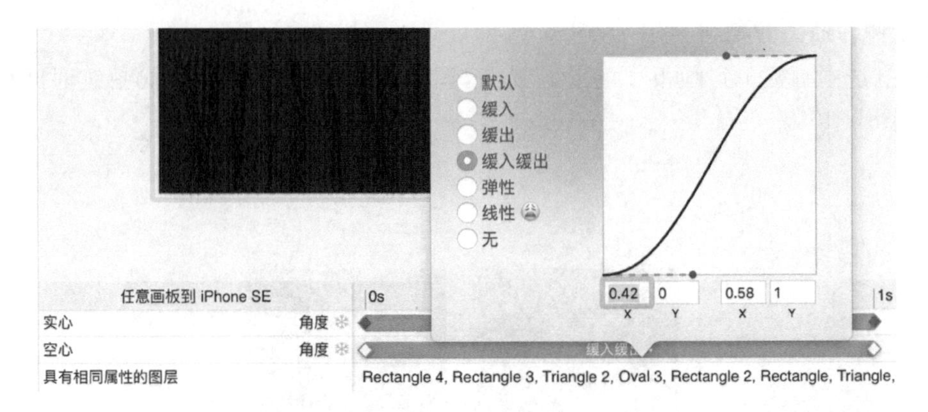

图 7-155 添加缓入缓出效果

这样，一个 Loading 动态图标就制作完成了，可在 Principle 旁边的预览界面看到动态效果，如图 7-156。

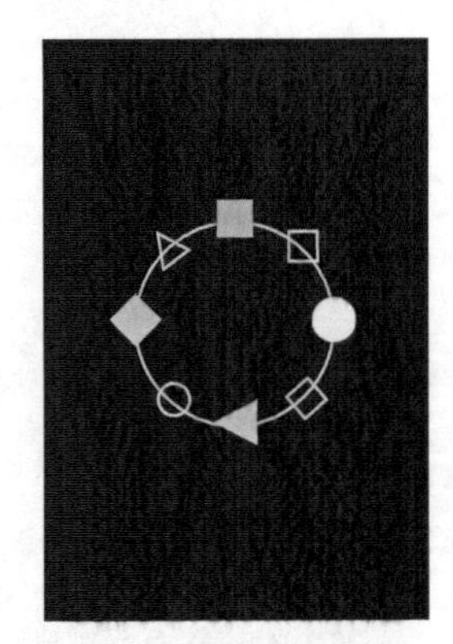

图 7-156 最终完成图

7.4.3 界面翻页动效制作

本节我们将实际动手设计一款界面翻页动效，本案例制作使用 Sketch 和 Principle 完成。

(1) 建立新画板

点击左上角"插入"，选择"画板"选项，在右侧菜单栏选择"iPhone 7Plus(414×736px)"。

(2) 制作素材画板

① 点击"插入"→"图形"→"矩形"，绘制一个 414×736px 的矩形，关闭描边，填充选择第二项"渐变"，填充颜色为"EAEAEA"和"C86DD7"，如图 7-157(a)(b)。

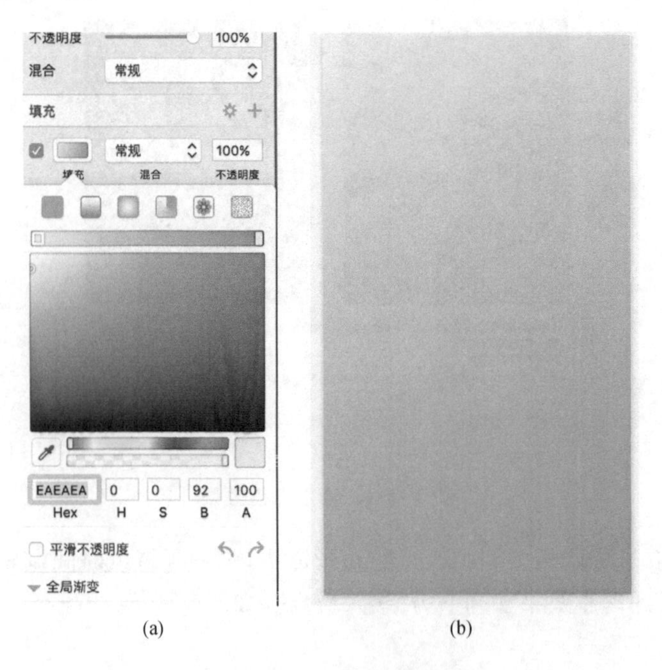

(a) (b)

图 7-157 制作背景画板

② 点击“插入”→“图形”→“矩形”，绘制一个 351×531px 的矩形，圆角为“27”，关闭描边，填充“白色”，如图 7-158。

图 7-158 制作矩形

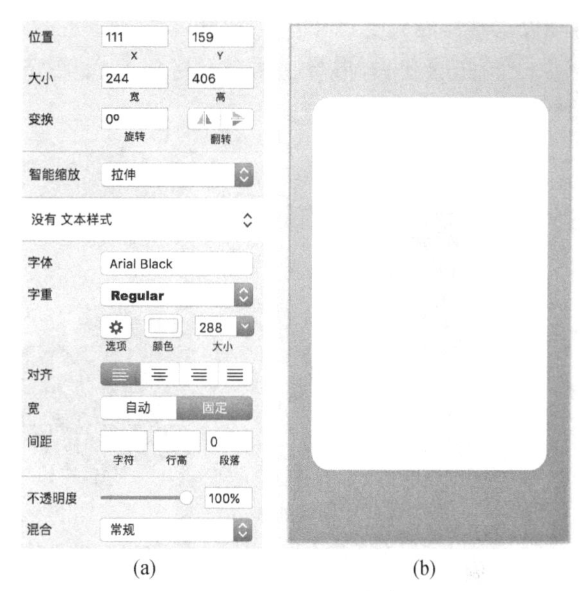

(a) (b)

图 7-159 制作文本素材

③ 点击“插入”→“文本”，输入“1”，大小为“244×406px”，字体为“Arial Black”，颜色填充“F2F1F1”，放置白色矩形中心位置，如图 7-159(a)(b)。

④ 点击“插入”→“图形”→“矩形”，绘制 3 个矩形，分别为“24×24px”“51×51px”“60×60px”，圆角为“10”，关闭描边，填充颜色。再点击“插入”→“图片”，选择下载的鞋子的照片，并调整位置，如图 7-160(a)(b)。

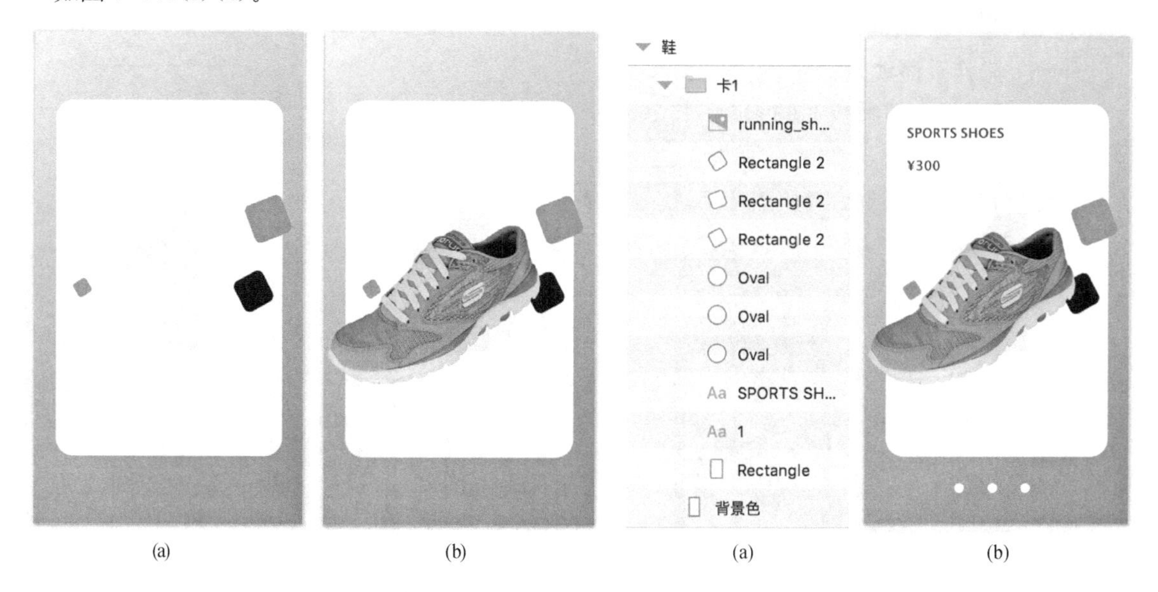

(a) (b) (a) (b)

图 7-160 插入图片素材 **图 7-161 输入文本信息**

⑤ 点击“插入”→“文本”，输入文本信息，大小为“170×72px”，字体为“Lucida Grande”，颜

色填充“555454”，并调整位置。再点击“插入”→“图形”→“椭圆形”，绘制 3 个圆形，大小为“15px×15px”，并调整位置。最后把绘制的图形和图像分组命名如图 7-161(a)，这样第一个素材画板就制作完成了，如图 7-161(b)。

⑥ 同样的方法，再绘制两个素材画板，如图 7-162。

图 7-162 绘制素材画板

(3) 导入 Principle

从该步骤开始，需要用到 Principle 软件。打开 Principle，点击上方“Import”键，在弹出的菜单栏选择“导入”，如图 7-163。

图 7-163 绘制素材画板

(4) 制作页面动效

① 把画板 2 和画板 3 的素材(卡 2、卡 3、背景色 2、背景色 3)复制到画板 1 之上，然后删除画板 2 和画板 3，如图 7-164。

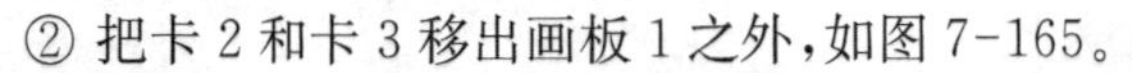

② 把卡 2 和卡 3 移出画板 1 之外，如图 7-165。

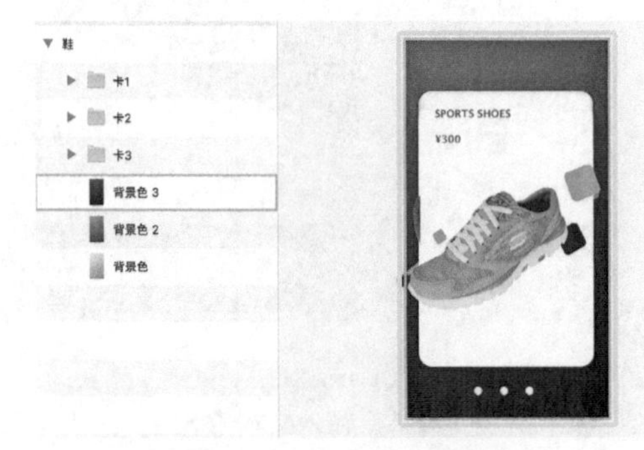

图 7-164 复制画板素材

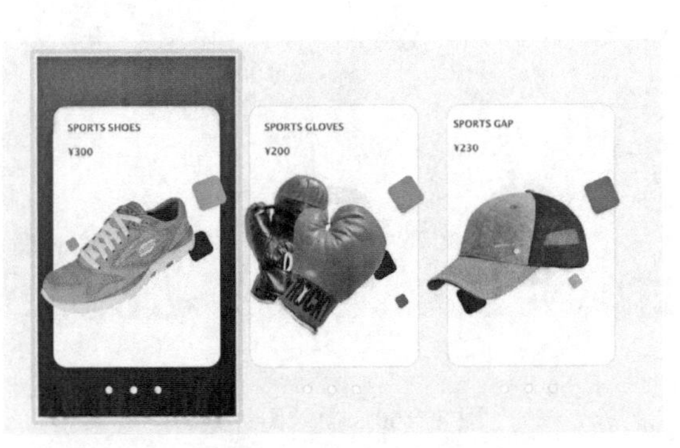

图 7-165 移动素材

③ 在图层栏选择“卡 1、卡 2、卡 3”，将这 3 个图层合并，并将有效区域拖至一屏幕之宽。在水平选项一栏，选择“页面”选项。这样页面动效就制作好了，可在旁边预览区预览，如图 7-166。

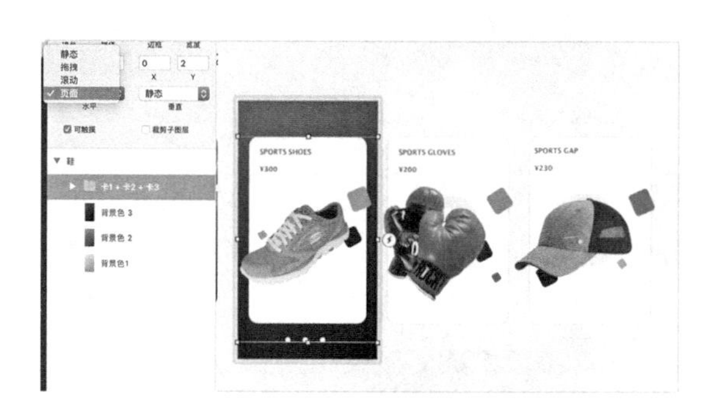

图 7-166　制作页面动效

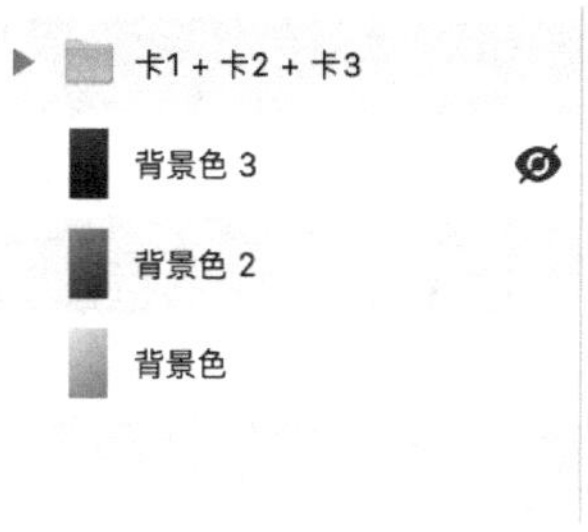

卡1 + 卡2 + 卡3
背景色 3
背景色 2
背景色

图 7-167　添加联动

(5) 制作背景渐变动效

① 首先，在图层栏隐藏背景色 3，然后点击上方联动按键，如图 7-167。

② 在图层栏，选中背景色 1 和背景色 2，在联动面板点击加号，添加“不透明度”效果，如图 7-168。

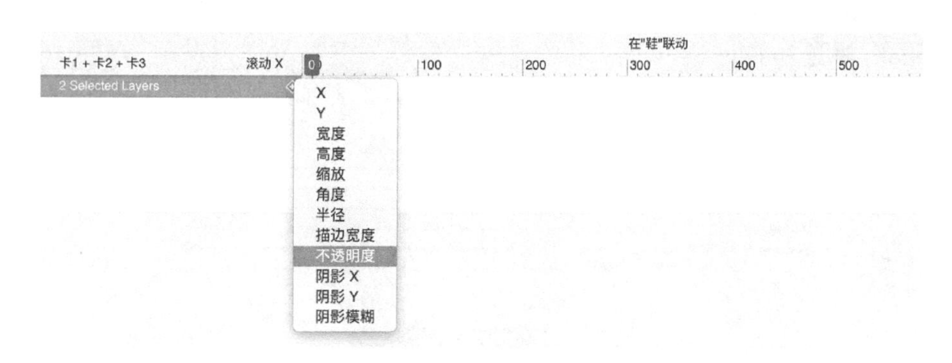

图 7-168　绘制素材画板

③ 在图层栏，选中“背景色 2”，把其透明度改为“0%”，然后在联动面板中把滚动条拖至“410”，点击“背景色 2”，把其透明度改为“100%”，如图 7-169。

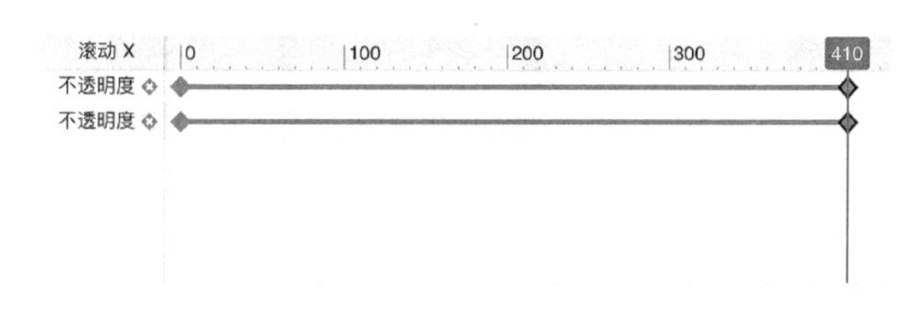

图 7-169　改变透明度

④ 同样的方法，设置背景色 3 的不透明度。在联动面板中，把滚动条拖至“820”，点击“背景色 3”，把其透明度改为“100%”，同时将背景色 2 的透明度改为“0%”。这样背景图的

渐变动画就制作好了，如图 7-170。

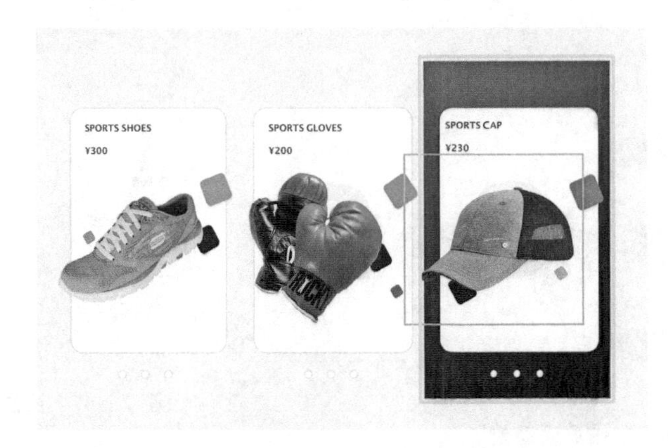

图 7-170　背景渐变动画

(6) 制作素材过渡动效

① 选择画板 1 上的方块、图片和文字素材，在联动面板给其添加“X”效果，再单独给图片素材添加“缩放”效果。然后将 3 个素材向左拖动，拖出画板，再单独将图片素材向左拖出更远的距离，如图 7-171。

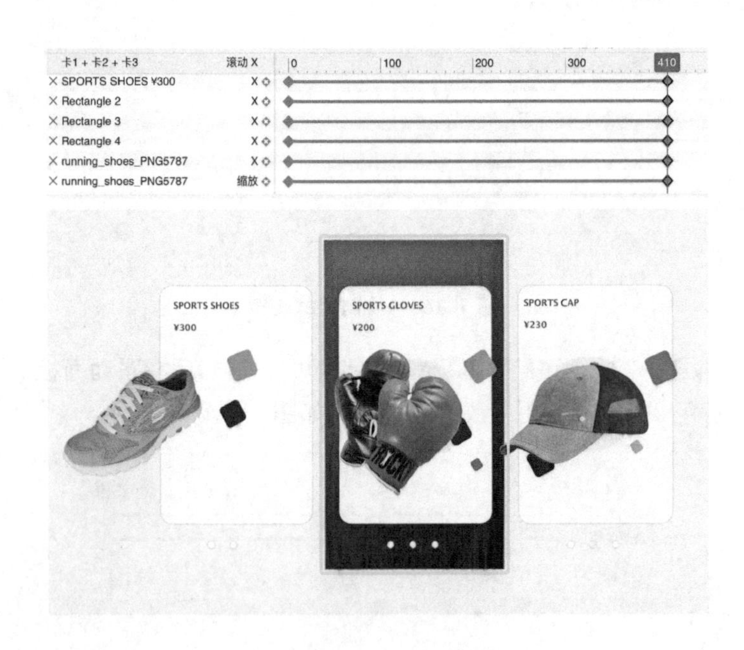

图 7-171　素材过渡动画

② 同样的方法，给画板 2、画板 3 做同样的效果，这样整个界面翻页动画的制作就完成了。可在旁边展示栏看到最终效果，如图 7-172。

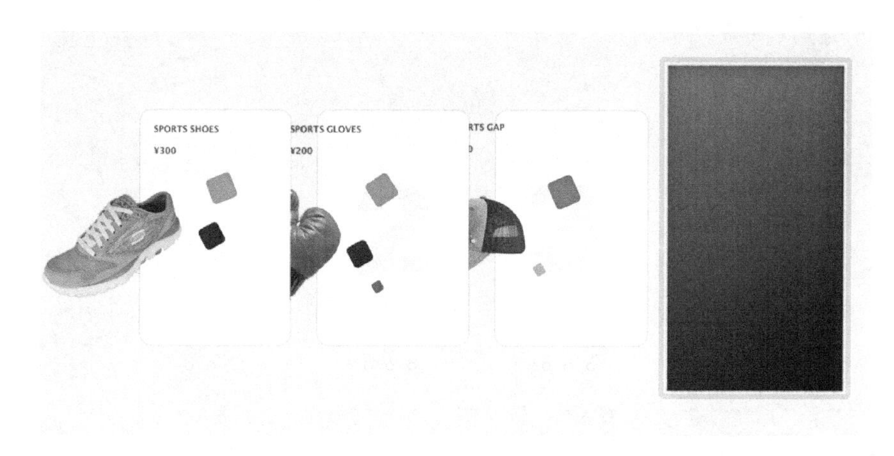

图 7-172 最终动效效果

7.4.4 展示视频动画制作

制作完一款 APP 后，我们会制作一套完整的视频动画来展示我们的 APP，如图 7-173。常用的制作、剪辑视频的软件有 AE、绘声绘影等，在此，我们不再详细介绍制作步骤，有兴趣的同学可以在课后自行学习相关软件。

图 7-173 APP 展示视频(制作：许慧慧)(见彩插)

7.4.5 界面效果展示

展示内容：产品名称、主标题、副标题、主效果图、细节(图标、配色)图、设计亮点图、交互方式图、使用场景图、设计说明等。

展示角度：效果图、使用场景图部分以多角度展示产品特色，其他部分多以平面正式图展示。

静态展示：包括实物纸质版原型展示、展板原型展示等，如图 7-174。

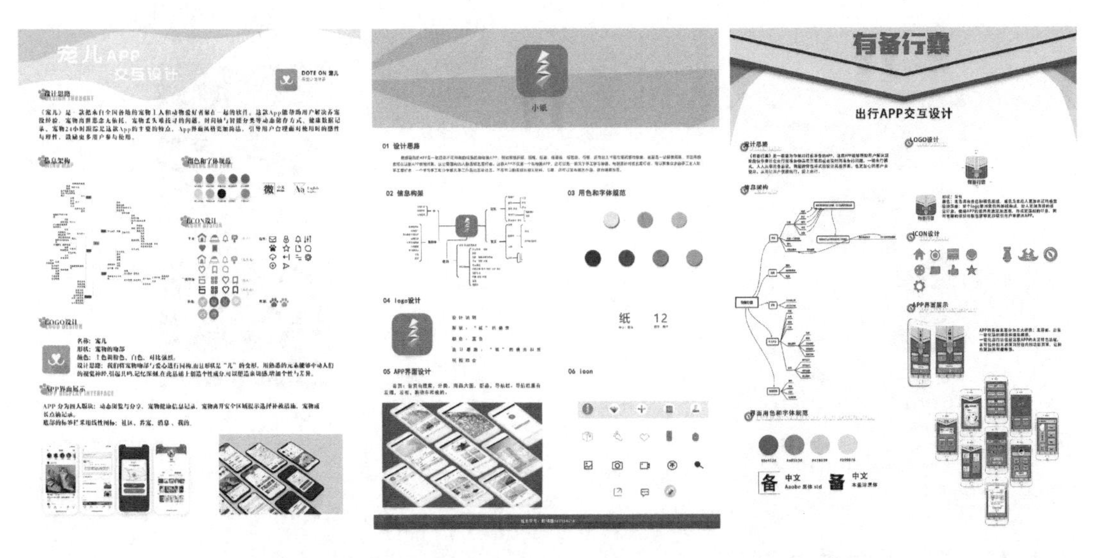

图 7-174　APP 静态展示(制作：李吉冬、彭晓璐、王子豪)(见彩插)

动态展示：实际 APP 展示、网页展示、视频展示等，如图 7-175。

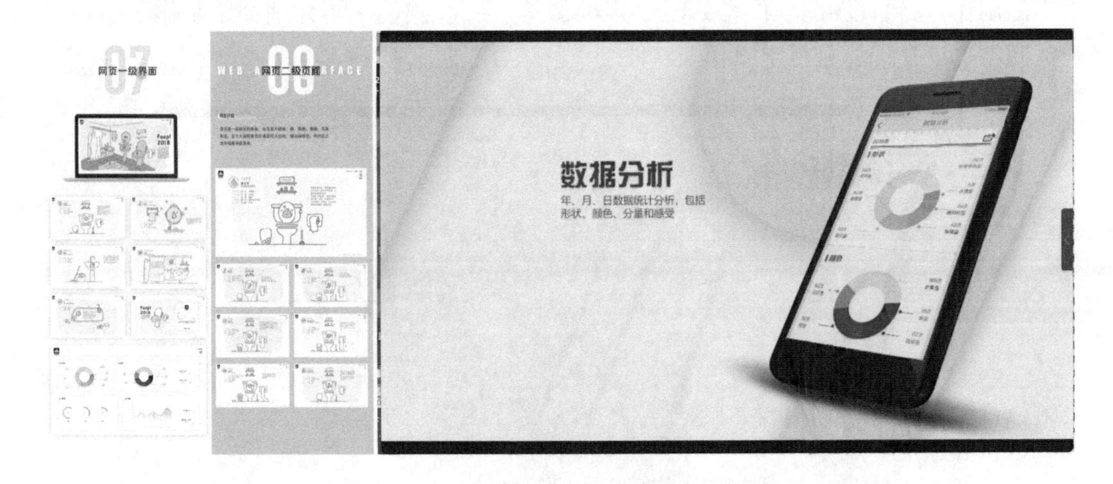

图 7-175　动态展示(制作：许慧慧)(见彩插)

7.5　视觉界面的设计规范

设计规范明确规定了 UI 设计在各个环节的职责和要求，以保证每个环节的工作质量，使 UI 设计的流程规范化，保证 UI 设计流程的可操作性。制定 UI 设计规范的意义：统一识别、提高效率、复用性高、延续性好。

7.5.1　色彩规范

(1) 选择 HSB

在大多数时候，设计师可以轻易使用 HSB 快速获取各种同色系色彩。大多数绘图软件都提供HSB选色工具，HSB使用3种数值来描述色彩——色相、饱和度和明度（明度也被称为亮度）。多数情况下，调整明度值就可以得到需要的色彩。

与HSB不同，RGB分别代表红色、绿色和蓝色的色值。在界面设计中，调节一组颜色使其比较规律时，通过HSB会更直观。

(2) 创建调色板

主色、辅助色和灰度色组成一个完整的调色板，下面介绍一些传统方案。

单色配色：由同一个色相不同的色调构成阴影色和浅色，这是创建配色方案最简单的方法，所以比较容易创建出一个和谐的方案。

类比配色：仅次于单色的一个易于创建的配色方案。一般来说，类比配色都使用相同的色度，通过色调、阴影色和浅色的使用来增强趣味性，经常用于网站的设计。

互补配色：通过色环上相对立的颜色来搭配，这种方案最基本的形式仅由两种颜色构成，但是可以通过色调、浅色和阴影色等形式对其进行扩展。

7.5.2 文字规范

文字在设计中是非常重要的，对于移动终端平台的产品设计，我们更要遵守其设计规范。有很多人会认为Android系统的字体没有iOS系统的好看，原因大概有两点，其一，Android的分辨率很高，字体渲染机制就大不一样；其二，和iOS相比，Android的字体系统最大的缺点是缺字。

(1) iOS系统

iOS7、iOS8系统的中文字体为"Helvetica"，数字和英文字体为"Helvetica Neue"；iOS9系统的中文字体为"苹方"，数字和英文字体为"San Francisco"。在实际设计中，建议使用Photoshop的设计师，中文字体选择"黑体简"或"STHeiti SC－Light"，这是与iOS系统实际效果最接近的字体，英文字体选择"Helvetica Neue"。

在iOS9系统中，其字体和iOS8的字体看上去有较大的区别。iOS9使用的是"San Francisco"字体，也就是"旧金山"字体，属于英文字体。

(2) Android系统

在Android 4.x版本中，中文字体为"Droid Sans Fallback"，英文字体为"Roboto"；在Android 5.0版本中，中文字体为"思源黑体"。安卓手机的默认中文字体都是"Droid Sans Fallback"，这是谷歌公司自己的字体，与微软"雅黑"很像。小米MIUI V5用的也是这种字体。在实际设计中，建议使用Photoshop的设计师，中文字体选择"方正兰亭黑"，英文字体选择"Roboto"。

(3) 系统字号

我们在进行页面布局的时候，经常会设置容器的长度，但到底应该使用什么作为长度单位，对很多人来讲，尤其对初学者来讲特别困难。一般情况下，在iOS系统设计中用px标注字号，在Android系统设计中使用sp标注字号。px(pixels)：像素，即屏幕上的点，不同的设备显示效果相同，像素也是我们最常用的单位。sp(scaled pixels)：它是一种带比例的像素，也可以理解为放大像素，用户可以根据自己的需求对字体大小进行缩放。

在设计时，不同的位置对字号的要求也是不一样的：导航主标题字号一般为40px、

42px，常用 40px，偏小的 40px 字号显得较精致。在内文的使用中，不同类型的 APP 会有所区别。像新闻类的 APP 或文字阅读类的 APP 更注重文本的阅读便捷性，正文字号通常为 36px，并会有选择性地加粗，如表 7-2、表 7-3 所示。

表 7-2 iOS 系统字体大小调查结论

		可接受下限（80%用户可接受）	最小值（80%用户可接受）	舒适值（用户认为最舒适）
iOS	长文本	26px	30px	32～34px
	短文本	28px	30px	32px
	注释	24px	24px	28px

表 7-3 Android 系统字体大小调查结论

		可接受下限（80%用户可接受）	最小值（80%用户可接受）	舒适值（用户认为最舒适）
Android 高分辨率 480×800px	长文本	21px	24px	27px
	短文本	21px	24px	27px
	注释	18px	18px	21px
Android 低分辨率 320×480px	长文本	14px	16px	18～20px
	短文本	14px	14px	18px
	注释	12px	12px	14～16px

7.5.3 手机界面设计规范

(1) 界面元素一致性

手机界面元素要基于应用平台的整体风格进行设计。界面中的颜色、字体和图片等风格要保持一致。例如，当系统色调以棕色为主时，软件界面的色彩最好与之相吻合，若使用反差过大的色彩，比如绿色、黄色等强烈的对比色，则会影响用户的使用情绪。

(2) 完善的操作流程

界面的操作流程要遵循一定的规范，让用户看一眼便能了解程序的具体用途，并且让用户知道在哪些地方能够找到特定的功能或信息。

可以通过以下几种方法让用户知道应用程序的目的，从而简化操作流程。

① 尽量减少控件的数量，把任务和信息分割成一个个更简单、更易操作的内容，以此减少用户的思考时间。

② 控件名称要清晰易懂，让用户明确知道当前的位置，使用合适的转场方式，并且显示各界面间的关系，同时要保证在各个界面中提供清晰的反馈。

③ 提供精炼的描述，尽量使用较短的文字信息，并使用精美的图片来吸引用户的注意。

④ 尽可能避免那些看上去样式类似，但操作上却千差万别的操作方式。

(3) 视觉元素的规范性

界面中的图标要结合屏幕尺寸和系统风格进行合理设计。所有界面上同级、同类的图标应具备强烈的表意性,保证表现形式的统一,避免视觉上的紊乱。图标的制作应避免生硬的边缘轮廓,可通过渐变、羽化等效果塑造体积感和质感以加强图标的仿真性,使设计更加人性化。

界面中的色彩应与界面的总体色调相统一。可采用邻近色或同类色等方式进行色彩搭配,对操作区域和非操作区域要使用不同的颜色加以区分。尽量使用较少的颜色来表现丰富的图形图像,确保图像清晰,方便用户进行识别。

界面中字体的选择应依据系统的类型来定,字体的大小要与界面的大小相协调。要保证文字的可识别性,并降低用户误操作的概率。

(4) 界面效果的独创性

在保证界面的一致性和规范性的同时,个性化的界面效果可以在操作过程中为用户带来视觉上的新鲜感。独创性原则实质上是突出个性化特征的原则,可以更多地满足用户的需求,定制出一个自己喜爱的手机界面。通过对界面的个性化设置,来降低用户的审美疲劳。界面效果的个性化包括以下两个方面:

① 个性化的界面框架:根据用户的实际需求,界面的设计应结合软件的应用范畴,合理地进行布局,使用户能够方便、快捷地进行操作。用户可以将自己喜爱的应用放置在一个界面中,例如,可以把微信、微博、阿里旺旺等聊天类工具设置到A界面,将日历、记事本等办公类工具设置到B界面,根据用户的需要随时进行切换。

② 个性化的界面显示:手机界面的主题风格和图标样式可根据用户的需要进行个性化设置。通过色彩的变换调节用户的心理,让用户对产品始终保持新鲜感。用户可以根据自己所处的环境来预设不同主题的界面,达到与产品间的相互协调。比如,在工作场合,可将手机的主题界面设置为庄重的色调,来彰显商务气质;在休闲场合,又可以将主题更换为轻松、时尚的色调。

7.5.4 移动端APP设计规范

字体:iOS的字体,中文字体有苹方/PingFang SC、CSS、Font-Family,英文、数字字体有Helvetica;Android的字体,中文字体有思源黑体 / Source Han Sans,英文、数字字体有Roboto。

界面尺寸:iPhone界面尺寸如图7-176;iPad界面尺寸如图7-177;Android手机界面尺寸如图7-178。

图标尺寸:iPhone图标尺寸如图7-179;Android图标尺寸如图7-180。

图标规范:图标应当明确其作用,不能含糊不清,尽量使用文字辅助,否则用户可能会看不懂。同样,要尽可能地明确和细化图标的文字辅助,不要使用一些指向性不明确的文字语言。而且图标也需要有美感,用户通常在看到图标时就会产生第一印象,并以此评判这款应用的质量。应用图标是整个应用品牌的重要组成部分。最好的应用图标是独特的、整洁的、打动人心的以及让人印象深刻的,并且在不同的背景和规格下都同样美观。

设备	分辨率	PPI	状态栏高度	导航栏高度	标签栏高度
iPhone X	2436x1125 px	458PPI	132 px	132 px	147 px
iPhone 8 plus	1920x1080 px	401PPI	60 px	132 px	147 px
iPhone 7 plus	1920x1080 px	401PPI	60 px	132 px	147 px
iPhone 6	750x1334 px	326PPI	40 px	88 px	98 px
iPhone 5-5c-5s	640x1136 px	326PPI	40 px	88 px	98 px
iPhone 4-4s	640x960 px	326PPI	40 px	88 px	98 px
iPhone、iPod touch	320x480 px	163PPI	20 px	44 px	49 px

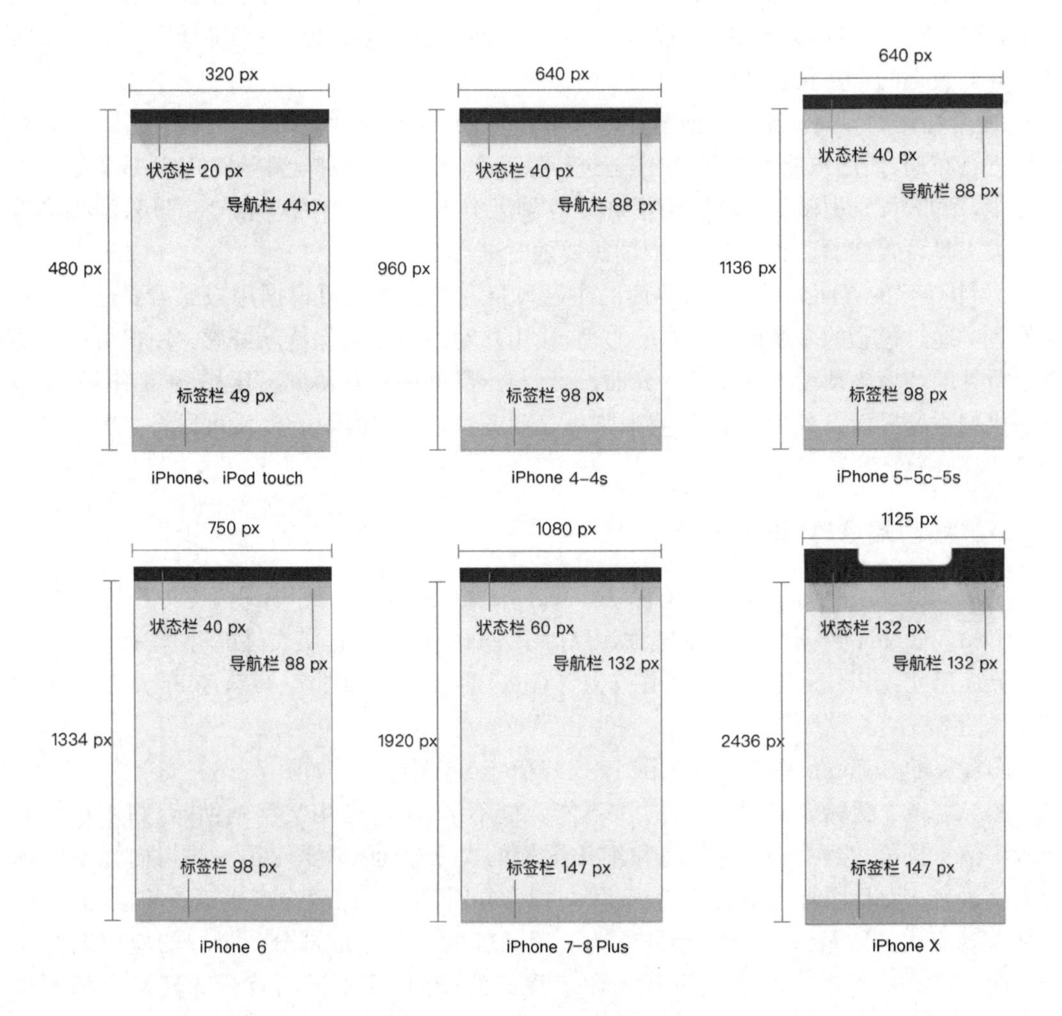

图 7-176　iPhone 界面尺寸规范

设备	分辨率	PPI	状态栏高度	导航栏高度	标签栏高度
iPad 3-6 Air-mini2	2048x1536 px	264PPI	40 px	88 px	98 px
iPad 1-2	1024x768 px	132PPI	20 px	44 px	49 px
iPad Mini	1024x768 px	163PPI	20 px	44 px	49 px

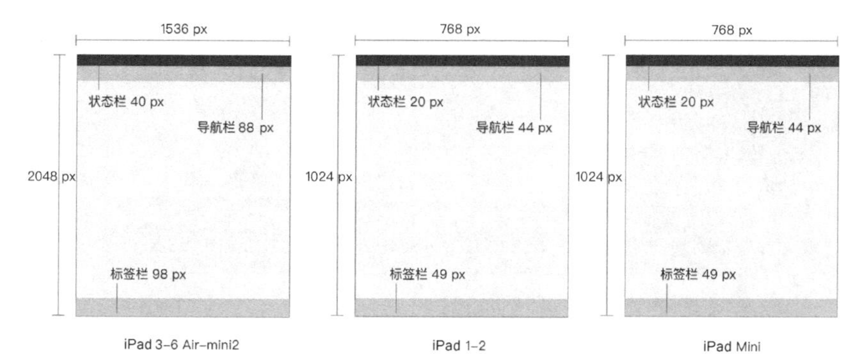

图 7-177 iPad 界面尺寸规范

图 7-178 Android 手机界面尺寸规范

设备	App Store	应用程序	主屏幕	Spotlight搜索	标签栏	工具栏和导航栏
iPhone6-8 plus	1024x1024 px	180x180 px	114x114 px	87x87 px	75x75 px	66x66 px
iPhone6	1024x1024 px	120x120 px	114x114 px	58x58 px	75x75 px	44x44 px
iPhone5 5c 5s	1024x1024 px	120x120 px	114x114 px	58x58 px	75x75 px	44x44 px
iPhone4-4s	1024x1024 px	120x120 px	114x114 px	58x58 px	75x75 px	44x44 px
iPhone、iPod touch	1024x1024 px	120x120 px	57x57 px	29x29 px	38x38 px	30x30 px

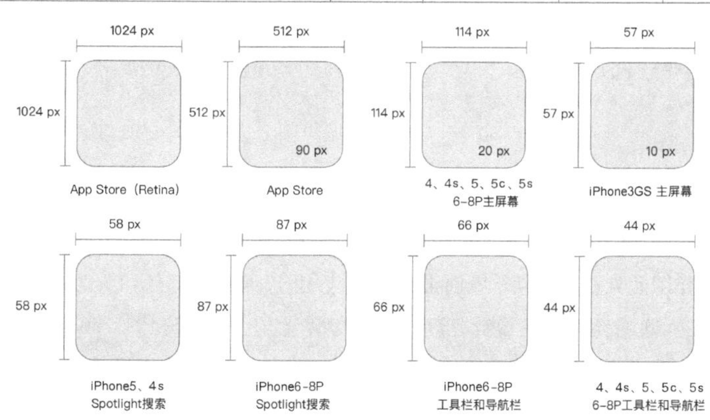

图 7-179 iPhone 图标尺寸规范

屏幕大小	启动图标	操作栏图标	上下文图标	系统通知图标（白色）	最细笔画
320x480 px	48x48 px	32x32 px	16x16 px	24x24 px	不小于2 px
480x800px 480x854px 540x960px	72x72 px	48x48 px	24x24 px	36x36 px	不小于3 px
720x1280 px	48x48 px	32x32 px	16x16 px	24x24 px	不小于2 px
1080x1920 px	144x144 px	96x96 px	48x48 px	72x72 px	不小于6 px

默认的界面规格	480x800，PPI=240	720x1280，PPI=320
图标大小（dp）	24	24
图标大小（px）	36	48

图 7-180　Android 图标尺寸规范

布局规范：在布局中，我们先来了解一下界面的自适应性。用户通常会随心地使用自己喜欢的布局。在界面中，用户可以使用不同的分辨率和自动布局来帮助设定自己喜欢的屏幕布局。以 iOS 手机界面为例，其定义了两个尺寸类别，即常规尺寸和压缩尺寸。常规尺寸有着较易拓展的空间，而压缩尺寸约束了空间的使用。当用户想要设定一种显示布局时，需要定义其横向和纵向尺寸类型，即横屏、竖屏两种不同的使用模式。iOS 手机界面可以随着显示环境和尺寸类别的变化，自动生成不同的布局。所以在使用 iOS 手机界面的自适应性来开发 UI 时，要保证 UI 能跟随显示环境变化做出适当的响应。为保障良好的布局能与用户进行沟通，在进行 UI 设计时，要让用户在所有环境下都保持对主体内容的专注，并且避免布局上不必要的变化给用户带来的影响。给每个互动的元素充足的空间，从而让用户可以容易地操作这些内容和控件，让用户在不同环境下均拥有良好的体验。

按钮与控件规范：在屏幕上，按钮的高度应当在 60～120px 范围内，最佳高度为 88px。在极少数情况下，可以将文字内部的链接设定为 44px，但使用时要慎重，因为用户可能很难按得到。即便是纯文字按钮，也应该至少设定 60px 的高度。文字大小不能小于 22px，最佳阅读字体大小为 32px。使用 120%～140%的线高可提高阅读体验。

参考文献

[1] 贺茂恩，卢鹏羽，宋俊飞．色彩心理学在 UI 界面设计中的研究[J]．通讯世界，2018(01)：333.

[2] 周玉成，韩思凡，黄蓉．传统元素在 UI 界面设计中的应用[J]．科技视界，2018(03)：35-36.

[3] 穆子童，宋馥利．剪纸元素在手机 UI 界面设计中的应用[J]．课程教育研究，2018(03)：211-212.

[4] 崔巍．纸艺元素在互联网环境下的设计创新[J]．美与时代(上)，2015(10)：56-58.

[5] 国凤娇，隋涌．浅谈 iOS 手机界面的视觉元素设计——UI 视觉设计基本原理[J]．中国包装工业，2015(20)：21-23.

[6] 陈洁茹.手机UI设计中视觉艺术元素的构成[J].大众文艺,2016(03):109.
[7] 孙明海,谭昊祥.扁平化风格在手机UI设计中的应用[J].设计,2016(07):34-35.
[8] 黄超,谭美玲,柯文燕.手机UI界面的色彩搭配研究[J].科技创新与应用,2016(19):74.
[9] 彭华,刘琳.中国传统元素在手机UI界面中的设计与应用[J].美与时代(上),2016(05):105-106.
[10] 徐静.移动UI的视觉表现[J].美术教育研究,2016(12):51.
[11] 杜翔宇.APP界面设计中视觉设计品牌化的研究与应用[J].艺术科技,2016,29(8).
[12] 丁男.浅谈交互设计流程中的视觉因素[J].戏剧之家,2016(23):150-151.
[13] 陈洁茹.论手机游戏UI设计中视觉艺术元素的构成[J].艺术科技,2016,29(10):280.
[14] 赵梦琪.浅谈"扁平化设计"在交互设计中的应用[J].设计,2014(03):177-178.
[15] 张淑艳,王峰.数字媒体艺术中智能手机用户界面的视觉设计研究[J].大众文艺,2014(11):140-141.
[16] 陶薇薇,张小玲.UI界面中扁平化设计的原则与技巧[J].科技传播,2014,6(13):176,155.
[17] 李瑞涵.浅谈艺术设计中UI界面设计及应用[J].艺术科技,2016,29(11):270.
[18] 吴一珉.UI设计的交互性与界面视觉设计研究[J].现代装饰(理论),2016(11):122.
[19] 胡娅玲.浅析用户交互设计中的视觉性设计[J].大众文艺,2017(02):133.
[20] 黄先科.手机APP界面设计与布局[J].信息与电脑(理论版),2017(05):154-156.
[21] 郭蔚.图形设计中视觉元素运用[J].云南艺术学院学报,2014(04):81-84.
[22] 范景泽,王震.互动视觉形式与探索[J].美术大观,2015(04):147.
[23] 李黎.论手机UI设计中视觉艺术元素的构成[J].现代装饰(理论),2015(07):133.
[24] 陈星海,杨焕,廖海进.基于效率的移动界面视觉设计美学发展研究[J].包装工程,2015,36(16):107-110.
[25] 汪大伟.现代主义风格的UI设计之兴起[J].现代装饰(理论),2012(09):182-184.
[26] 赵琪.UI界面设计中的色彩心理研究[D].长春:东北师范大学,2016.
[27] 高龙博.App界面视觉风格设计研究[D].北京:北京交通大学,2018.
[28] 胡婧琪.中国风在手机游戏视觉界面设计中的运用研究[D].广州大学,2018.
[29] 孙娟.网页游戏UI界面的设计与研究[D].武汉:中国地质大学,2013.
[30] 王凡.从"少即是多"中探究移动端扁平化UI界面设计[D].广州:广东工业大学,2015.
[31] 郭晓雯,关湃.智能手机UI设计中体现中国式交流的应用研究[J].艺术科技,2013(8):263-263.
[32] 陈国鑫,李定样.浅析网络游戏中UI界面设计的视觉表现[J/OL].戏剧之家[2019-01-22].http://kns.cnki.net/kcms/detail/42.1410.J.20180823.2155.002.html.
[33] 蒋志东.浅析扁平化设计理念在UI设计中的应用与发展[D].天津:天津科技大学,2017.
[34] 秦帅.数字音乐软件的界面视觉设计研究[D].秦皇岛:燕山大学,2016.
[35] 赵雅婷.个人网站视觉设计风格研究[D].西安:西北大学,2014.
[36] 焦姣.手机用户界面设计(UI)及发展趋势[D].西安:西北大学,2013.
[37] 赵晨音.UI用户界面色彩设计研究[J].流行色,2017(12):198,204.
[38] 潘燕飞.浅谈软件UI图标的视觉表现力[J].美术大观,2008(03):181.
[39] 张剑,李曼丹.UI设计与制作[M].重庆:西南师范大学出版社,2016.
[40] (日)佐佐木刚士,风日舍,田村浩.跨平台的视觉设计:版式设计原理[M].姜早,译.北京:电子工业出版社,2017.

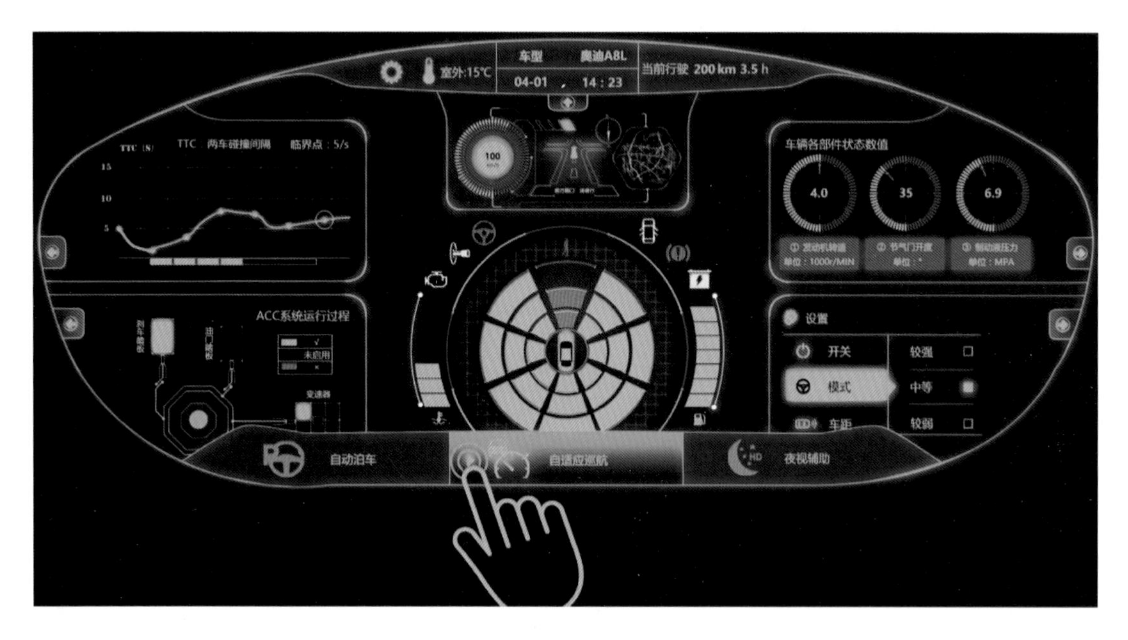

图 1-1 汽车操作系统界面 （制作：胡芮瑞）

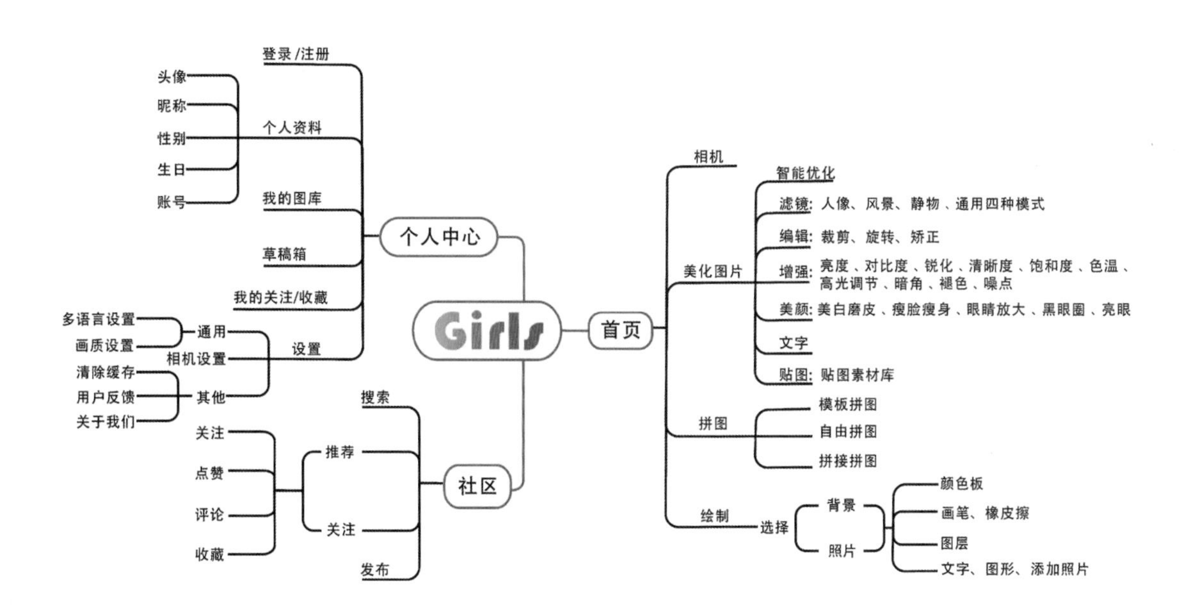

图 2-16 GIRLS 软件的思维导图 （制作：李华文）

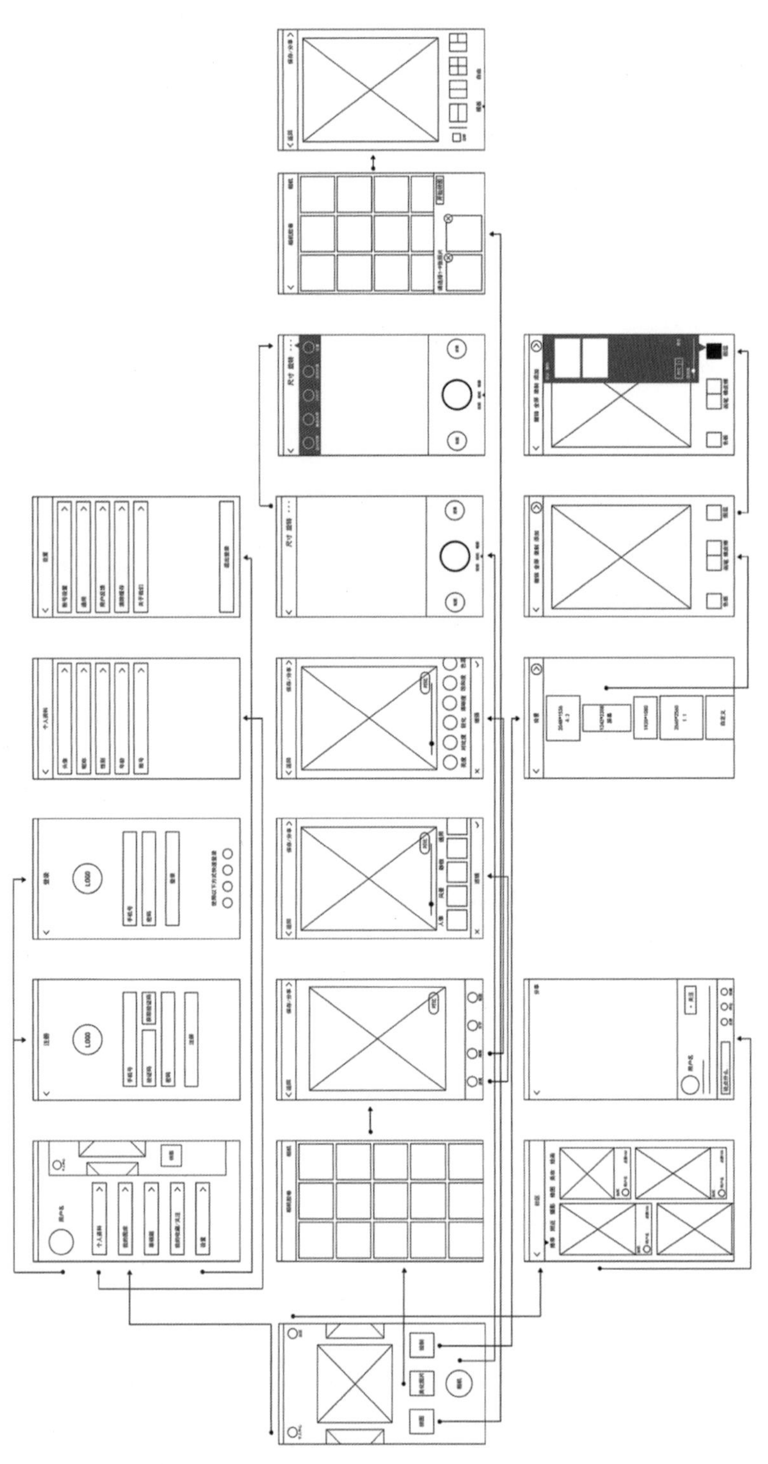

图 2-17　GIRLS 软件的低保真原型　（制作：李华文）

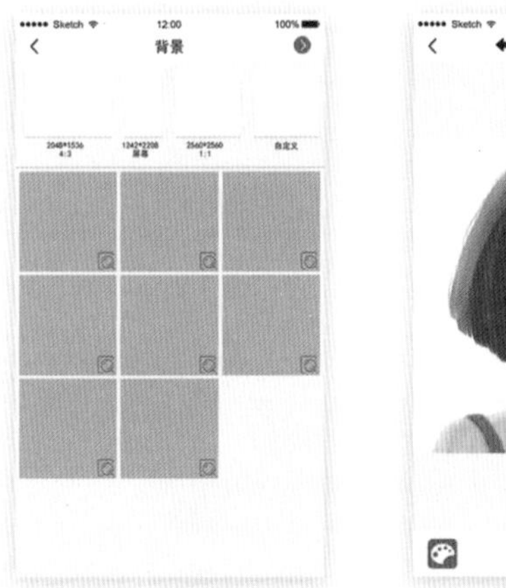

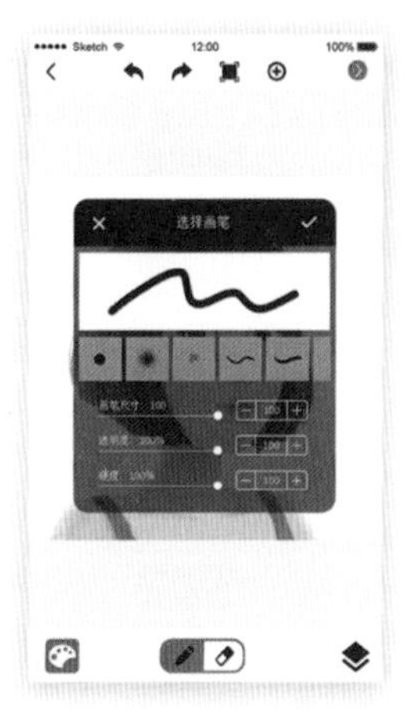

(a)

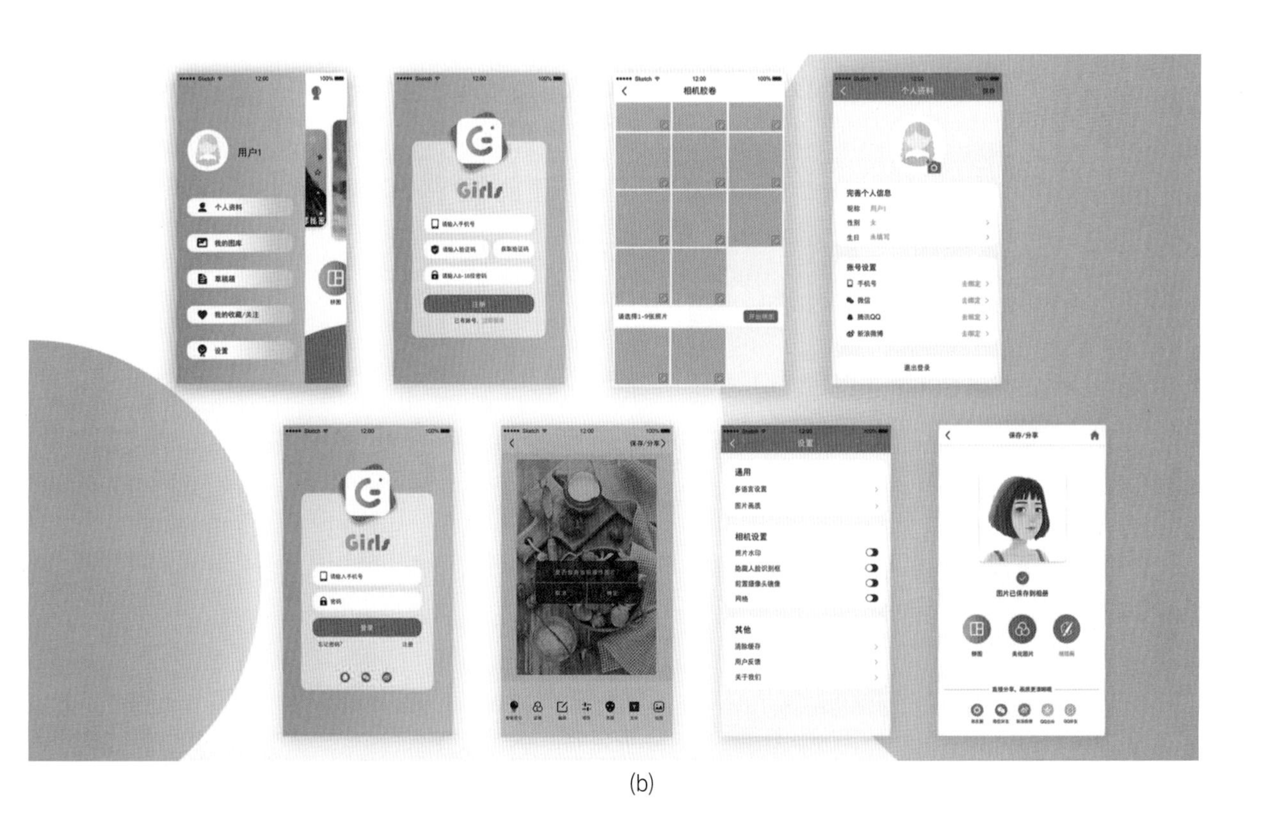

(b)

图 2-18　GIRLS 软件的视觉设计　（制作：李华文）

图 6-6　京东少东家 APP 界面

图 6-24　功能性动效中的视觉反馈示例
（制作：吴雪瑶）

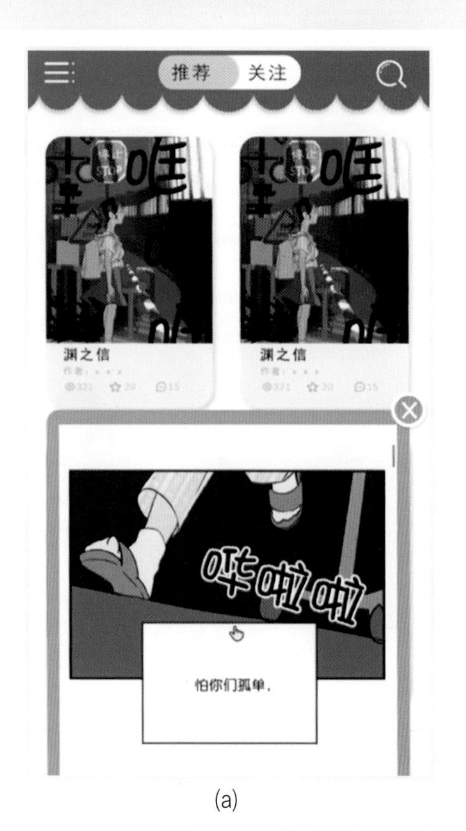

(a)

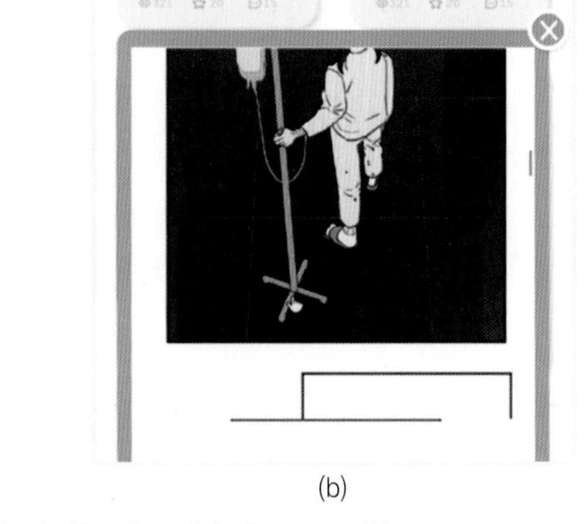

(b)

图 6-26　体验性动效中的页面切换示例　（制作：吴雪瑶）

图 6-27 体验性动效中的下拉刷新示例 （制作：钟朝秀）

图 7-72 APP 中的解释性图标 （制作：曾丽琪）

(a) 同字型

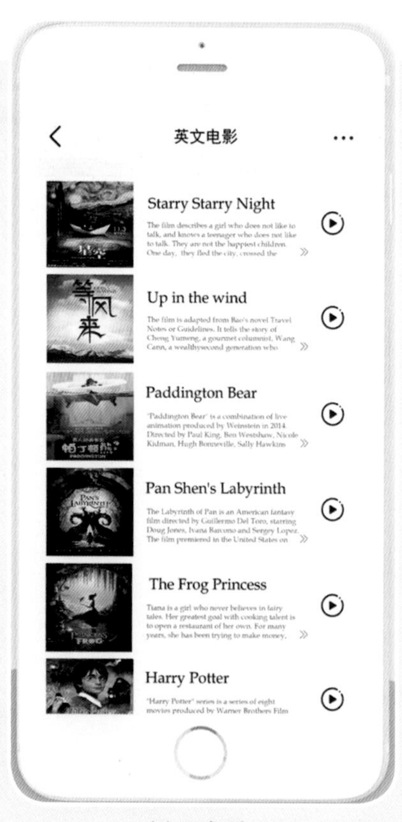

(b) 国字型

图 7-76 同字型与国字型界面 （制作：蒋丽娟）

(a) 自由型

(b) 对称型

图 7-77 自由型与对称型界面 （制作：陈文荣）

(a)

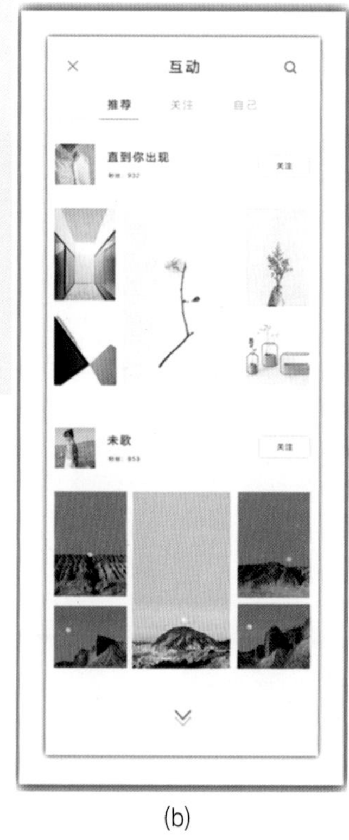

(b)

(c)

图 7-78　卡片化的多列版式界面　（制作：林佳敏）

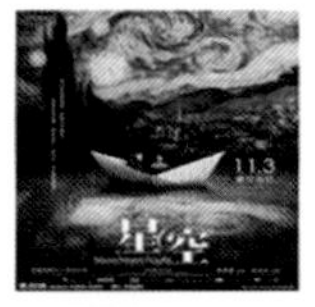

Starry Starry Night

The film describes a girl who does not like to talk, and knows a teenager who does not like to talk. They are not the happiest children. One day, they fled the city, crossed the »

Up in the wind

The film is adapted from Bao s novel Travel Notes or Guidelines. It tells the story of Cheng Yumeng, a gourmet columnist, Wang Cann, a wealthysecond generation who »

Paddington Bear

"Paddington Bear" is a combination of live animation produced by Weinstein in 2014. Directed by Paul King, Ben Westshaw, Nicole Kidman, Hugh Bonneville, Sally Hawkins »

Pan Shen's Labyrinth

The Labyrinth of Pan is an American fantasy film directed by Guillermo Del Toro, starring Doug Jones, Ivana Barcono and Sergey Lopez. The film premiered in the United States on »

The Frog Princess

Tiana is a girl who never believes in fairy tales. Her greatest goal with cooking talent is to open a restaurant of her own. For many years, she has been trying to make money, »

Harry Potter

"Harry Potter" series is a series of eight movies produced by Warner Brothers Film

(a)

上午课时	⊖ 4 ⊕
第一节	08:00-08:45
第二节	08:50-09:35
第三节	10:00-10:45
第四节	10:50-11:35

下午课时	⊖ 4 ⊕
第一节	14:00-14:45
第二节	14:50-15:35
第三节	16:00-16:45
第四节	16:50-17:35

晚上课时	⊖ 3 ⊕
第一节	18:30-19:15
第二节	19:20-20:05
第三节	21:20-21:05

(b)

图 7-84　列表式导航　（制作：蒋丽娟）

图 7-105　弹出框布局界面　（制作：李吉冬）

图 7-173　APP 展示视频　（制作：许慧慧）

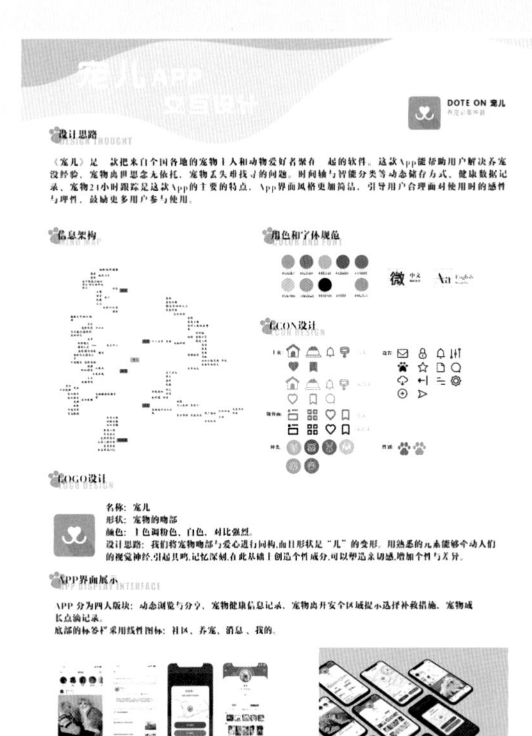

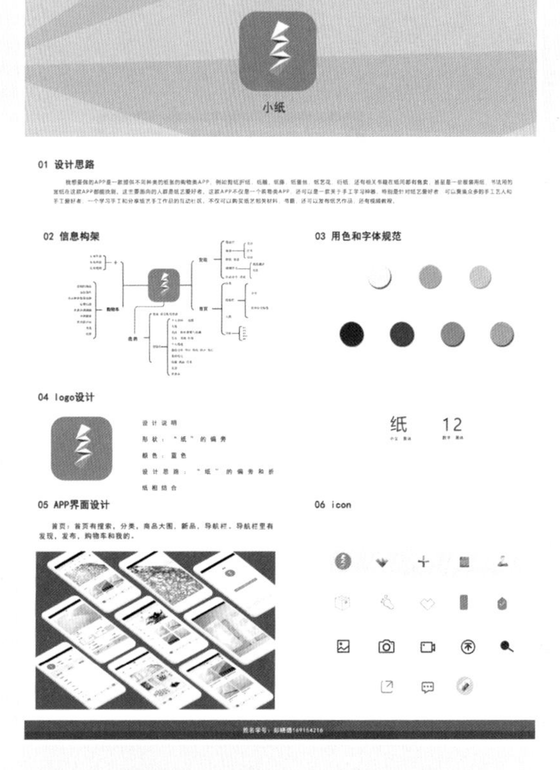

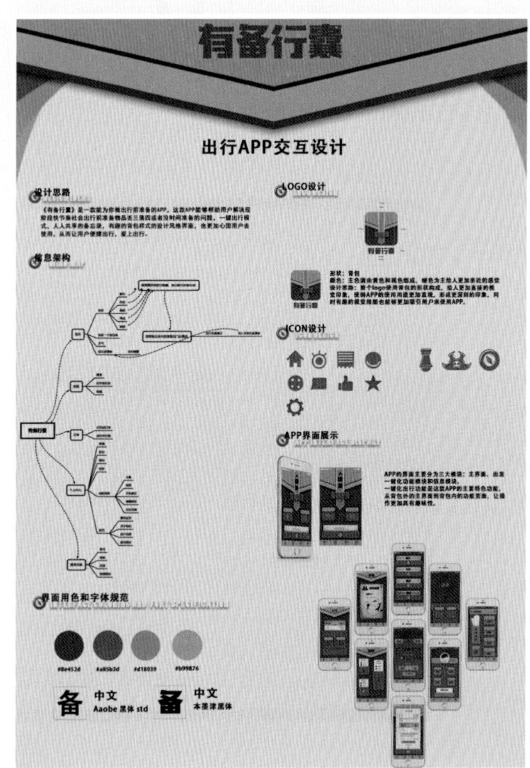

图 7-174　APP 静态展示
（制作：李吉冬、彭晓璐、王子豪）

网页一级界面

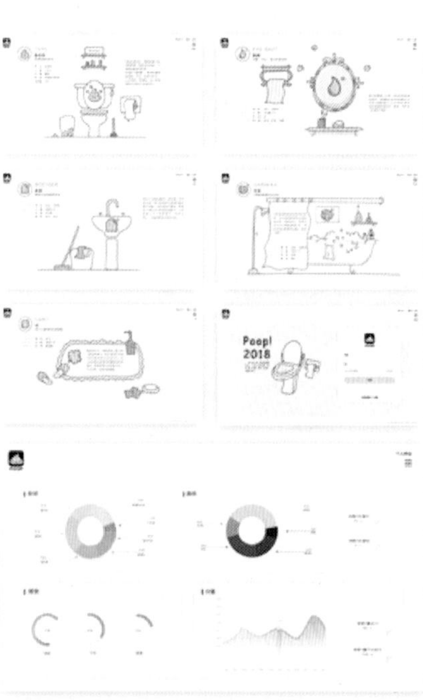

WEB A 网页二级页面 RFACE

网页介绍

首页是一张厕所的插画，分为五大板块：屎、眼屎、鼻屎、耳屎和脚。五个大面积黄色区域是可点击的，增加趣味性，同时右上角有隐藏导航菜单。

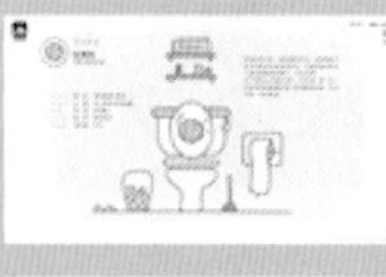

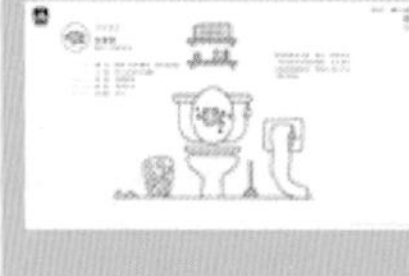

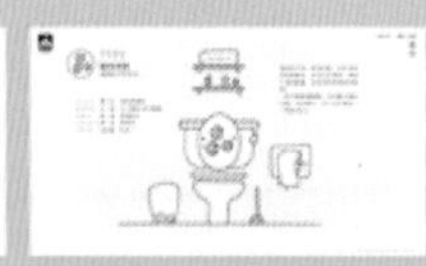

图 7-175　动态展示　（制作：许慧慧）